普通高等教育智慧海洋技术系列教材

电子技术与系统设计

主 编 于 蕾 单明广

参 编 黄湘松 解 武

潘大鹏 刘 彬

科学出版社

北 京

内 容 简 介

电子技术基础类的相关课程是普通高等学校电类入门性质的课程。本书以构建一个完整的电子系统为目的，阐述了组成电子系统的常见模块、基本概念和创新应用，注重系统观念和知识点之间的内在联系，从系统应用的角度，介绍了传感器、模拟调理电路、A/D 转换、数字逻辑功能、D/A 转换、驱动放大、通信技术等基础电子技术理论知识，配合一定数量的实践案例练习，使学生具有基本电子系统分析和设计能力，为后续专业课程的学习奠定理论基础，也可作为创新设计训练的理论支撑。

本书可作为普通高等院校电气类、电子信息类、自动化类和部分非电类专业的本科生电子技术类专业教材。

图书在版编目（CIP）数据

电子技术与系统设计 / 于蕾，单明广主编. -- 北京 : 科学出版社，2024. 8. -- （普通高等教育智慧海洋技术系列教材）.--ISBN 978-7-03-079423-9

Ⅰ. TN

中国国家版本馆 CIP 数据核字第 2024S170R8 号

责任编辑：陈 琪 / 责任校对：刘 芳
责任印制：师艳茹 / 封面设计：马晓敏

科学出版社 出版
北京东黄城根北街 16 号
邮政编码：100717
http://www.sciencep.com

三河市骏杰印刷有限公司印刷
科学出版社发行 各地新华书店经销
*
2024 年 8 月第 一 版 开本：787×1092 1/16
2024 年 8 月第一次印刷 印张：13
字数：309 000

定价：59.00 元

（如有印装质量问题，我社负责调换）

前　言

党的二十大报告指出："必须坚持科技是第一生产力、人才是第一资源、创新是第一动力，深入实施科教兴国战略、人才强国战略、创新驱动发展战略，开辟发展新领域新赛道，不断塑造发展新动能新优势。"电子技术已经成为现代科学技术的一个重要组成部分，在推动经济高质量发展、实现自主创新方面发挥关键作用。电子技术的发展需要大量专业人才，教育和培训体系的改革是实现科技强国的重要保障。加强电子技术相关学科的建设，培养创新型人才，能够为国家的科技进步和经济发展提供有力的人才支持。

电子技术发展快，知识点繁多，是一门典型的偏重工程实际应用的课程。然而，相关课程授课模式都偏重于理论知识的讲授，学生通过做题或者简单模块掌握基本知识，这种方式忽视了对电子系统结构和工程应用的深入理解。学生在学习过程中常常面临诸多挑战，例如缺乏系统性和工程思维，导致知识点记忆不牢固，容易遗忘；在面对实际工程问题时，无法有效运用已有的知识和技能来解决问题。这些问题显然对创新人才的培养造成了影响。

本书采用"围绕系统讲知识"的方法编写而成，使用系统框架引导理论知识的学习。同时，为强化读者对知识的理解、提高学生的创新能力和工程实践能力，本书融入视频内容，可扫描书中二维码进行学习。

本书共 9 章。第 0 章绪论介绍了电子技术的发展历史和电子系统的基本结构；第 1 章介绍了电子系统中的基本元器件知识，包括电阻、电容、电感、二极管、三极管的外部使用特性；第 2 章重点讲授了集成运算放大器的基本应用，主要包括运算放大器(简称运放)的基本参数和运放的基本运算功能电路；第 3 章介绍了集成运放的其他常见应用，包括有源滤波功能、信号发生功能，还有一些特殊的模拟放大器也在本章进行了阐述，目的是让读者了解器件的多样性；第 4 章简要介绍硬件描述语言 Verilog HDL 的基本特性，为后面数字系统逻辑设计搭建基础；第 5 章重点讲解了数字系统分析设计方法，包括组合逻辑电路和时序逻辑电路的基本方法，还讲解了有限状态机的设计方法；第 6 章介绍了数模-模数转换器的基本概念和常见的数模-模数转换器芯片的使用方法；第 7 章讲解了基本通信技术，电子系统中所使用的常用模拟通信和数字通信方案；第 8 章介绍了常见传感器的基本原理和接口电路的设计方法。附录介绍了数字类仿真软件 Vivado 的使用和配置方法，读者可自学相关模电类仿真软件 1 种或 2 种，如 Multisim 软件，便于验证模拟电路是否符合设计要求。除此之外，作者依托智慧树平台构建"电子技术与系统设计"AI 课程(免登录网址：http://t.zhihuishu.com/JyBkq7a1)，提供课程图谱、问题图谱与能力图谱等，供读者从多维度、多层面理解知识点。

课程图谱
学习演示

本书的第 1、7 章由于蕾编写，第 2、3 章由黄湘松编写，第 4、6 章由潘大鹏编写，第 5 章和附录由解武编写，第 8 章由刘彬编写，单明广负责编写绪论和统稿。本书编写过程中，得到了哈尔滨工程大学钟志教授的悉心指导，提出了宝贵意见，在此表示衷心感谢。同时，特别感谢哈尔滨工程大学本科生院和信息与通信工程学院领导的大力支持。

鉴于作者水平所限，书中难免存在疏漏和不妥之处，恳请读者批评指正。

作　者

2024 年 6 月

目　录

第0章　绪　　论

电子技术是近几十年来发展非常迅速的一门学科，它的应用已渗透到工业、农业、国防科技及人们生活的各个领域。目前，电子技术已经成为现代科学技术的一个重要组成部分。本章将介绍电子技术的发展概况，以及电子系统设计的基本理念和本课程的学习方法。

0.1　电子技术发展概况

电子技术的核心是电子器件，电子器件的更新换代引起了电子电路的极大变化，出现了更多的应用领域和更新的应用技术。

1869 年，Hittorf 和 Crookes 发明的阴极射线管是电子技术发展历史的起点。1906 年真空三极管的诞生，标志着第一代电子器件——真空管形成。此后，近半个世纪，真空管几乎是各种电子设备中最常见的电子器件，电子技术得到了迅速发展，成为一门新兴科学。随后电子技术取得了许多成就，如电视、雷达和计算机的发明都与真空管是分不开的。

在 20 世纪 40 年代后期，出现了一种新型的电子器件——半导体器件，它被称为第二代电子器件。与真空管相比，半导体管具有体积小、质量轻、功耗低及寿命长等特点，因而很快在许多领域取代了真空管。半导体器件有二极管、晶体管、电阻、电容等，都是一个个的独立元件，所以称为分立元件，由分立元件组成的电路称为分立元件电路。随着电子器件应用技术的完善，电子技术很快用于工业自动化、检测、计算等方面，也促进了计算机、通信等领域的发展，而且在解决实际问题中，逐步形成了自己的理论系统和分析方法，成为应用广泛的技术学科。

电子技术的惊人发展促进了其他科学技术的发展，反过来，科学技术的发展又对电子器件提出了更新的要求，对分立元件的要求越来越高，分立元件电路越来越复杂，电路中元件数量也就越来越大，设备或系统变得庞大、笨重，焊接点增多，设备或系统的可靠性随之下降。

1959 年，美国德州仪器公司把晶体管、电阻和电容等集成在一块硅片上，构成了一个基本完整的单片式功能电路，第三代电子器件——集成电路从此诞生了。集成电路的发明使电子技术进入了微电子技术时代，是电子技术发展的一个新的飞跃。集成电路是将各种不同的电路元件以及它们之间的连线制作在一块很小的半导体芯片上，成为能完成一定功能的完整电路。由于集成电路不是一个个的分立元件，而是一个或多个完整的具有某种功能的电路，因此，集成电路与分立元件相比，不仅可靠性大大提高，而且体积更小、质量更轻、功耗更低。所以，集成电路一出现，很快就被各个行业采用，形成机-

电一体化产品、光-电一体化产品，为电子设备和计算机向微型化和智能化发展开辟了广阔的道路，是近代科学技术发展的新的标志。

集成电路的发展经历了小规模、中规模、大规模和超大规模等不同阶段。第一块集成电路板上只有四只晶体管，而目前的集成电路已经可以在一片硅片上集成几千万只甚至上亿只晶体管。

目前，集成电路仍在高速发展，系统级芯片已经能将整个系统集成在单个芯片上，完成电路一般系统的功能。系统级芯片的出现，使集成电路逐步向集成系统的方向发展。

随着电子器件的发展，电子技术的应用已从最初的通信系统发展到自动控制系统、电子测量和电子计量仪表系统、电力系统，广播、电视、录音、录像，无一不与电子技术有关，现代教育和教学工作中，电子技术也已经成为一种重要的辅助工具。电子技术使这个时代到处充满电子气息。

0.2　电子技术及其相关概念

1) 电子技术

电子技术是研究电子器件、电子电路及其应用技术的一门科学技术。

电子器件的作用是实现信号的产生、放大、调制、探测、储存及运算等，常见的有真空管、晶体管和集成电路。

电子电路是组成电子设备的基本单元，由电阻、电容、电感等元件和电子器件构成，完成某种特定功能。

2) 模拟信号与数字信号

在人们周围存在着电、声、光、磁、力等各种形式的信号，电子技术所处理的对象是载有信息的电信号，这些信号按其时间和幅度连续性可分为两大类，即模拟信号和数字信号。

模拟信号是指幅值随时间连续变化的信号，如图 0-1(a)所示的正弦波，是一种常用来分析电路特性的模拟信号的波形，其特点是在一定动态范围内可任意取值，常用十进制数表示。数字信号指的是时间离散、幅值也离散的信号，如图 0-1(b)所示的数字信号，常用二进制数表示。

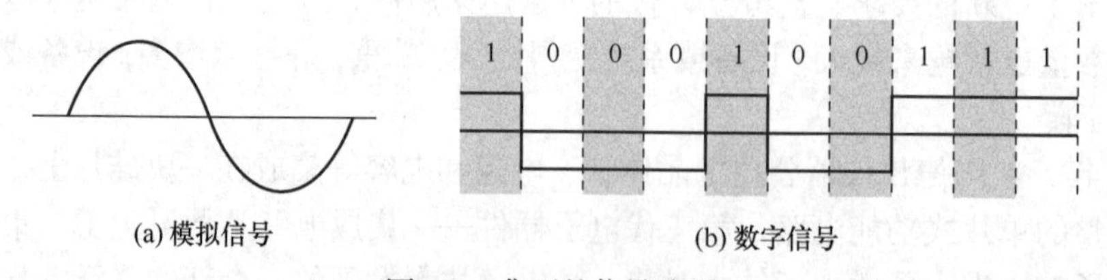

(a) 模拟信号　　(b) 数字信号

图 0-1　典型的信号波形

在信号分析中，按时间和幅值的连续性和离散性把信号分为 4 类：①时间连续、数值连续信号；②时间离散、数值连续信号；③时间连续、数值离散信号；④时间离散、数值离散信号。其中，第①类即通常定义的模拟信号；第④类称为数字信号。本书数字部分主要是对第④类信号的处理电路。

同一物理量，既可以用模拟信号表示，也可以用数字信号表示，例如，传统的录音磁带是以模拟形式记录声音信息，而紧凑型光盘(compact disc，CD)则是以数字形式记录声音信息。

3) 数字电路与模拟电路

由于模拟信号与数字信号的特点不同，处理这两种信号的方法和电路也不相同。电子电路一般分为模拟电路和数字电路两大类。

模拟电路处理的信号是模拟信号，研究的重点是信号在处理过程中的波形变化及器件和电路对信号波形的影响。模拟电路按处理信号的频率可分为低频电路、高频电路和微波电路，也可以按电路中电子器件的工作状态分为线性电子电路和非线性电子电路，还可按电路功能分为信号产生电路、信号放大电路、信号运算与处理电路及电源电路等。模拟电路主要采用电路分析的方法，具体有图解分析法和微变等效电路分析法。

数字电路处理的信号是数字信号，重点研究电路输入和输出之间的逻辑关系，具体电路有组合逻辑电路和时序逻辑电路。电路中电子器件经常工作在时通时断的开关状态，分析时常采用逻辑代数、真值表、卡诺图和状态转换图等方法。

0.3　电子系统相关概念

1) 电子系统的基本结构

电子系统是由电子元器件或部件组成的能够产生、传输、采集或处理电信号及信息的客观实体。电子系统分为模拟型和数字型或两者兼而有之的混合型，无论哪一种形式的电子系统，它们都是能够完成某种任务的电子设备。一般把规模较小、功能单一的电子电路称为单元电路；而功能复杂，由若干个单元电路(功能块)组成的规模较大的电子电路称为电子系统。

一个通用的电子系统的结构如图 0-2 所示。系统首先采集信号，一般使用可以将各种物理量转换为电信号的传感器、接收器。对于实际系统，传感器或接收器所提供的信号的幅值往往很小，噪声很大，且易受干扰，有时甚至分不清什么是有用信号，什么是干扰或噪声；因此，在加工信号之前需将其进行信号调理。信号调理电路包括隔离、滤波、阻抗变换、放大、运算、转换、比较、采样保持等各种手段，目的是产生足够大的有用信号后，经过 A/D 转换器(analog to digital converter，ADC)转换成数字信号，再送到数字系统中进行处理。经过处理的数字信号有可能还要控制某些执行机构完成控制作用，所以数字系统后端会使用 D/A 转换器(digital to analog converter，DAC)，转换成模拟信号后，经过功率放大以驱动执行机构(负载)。

图 0-2 所示的电子系统中的各个模块会根据任务功能要求或者器件的发展进行调整。一些高集成度传感器会将信号提取感知模块与信号调理电路集成在一起，直接输出数字信号，或者有的电子系统数字系统部分将处理完的信息通过通信模块送给其他电子系统，或者将数据上传至云平台。因此在实际过程中，还需要具体问题具体分析。

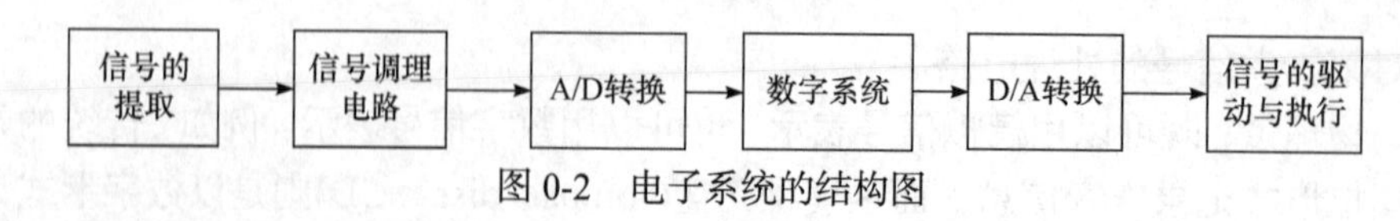

图 0-2　电子系统的结构图

2) 典型电子系统示例

图 0-3 所示为一个以现场可编程门阵列(field programmable gate array，FPGA)为核心设计的心电检测系统。本系统由 PulseSensor 心电信号采集传感器、硬件调理电路、EGO1 模板和 VGA(video graphic array)显示器组成。传感器完成心电信号的采集，硬件调理电路完成信号的放大与滤波，设计的数字系统主要使用 Xilinx 的开发环境 Vivado，FPGA 板卡为 EGO1，在 FPGA 系统内部建立的随机存储器(random access memory，RAM)存储模块、VGA 显示模块、A/D 数据转换模块，在一定程度上减少了硬件电路的搭建，也提高了系统的稳定性和可靠性。

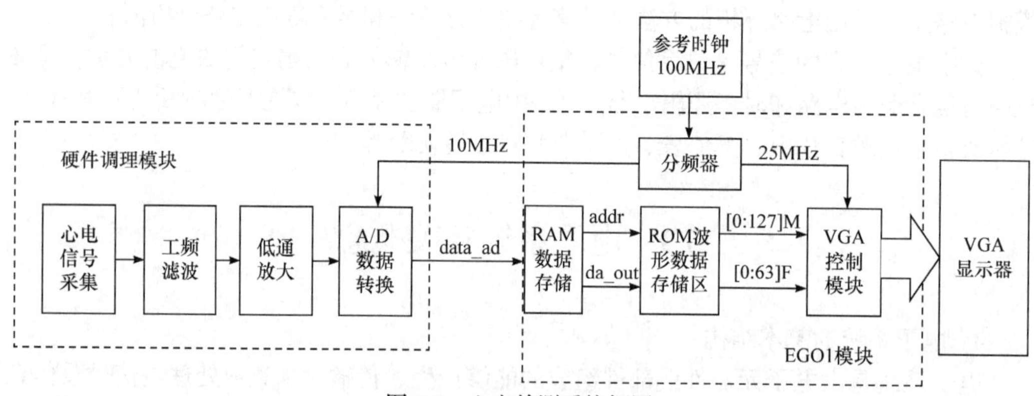

图 0-3　心电检测系统框图

0.4　本课程的学习建议

现在的世界离不开电子产品。电子技术和电子系统设计类课程具有自己鲜明的特点，它不像数学、物理等基础课程所讨论的问题理论性强、计算严格，它是一门介于基础课程和专业课程之间的搭桥型的课程。电子系统类的课程的实践性很强，在分析问题和进行计算时经常要考虑工程应用，忽略一些次要的因素，只考虑主要影响来简化计算。这跟常规的数理思维有着较大的不同。因此，同学们刚刚学习本门课程时，会有一些不习惯。从本课程开始，同学们一定要转换思维，有意识地培养自己的工程思维模式。

对于电子电路中所用的电子器件，本书只介绍这些器件的基本性能，着重外部特性的介绍，对电子器件内部的物理过程几乎没有讲解，这跟其他常规的电子技术类课程也有很明显的差异。本书要求学生能够正确分析电子电路和正确使用器件。

电子技术类课程理论与实践应该紧密结合，书中所讲的电路，都可以在实践过程中搭建并测试出来。同学们务必要十分重视相关的实践项目，不但要学会传统的分析和测试电子电路的基本方法，也要学会现代化的分析测试手段，从而提高自己的动手实践能力和创新能力。

第1章　基础知识

电子元器件是构建电子系统的基本硬件单位。电路的性能与其所使用器件的特性密切相关。本章在介绍了常规的无源器件——电阻、电容和电感之后，阐述了二极管、三极管等基本半导体器件的特性和工作电路，目的是帮助读者建立基本器件的使用概念。

1.1　电阻、电容和电感

在电路中，电压与电流是非常重要的两个量。

电压，两点之间的电压就是将一个单位正电荷从低电位点搬移到高电位点时所做的功(损耗的能量)，单位是伏特(V)。等效地看，它是一个单位电荷从高电位点向低电位点下降时所释放的能量。

电流是电荷流经一点的流量速率，单位是安培(A)。根据习惯规定，电路中的电流被认为是正电荷从较高的电位点流向较低的电位点，实际电流方向正好相反。

1.1.1　电阻

讨论电压和电流之间的关系是电子系统中的一个核心问题。粗略地讲，它是表征电路中那些令人感兴趣且非常有用的电流关于电压(I/V)变化特性的一类装置。电阻(电流直接与电压成正比)、电容(电流与电压的变化率成正比)、二极管(电流仅在一个方向上流动)、热敏电阻(依赖于温度变化的电阻)、光敏电阻(依赖于光变化的电阻)、压力应变片(依赖于应力变化的电阻)等均可视为这类示例。现在先讨论最常见且用途最广的电路元件——电阻。

定义：导体材料对电流通过的阻碍作用称为电阻。利用这种阻碍作用做成的元件也称为电阻。比较常见的电阻是由某种导电材料制成的(如碳，一种薄层金属，即碳膜，或具有较差导电率的导线)，电阻的每一端有引线接出。

通过一个金属导体(或其他具有部分导电性能的材料)的电流与它的端电压成正比(在电路中，通常选择足够粗的导线，以使这些导线本身的压降可被忽略)。电阻的阻值由 $R=U/I$ 来描述，当 U 的单位为伏特，I 的单位为安培时，R 的单位即为欧姆。这就是著名的欧姆定律。可以用电压电流关系(voltage-current-relationship，VCR)特性曲线来表示欧姆定律，如图 1-1 所示，电阻其实就是一条直线，斜率的倒数就是电阻值。VCR 曲线是一种经常用来描述器件性能的特性曲线，后面会遇到很多非线性器件的 VCR 曲线，也会在微小的变化范围内讨论器件内部电阻，这种电阻称为交流电阻或者动态小信号电阻。

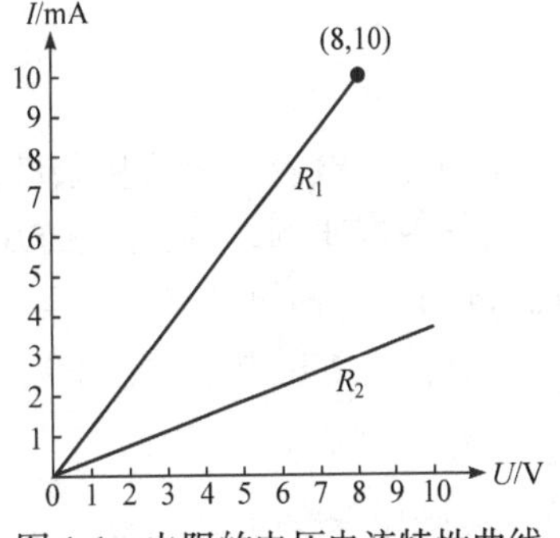

图 1-1　电阻的电压电流特性曲线

【例 1-1】 图 1-1 画出了两个电阻的电压电流特性曲线。请计算电阻 R_1 的阻值。

解：R_1 对应的直线的斜率是电导值，倒数就是电阻值，所以有以下计算过程：

$$G=\frac{\Delta y}{\Delta x}=\frac{10\text{mA}-0\text{mA}}{8\text{V}-0\text{V}}=1.25\text{mS}$$

$$R_1=\frac{1}{G}=0.8\text{k}\Omega$$

式中，电导的单位 S 是西门子(Siemens)的缩写。类似地，也可以算出 R_2 的阻值约为 2.67kΩ。

在使用电阻过程中，需要考虑到电阻的标称值、允许误差等级、额定功率等性能指标，请查阅相关手册。

还有一种特殊的电阻器——电位器。电位器是通过某些方式来调节阻值的可变电阻器，常见的旋转式电位器由外壳、旋转轴、电阻片和三个引出端子组成。由于电位器阻值具有可调性，因此它常用作分压器和变阻器，常见于收音机的音量调节、电视机亮度和对比度调节。

1.1.2 电容与交流电路

一旦进入电压与电流变化，即信号的世界，就会用到两种在直流电路中用处甚少，但在交流电路中却非常有用的元件：电容与电感。

电容具有如下性质：

$$Q=CU \tag{1-1}$$

式(1-1)的意义是，在一个具有 C 法拉的电容两端跨接 U 伏的电压时，该电容的一个极板上就有 Q 库仑的电荷存储，而在另一个极板上也有 $-Q$ 库仑的电荷存储。

为了方便分析后续问题，电容可近似地看成一个依赖频率的阻抗元件。这样就可用它构成一个依赖频率的分压电路。例如，在一些旁路、耦合的应用场合，就需要用到这一点。但在其他(滤波、能量存储、谐振电路等)应用场合，就需要对电容具有更深刻的理解。例如，尽管电流能流过电容，但因电压与电流是正交的(90°相位差)，所以电容不会损耗功率。

电容两端电压和电流之间的关系如式(1-2)所示：

$$I=C\frac{\mathrm{d}U}{\mathrm{d}t} \tag{1-2}$$

因此，电容比电阻复杂得多，流过的电流并不与电压成比例，而是与电压关于时间的变化率成比例，单位是法拉(F)。但实际上 1F 的电容是非常大的，比较常见的是微法(μF)或皮法(pF)的电容。在实际应用中要特别注意单位。

几个电容的并联值是这些单个电容值之和：

$$C_{\text{total}}=C_1+C_2+C_3+\cdots \tag{1-3}$$

对于电容串联，求其总等效电容值的关系式就像求电阻并联的等效值公式：

$$C_{\text{total}} = \frac{1}{\dfrac{1}{C_1} + \dfrac{1}{C_2} + \dfrac{1}{C_3}} \tag{1-4}$$

关于电容的应用，首先研究简单 RC 电路，如图 1-2 所示。根据电容的公式，得到

$$C\frac{\mathrm{d}U}{\mathrm{d}t} = I = -\frac{U}{R} \tag{1-5}$$

以上得到的是一个微分方程，它的解是

$$U = A\mathrm{e}^{-t/(RC)} \tag{1-6}$$

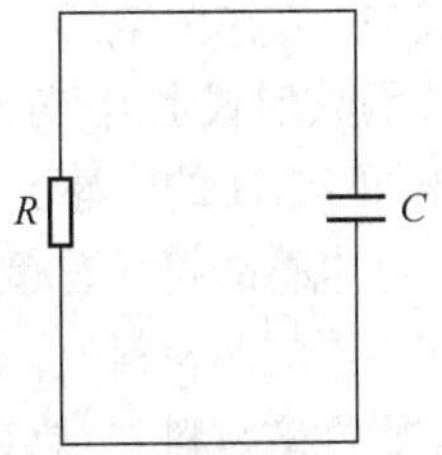

图 1-2　简单 RC 电路

因此，一个已充电的电容与电阻并联之后将放电，如图 1-3 所示。其中，RC 乘积称为电路的时间常数，如果 R 的单位为欧姆，C 的单位为法拉，那么，τ 的单位为秒。例如，一个 1μF 的电容并接在 1kΩ 电阻之后，该 RC 电路的时间常数即为 1ms。如果该电容初始充至 1V，则初始电流为 1mA。

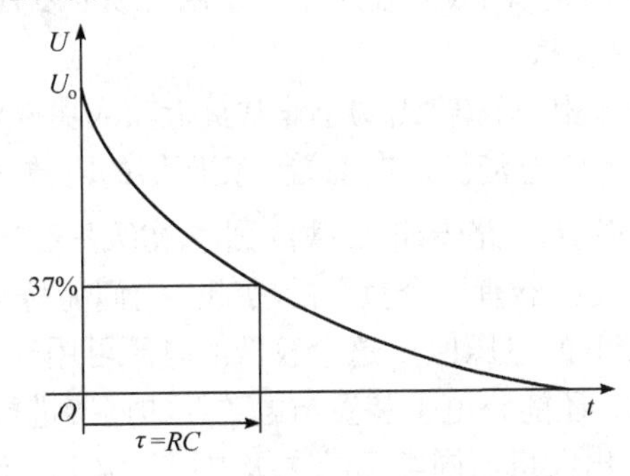

图 1-3　RC 放电波形

图 1-4 显示了一个稍微不同的电路。在 t=0 时刻，电路接上电源。电路中电容上的电流方程是

$$I = C\frac{\mathrm{d}U}{\mathrm{d}t} = \frac{U_{\mathrm{i}} - U}{R} \tag{1-7}$$

它的解是

$$U = U_{\mathrm{i}} + A\mathrm{e}^{-t/(RC)} \tag{1-8}$$

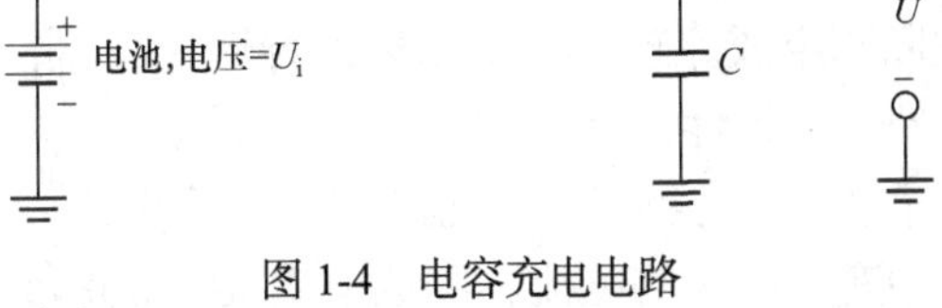

图 1-4　电容充电电路

1.1.3　电感与变压器

电感中的电流变化率取决于它两端所加的电压，而电容中的电压变化率则依赖于流

过它的电流。电感的定义式是

$$U = L\frac{\mathrm{d}I}{\mathrm{d}t} \tag{1-9}$$

式中，L 称为电感，单位是亨利(H)或 mH、μH 等。在电感两端加一电压会引起电流以斜坡函数形式上升(对于电容，一个恒定电流会引起其电压以斜坡函数形式上升)；1V 的电压加于 1H 的电感会使电流增加 1A/s。

电感的符号看起来像一个线圈，这是它最简单又最具本质的形式。其他形式还有线圈绕在不同的芯材料上，最流行的是铁心(即铁合金、铁心片或铁粉状)和铁氧体这种黑色的非导体脆性磁材料。电感在射频电路中用途比较多，可以作为射频扼流圈成为调谐电路的一部分。

一对紧密耦合的电感可构成非常有用的变压器。变压器是一种包含两个紧密耦合线圈的装置，这两个线圈分别称为初级与次级。在其初级加一交流电压，会引起次级电压。次级电压以变压器匝数比的倍数(正比)增加，而对应的次级电流则与匝数比的倍数成反比。显然，这是因为功率总是不变的。图 1-5 显示了一个层叠铁心变压器的电路符号(这种变压器常用于 50Hz 的交流电源变换)。

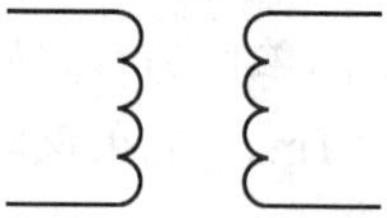

图 1-5　变压器

变压器的功率传输效率相当高(输出功率非常接近输入功率)。因此，升压变压器能输出较高的电压，但给出较低的电流。再向前看，变压器的匝数比 n 将次级的阻抗变换至初级并呈 n^2 倍出现。如果次级开路(未带负载)，那么初级只会出现很小的电流。

在电子仪器设备中，变压器有两个重要的功能。它们能将交流电源线上的电压改变至一个有用的值(通常是较低的电压值)，这个较低的电压可用于实际电路。因为变压器的初次级绕组是相互绝缘的，还能将电子装置与电源线的连接进行隔离。电源变压器(专门用于 110V 的电源线)能输出大量不同类型的次级电压与电流。例如，输出电压可以低至 1V 或高至几千伏，输出电流从几毫安至几百安。典型的用于电子仪器中的变压器的次级电压为 10～50V，而输出电流的额定值为 0.1～5A。

二极管的分类和符号

1.2　半导体二极管

1.2.1　二极管的基本特性

1. 二极管符号

图 1-6 所示的二极管是一个非常重要且有用的二端无源非线性器件。它具有如图 1-7 所示的 U-I 曲线。在常规的电子技术类教材中，都会详细介绍半导体器件的物理固态组成原理，本书则以外特性为主直接说明半导体器件的工作特性。

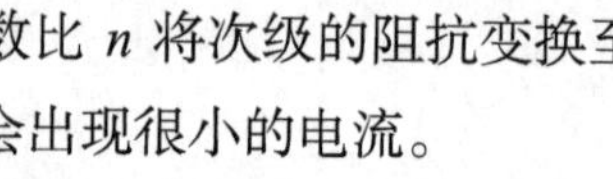

D

正极　负极

图 1-6　二极管符号

图 1-6 所示的二极管的箭头表示正向电流的方向。例如，如果二极管在电路中有 10mA 的电流，则该电流从它的正极流向负极。

2. 二极管伏安特性曲线

图 1-7 所展现的二极管伏安特性曲线可以分为两部分。

1) 正向特性

当外加正向电压较小时，不足以克服内电场的作用，正向电流趋于零，当正向电压增加到一定数值 U_{on} 时，开始出现正向电流，此时的电压称为开启电压 U_{on}(或称死区电压),常温下,硅二极管的 U_{on} 为 0.5～0.7V; 锗二极管的 U_{on} 为 0.1～0.3V。

当外加正向电压大于 U_{on} 时，正向电流呈指数规律上升。

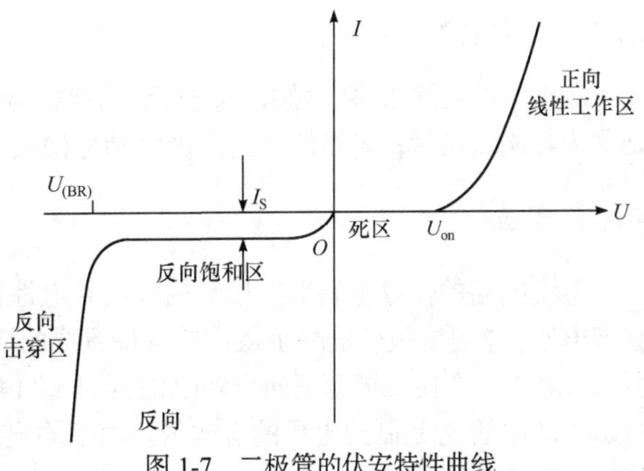

图 1-7　二极管的伏安特性曲线

二极管的伏安特性曲线

2) 反向特性

在反向电压作用下，二极管内部电流非常小，称为反向饱和电流 I_S。硅管的 I_S 约在纳安(nA)量级；锗管约在微安(μA)量级。

当反向电压增加到一定数值时，反向饱和电流 I_S 剧增，二极管反向击穿，将该区称为反向击穿区，所对应的反向电压 $U_{(BR)}$ 称反向击穿电压。

二极管的常用工作参数有最大整流电流、最大反向工作电压、反向饱和电流、最高工作频率等。

二极管的等效模型

3. 二极管等效模型

因为二极管是非线性器件，在应用中为了简化分析过程，常使用等效电路模型。常用的有下面几种等效电路模型。

1) 理想二极管

理想二极管的死区电压等于零，反向饱和电流也等于零，理想二极管在电路中相当于一个理想开关元件。

2) 偏置电压模型

考虑二极管的死区电压 U_{on} 的影响,用理想二极管和一个端电压为 U_{on} 的理想电压源相串联构成等效电路，相当于加上一个偏置电压，如图 1-8 所示。硅二极管的正向压降 U_{on} 约为 0.7V，锗管的正向压降 U_{on} 约为 0.2V。

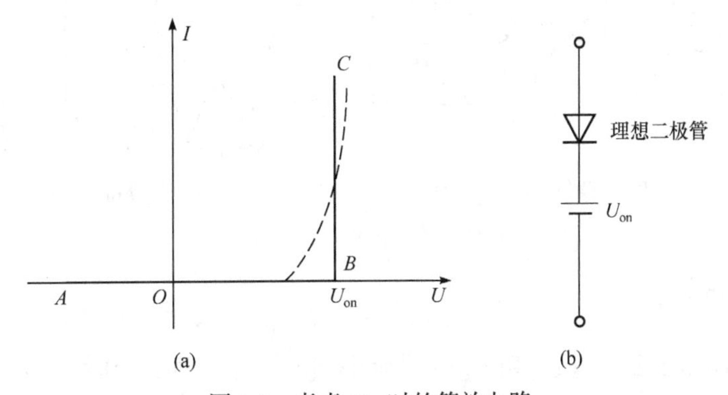

图 1-8　考虑 U_{on} 时的等效电路

1.2.2　二极管的应用电路

二极管的用途很多。例如，做整流、检波、温度补偿、门电路等。做整流用的二极管则称为整流二极管；做检波用的二极管则称检波二极管等。

1. 整流

整流电路的任务是利用二极管的单向导电性把正、负交变的电压变成单方向脉动的直流电压，这是二极管的一个最简单且最重要的应用。一个最简单的整流电路如图 1-9(a)所示。对于一个比二极管正向压降(死区电压)大得多的正弦波输入 u_2，其输出如图 1-9(b)所示。图中的 u_2 是副边电压的有效值。由于输出波形只是输入波形的一半，这个电路又称为半波整流器。

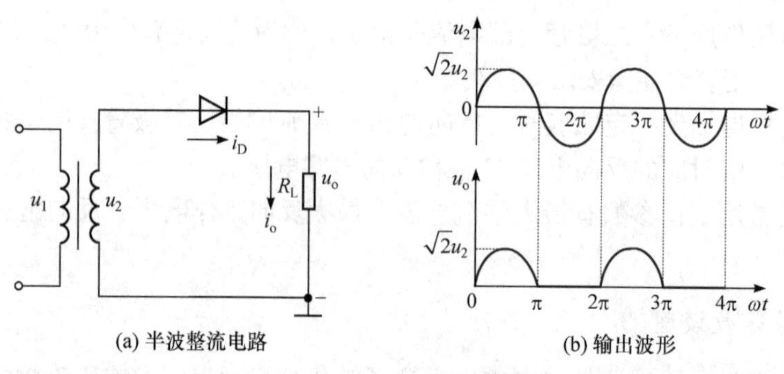

(a) 半波整流电路　　(b) 输出波形

图 1-9　半波整流电路

半波整流电路浪费了一半的波形，因此在图 1-10 中展示了一个全波桥式整流电路。电路中利用了 4 个二极管，假设二极管为理想二极管，正半周时，D_1 和 D_3 导通，D_2 和 D_4 截止；负半周时，D_2 和 D_4 导通，D_1 和 D_3 截止。可以在负载上得到全波整流输出波形。

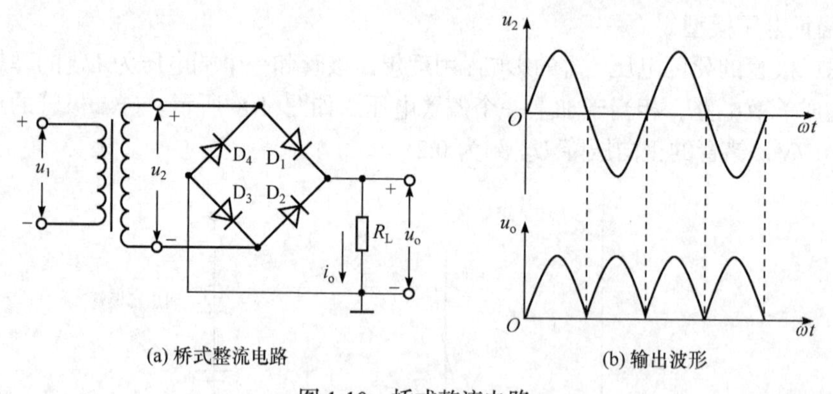

(a) 桥式整流电路　　(b) 输出波形

图 1-10　桥式整流电路

2. 二极管门电路

如图 1-11 所示电路，当 U_A 和 U_B 分别为 0V 和 3V 的不同组合时，分析二极管 D_1、D_2 的状态，并求出此时 U_o 的值。设二极管均为硅管。

解：U_{on}取0.7V。

(1) 当$U_A=U_B=0V$时，因D_1、D_2两端电压均超过导通电压值，故都导通，则$U_o=U_{on}=0.7V$。

(2) 当$U_A=U_B=3V$时，因D_1、D_2两端电压仍超过导通电压值，故都导通，则$U_o=U_A+U_{on}=3.7V$。

(3) 当$U_A=0V$，$U_B=3V$时，似乎D_1、D_2均处于导通状态，而实际上D_1导通后，U_o被限制在0.7V，这就使D_2处于反向偏置状态，是不导通的，因此$U_o=0.7V$。

(4) 当$U_A=3V$，$U_B=0V$时，情况与(3)类似，D_2导通，D_1截止，$U_o=0.7V$。

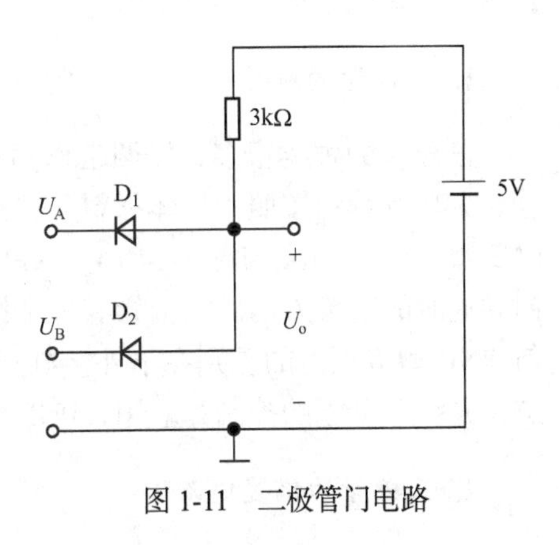

图1-11 二极管门电路

1.2.3 特殊二极管

稳压二极管，也称为齐纳二极管，利用齐纳反向击穿原理进行稳压。稳压体现在：在反向击穿区取一个较大的电流变化量ΔI_Z，对应的电压变化量ΔU_Z基本为零。

图1-12展示了稳压二极管的伏安特性曲线及符号。

在正向导通时，稳压管的正向特性与普通二极管相同，其导通电压为0.7V。

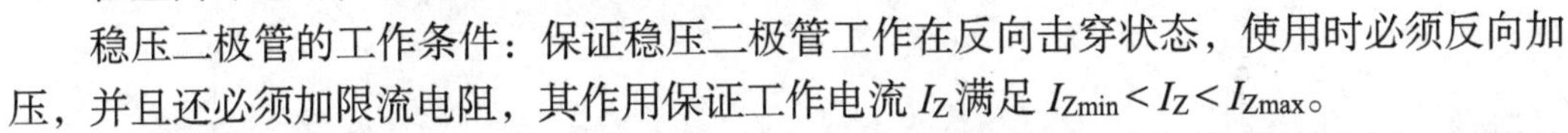

稳压二极管的工作条件：保证稳压二极管工作在反向击穿状态，使用时必须反向加压，并且还必须加限流电阻，其作用保证工作电流I_Z满足$I_{Zmin}<I_Z<I_{Zmax}$。

在负载变化不大的场合，稳压二极管常用来做稳压电源，由于负载和稳压二极管并联，又称为并联型稳压电路。稳压二极管在实际工作时要和电阻相配合使用，其电路如图1-13所示。其中R为限流电阻，使得稳压二极管的电流稳定在一定范围内，另外也起到电压调节作用。在这个电路中，根据外加电压U_i的大小，稳压二极管可能工作在反向截止区或者反向击穿区。

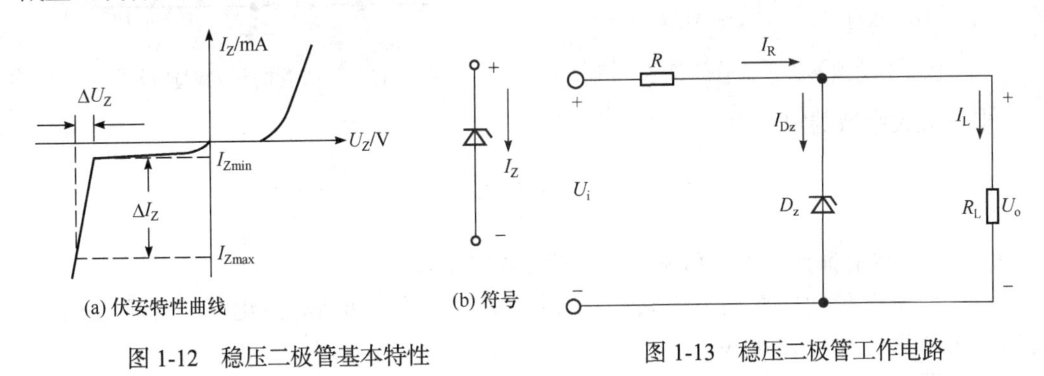

图1-12 稳压二极管基本特性

图1-13 稳压二极管工作电路

1.3 半导体三极管

半导体三极管简称晶体管或三极管。三极管的主要特点是电流放大作用，是放大电路中的核心部件。

1.3.1　半导体三极管的基本特性

1. 三极管的符号

三极管的种类很多，按照工作频率分，有高频管、低频管；按照功率分，有小功率管、大功率管；按照半导体材料分，有硅管和锗管；按 PN 结所用材料分，有 NPN 型和 PNP 型。图 1-14(a)与图 1-14(b)为 NPN 型与 PNP 型的代表符号，其中箭头表示发射结正向导通时的电流方向。三极管有三个极，分别是集电极 C、发射极 E、基极 B。NPN 型与 PNP 型应用上的差别在于外接电压方向相反及内部电流流向相反。本书以 NPN 型为主，介绍三极管的控制和应用，PNP 型三极管对应改造电路即可。

2. 三极管的偏置电路

三极管是电流控制器件，需要有合适的电压 V_{CC} 激励，或者说提供适当的偏置电路使三极管工作于恰当的工作模式。

1) 放大模式

三极管放大

在三极管工作在电流放大模式下，如图 1-15 所示，要求 B、E 两极之间外加正向电压 V_{BB}，C、E 两极之间外加反向电压 V_{CC}。这种情况下，I_C 与 I_B 的比例关系基本固定，因此能够通过改变 I_B 的大小控制 I_C，这就是三极管的电流放大作用。

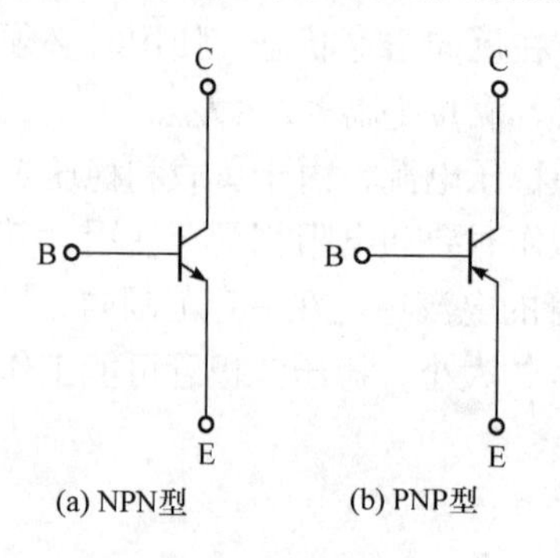

图 1-14　半导体三极管的符号

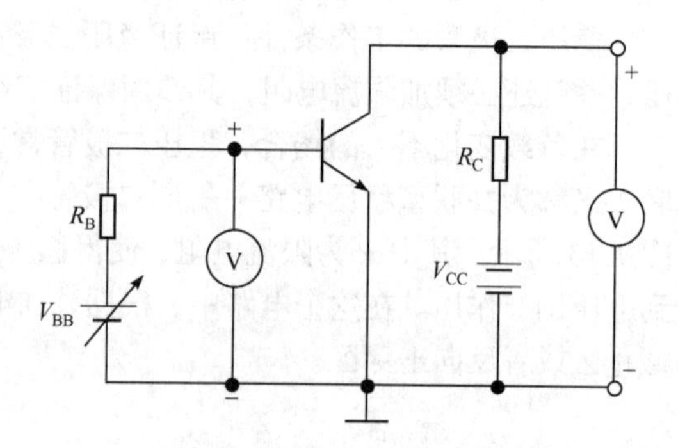

图 1-15　三极管的放大偏置模式

电流放大系数的定义为

$$\beta = \frac{\Delta I_C}{\Delta I_B} \tag{1-10}$$

式中，β 一般数值都比较大，高频小功率管可以在 100 以上。

在这种模式下，B、E 两极类似一个二极管，后面的分析将其简化成二极管，硅管导通电压为 0.7V，锗管为 0.2V。

对于图 1-15，假设已知三极管的电流放大系数 β，可以简单计算三极管三个极的电流及 C、E 两极间电压。

$$I_{BQ} = \frac{V_{BB} - U_{BE}}{R_B} \tag{1-11}$$

$$I_{CQ} = \beta I_{BQ} \tag{1-12}$$

$$U_{CEQ}=V_{CC}-I_{CQ}R_C \tag{1-13}$$

2) 饱和模式

如图 1-15 所示的电路中，发射极回路电流 I_C 受到电阻 R_C 的限制，不能无限制增加。当基极电流增大，但是集电极电流无法继续增大而是达到饱和状态时，三极管就进入了饱和区。进入饱和状态之后，三极管的集电极跟发射极之间的电压比较小，在工程应用中可以理解为一个开关闭合了。

3) 截止模式

如果基极没有偏置电压 V_{BB} 或者外加的偏置电路无法使 B、E 等效的二极管导通，这时候三极管基极和集电极几乎都没有电流，三极管集电极跟发射极之间相当于一个断路状态，可以理解为一个开关断开了，这个状态称为三极管的截止。

从上面的分析可以看出，三极管除了放大作用还可以当作电子开关使用。如果三极管主要工作在截止和饱和状态，那么这样的三极管一般称为开关管。

1.3.2 半导体三极管的应用

很多 MCU(microcontroller unit)的 I/O 口驱动能力有限，在驱动外围电路时，无法提供足够大的电流，这时候就可以使用三极管来进行驱动。驱动电路的基本任务是将信息电子电路传来的信号按控制目标的要求，转换为加在电子器件控制端和公共端之间可以使其开通或关断的信号，本质上是按照控制规律，提供足够的电压和电流。

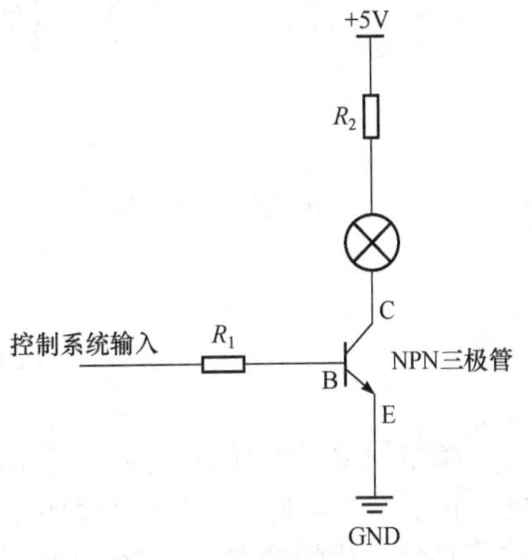

图 1-16 三极管驱动发光二极管

1. 驱动发光二极管

如图 1-16 所示，三极管工作在开关状态。图中输入端信号由控制系统提供，假设电压高电平为 5V，低电平为 0V，三极管导通电压为 0.7V。

当输入电压为低电平时，三极管截止，LED 不亮；当输入为高电平时，三极管基极有电流，而且电流较大，此时三极管可以工作在导通饱和状态，LED 点亮。可以改变电阻 R_1 的值，从而控制基极电流，并控制集电极电流。该电路也可以使用 PNP 型三极管驱动，读者可以尝试自己改造。

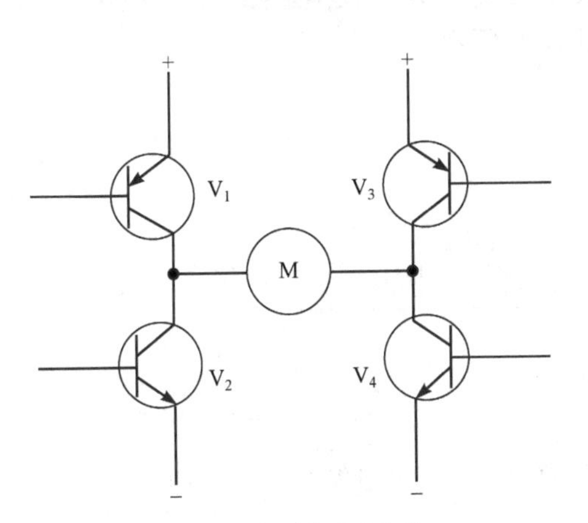

图 1-17 H 桥驱动电路

2. H 桥驱动电路

图 1-17 为一个典型的直流电机控制电路。电路得名于“H 桥驱动电路”是因为它的形状酷似字母 H。4 个三极管组成 H 的 4 条垂直腿，中间 M 就是电机(motor)，要使电机运转，必须导通对角线上的一对三极管。根据不同三

极管对的导通情况，电流可能会从左至右或从右至左流过电机，从而控制电机的转向。

如图 1-18(a)所示，当 V_1 管和 V_4 管导通时，电流就从电源正极经 V_1 从左至右穿过电机，再经 V_4 回到电源负极。按图中电流箭头所示，该流向的电流将驱动电机顺时针转动。

图 1-18(b)所示为另一对三极管 V_2 和 V_3 导通的情况，电流将从右至左流过电机。当三极管 V_2 和 V_3 导通时，电流将从右至左流过电机，从而驱动电机沿另一方向转动(电机周围的箭头表示为逆时针方向)。

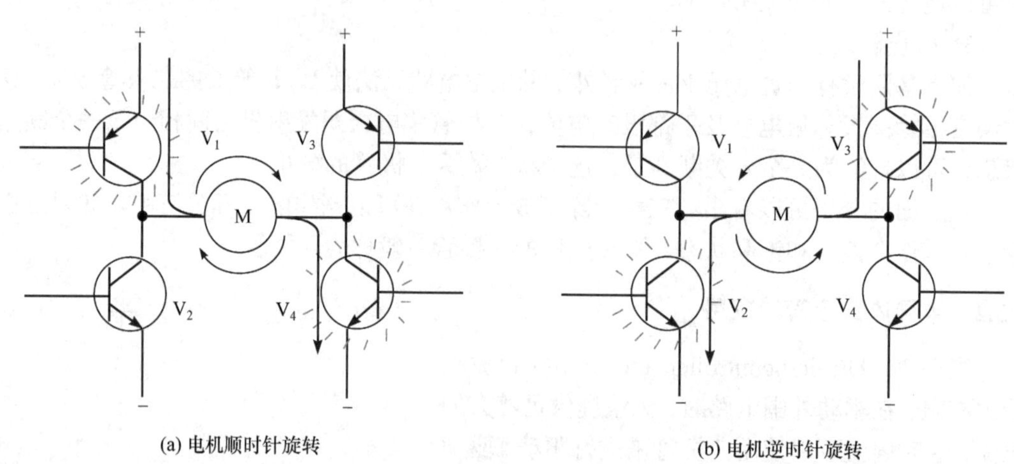

(a) 电机顺时针旋转 (b) 电机逆时针旋转

图 1-18 H 桥驱动电机的工作原理

1.4 场效应管

场效应晶体管(简称场效应管)也是一种半导体晶体管，是用电场效应控制漏极电流的，属于压控器件。与双极型管相比较，场效应管具有输入阻抗高、温度稳定性好、低噪声、易集成化的特点，因此得到越来越广泛的应用。

场效应管可以按照极性(N 沟道或 P 沟道)、栅极绝缘方式(结型场效应晶体管(junction field-effect transistor，JFET)或绝缘栅型场效应管(又称为金属-氧化物-半导体场效应晶体管(metal-oxide-semiconductor field effect transistor，MOSFET)))以及沟道掺杂方式(增强型或耗尽型)分类，就目前技术来说，可实现的如图 1-19 所示。

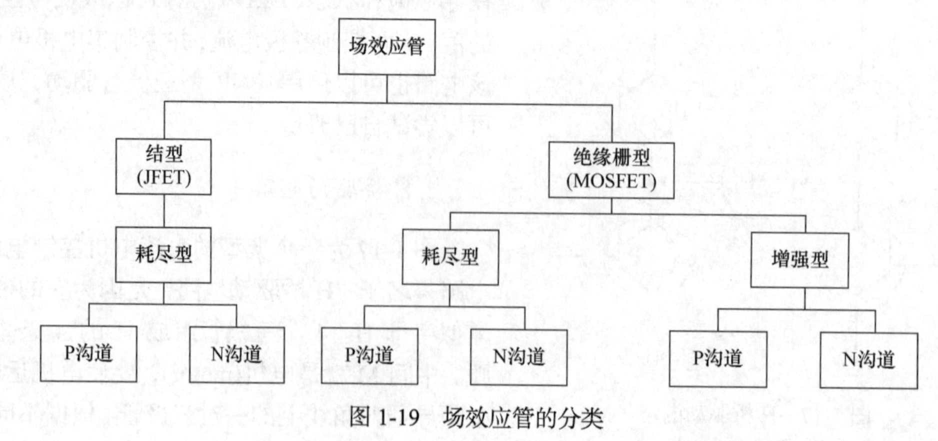

图 1-19 场效应管的分类

1.4.1 结型场效应管

1. 符号

场效应管也有三个极，分别称为源极、栅极和漏极，用 S、G、D 表示。图 1-20 是 JFET 的电路符号。中间的竖线代表沟道，箭头指向沟道(图 1-20(a))是 N 沟道 JFET，背向沟道(图 1-20(b))的是 P 沟道 JFET。类似三极管的 NPN 型和 PNP 型，N 沟道和 P 沟道场效应管外接电压正好相反，所得到的内部电流方向也相反。

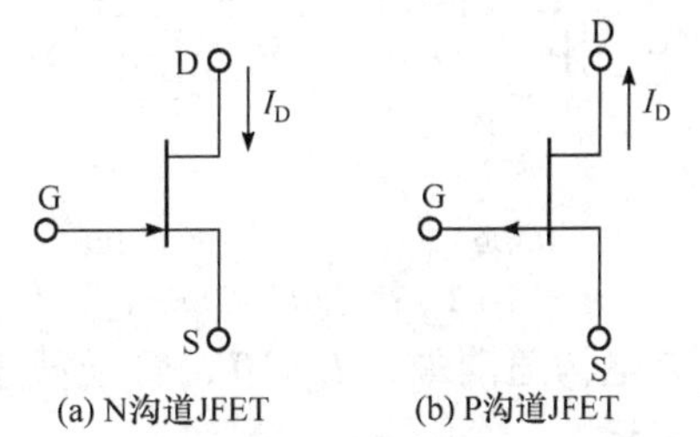

图 1-20 JFET 电路符号

这里需要说明的是，沟道是场效应管中源区和漏区之间的一个薄半导体层。它通过外部电场的施加，在半导体表面形成特定的电荷分布或者可以通过电流，从而具有导电功能。因此导电能力的强弱和外加电场电压有着密切关系。

2. 控制模式

图 1-21 所示为 N 沟道结型场效应管偏置电路。结型场效应管是栅源电压控制漏极电流。对于 N 沟道 JFET，受控电流 I_D 随着负栅压 U_{GS}(控制电压)的增加而减小，这是场效应管具有控制作用的重要标志。

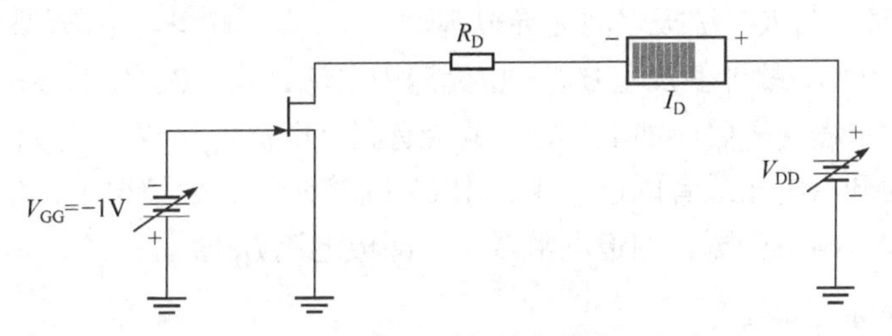

图 1-21 N 沟道结型场效应管偏置电路

类似三极管电路，如果 I_D 过大，R_D 两端电压较大，则场效应管 D、S 极之间电压很小，场效应管相当于开关闭合，电流 I_D 最终将达到饱和。反之，如果电流 I_D 过小，电路相当于断路，场效应管相当于开关断开，所以场效应管也可以当成电子开关使用。

因此，场效应管也可以完成控制功能和开关功能。

1.4.2 绝缘栅型场效应管

以 SiO_2 为绝缘层的绝缘栅型场效应管是一种金属-氧化物-半导体场效应管，简称 MOS 管。MOS 是 Metal(金属)、Oxide(氧化物)、Semiconductor(半导体)三个英文字的缩写，分为 N 沟道与 P 沟道两类，每一类又有耗尽型与增强型两种，共四种 MOS 管。N 沟道的 MOS 管简称 NMOS 管，P 沟道的 MOS 管简称 PMOS 管。

耗尽型场效应管和增强型场效应管的区别在于没有 U_{GS}，或者 $U_{GS}=0$ 时是否有导电沟道。如果存在导电沟道，则为耗尽型，如果需要外加电压才能形成导电沟道，则为增强型。

1. 耗尽型 MOSFET

图 1-22 是耗尽型 MOSFET 的电路符号，图(a)是 N 沟道，图(b)是 P 沟道。

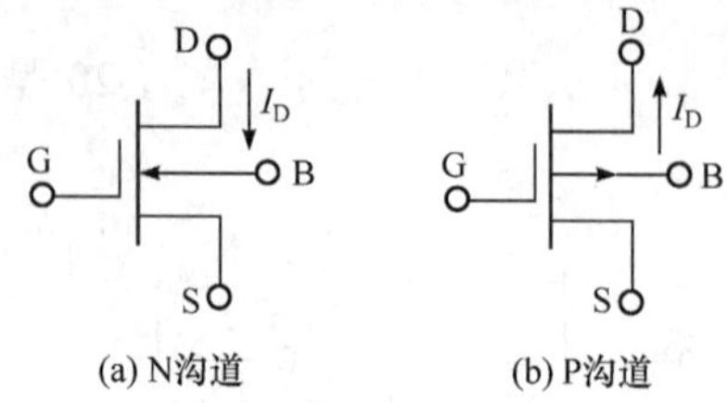

(a) N沟道　(b) P沟道

图 1-22　耗尽型 MOSFET

以 N 沟道为例，简单说明耗尽型 MOSFET 的工作原理。当 $U_{GS}=0$ 时，只要加上正向电压 U_{DS}，就有 I_D 产生。当 U_{GS} 由零向正值增大时，加强了绝缘层中的电场，使沟道加宽，I_D 增大。反之，U_{GS} 由零向负值增大时，削弱了绝缘层中的电场，使沟道变窄，I_D 减小。当 U_{GS} 负向增加到某一数值时，导电沟道消失，$I_D=0$，管子截止，此时所对应的栅源电压称为夹断电压，用 $U_{GS(off)}$ 表示。

耗尽型 MOSFET 在 $U_{GS}<0$、$U_{GS}>0$ 的情况下都可以工作，这是它的一个重要特点。

2. 增强型 MOSFET

图 1-23 是增强型 MOSFET 的电路符号，图(a)是 N 沟道，图(b)是 P 沟道。

以 N 沟道为例，简单说明增强型 MOSFET 的工作原理。工作时，N 沟道增强型 MOSFET 的栅源电压 U_{GS} 和漏源电压 U_{DS} 均为正向电压。

(a) N沟道　(b) P沟道

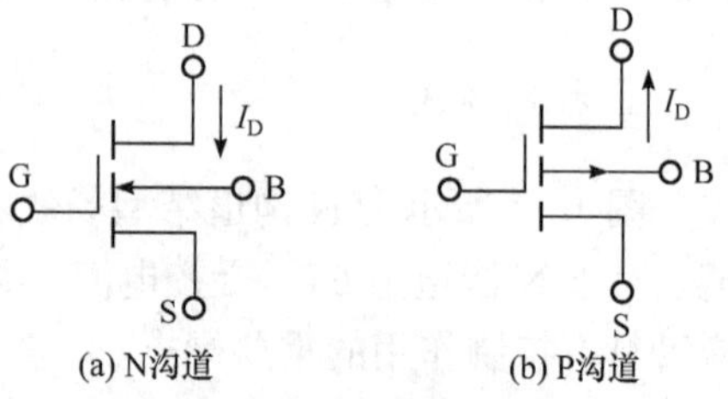

图 1-23　增强型 MOSFET

当 $U_{GS}=0$ 时，漏极与源极之间无导电沟道，是两个背靠的 PN 结，故即使加上 U_{DS}，也无漏极电流，$I_D=0$。然后逐渐开始增加 U_{GS}，当 U_{GS} 增大到一定程度之后，加上 U_{DS}，就会有漏极电流 I_D 产生。开始形成导电沟道时的漏源电压称为开启电压或者阈值电压，用 $U_{GS(th)}$ 表示。一般情况下，$U_{GS(th)}$ 约为几伏。随着 U_{GS} 的增大，沟道变宽，沟道电阻减小，漏极电流 I_D 增大。

3. MOSFET 电子开关

与三极管一样，场效应管可作为控制开关使用，在实际应用当中，把场效应管当作开关电路应用的情况会更多一些。

场效应管开关电路大体可分为两大类，即数字开关与模拟开关。

1) 数字开关

这里以 N 沟道增强型 MOSFET 为例介绍数字开关。如图 1-24 所示，当栅极电压为 0V 时，不会有导电沟道形成，MOSFET 处于关断状态，没有电流流过。而当栅极电压为高电平，且高于阈值电压时，导电沟道形成，MOSFET 处于导通状态，电流可以流过。因此，通过控制栅极电压的高低，可以实现对 MOSFET 的开关控制。

2) 模拟开关

模拟开关主要是完成模拟信号链路中的信号切换功能。采用 MOS 管的开关方式实现了对模拟信号链路关断或者打开。

一个基本的 N 沟道增强型 MOSFET 模拟开关如图 1-25 所示。当由于正 U_{GS} 使得 MOSFET 导通时，漏极上的信号连接到源极，当 U_{GS} 为 0 时，漏极上的信号与源极断开。

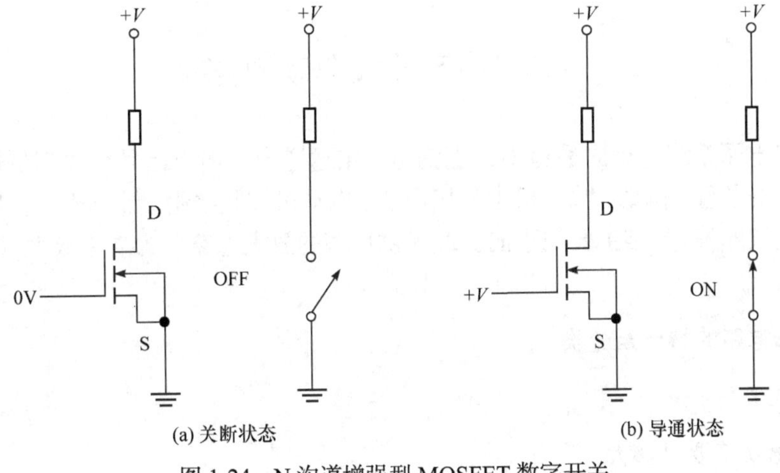

(a) 关断状态　　　　　　　　　　　　(b) 导通状态

图 1-24　N 沟道增强型 MOSFET 数字开关

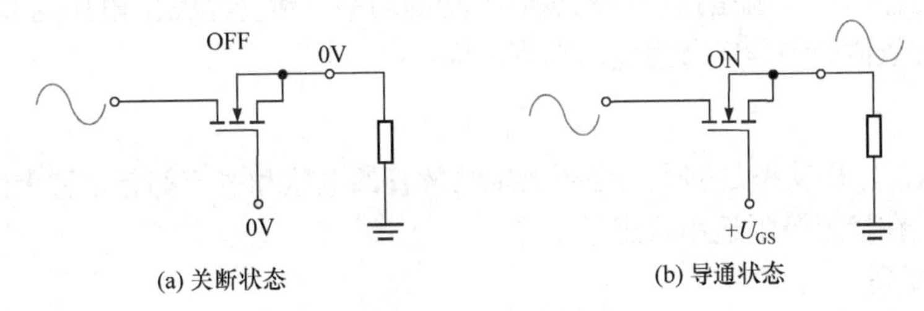

(a) 关断状态　　　　　　　　　　　　(b) 导通状态

图 1-25　模拟开关

表 1-1 给出了各种场效应管的符号及电压控制特性。读者可以将它们与双极型管作一类比，便于记忆。

表 1-1　各种场效应管的符号和电压控制

结构种类	结型 N 沟道	结型 P 沟道	绝缘栅型 N 沟道		绝缘栅型 P 沟道	
工作方式	耗尽型	耗尽型	增强型	耗尽型	增强型	耗尽型
符号	D G S I_D	D G S I_D	D G B S I_D	D G B S I_D	D G B S I_D	D G B S I_D
电压极性	$U_{GS(off)}<0$	$U_{GS(off)}>0$	$U_{GS(th)}>0$	$U_{GS(off)}<0$	$U_{GS(th)}<0$	$U_{GS(off)}>0$
	U_{GS} 为负	U_{GS} 为正	U_{GS} 为正	U_{GS} 可正、可负或零	U_{GS} 为负	U_{GS} 可负、可正或零
	U_{DS} 为正	U_{DS} 为负	U_{DS} 为正	U_{DS} 为正	U_{DS} 为负	U_{DS} 为负

1.5 功率放大驱动电路

在很多电子系统的后向通道中，也就是输出通道中，输出信号往往都是送到负载，去驱动一定的装置。例如，收音机中的扬声器、电动机控制绕组、计算机监视器或电视机的扫描偏置线圈等。这类主要用于向负载提供功率的放大电路称为功率放大(简称功放)驱动电路。

1.5.1 功率电路的特点及分类

1. 特点

1) 输出功率要足够大

足够大的输出功率就是指能带动负载做功的功率。将交流输出电压的有效值与交流输出电流的有效值的乘积定义为输出功率，即

$$P_o = U_o I_o \tag{1-14}$$

可见，欲使输出功率足够大，必须要求功放管的电压和电流都有足够大的输出幅度，因此管子往往在接近极限运用状态下工作。

2) 效率要高

输出功率(交流能量)是由直流电源通过晶体管转换而来的。在转换的过程中，功率管必然消耗一部分能量(称为管耗 P_T)，这就存在效率问题。当 V_{CC} 一定，即直流能量一定时，输出功率越大，功率管管耗越小，即效率越高。将直流电源提供的总能量称为额定功率，用 P_V 表示；效率用 η 表示，通常用百分数表示。定义

$$\eta = \frac{P_o}{P_V} \times 100\% \tag{1-15}$$

3) 非线性失真要小

功率放大电路工作在大信号运用下，由于功率管的非线性特性，可能有一小部分信号进入饱和区、截止区，引起非线性失真，所以必须对非线性失真加以限制，不能超过允许的失真范围。

4) 要有过载保护

功放管通过的电流大，温升高，易烧坏功率管，需要考虑散热问题，如加散热片等措施。过载时要设置保护电路对功放管进行安全保护。

2. 分类

功率放大电路按工作状态的不同可分为三类(又称三种工作状态)，即甲类、乙类和甲乙类。甲类是指在输入信号作用的一个周期内，功放管内始终有电流流过。它的优点是在信号周期内均不失真；其缺点是管耗大，效率低，因为电源始终不断地输送功率，在没有信号输入时，这些功率全部消耗在管子(和电阻)上，并转化为热量的形式耗散出去，此时管耗最大，管子最热。当有信号输入时，其中一部分功率转化为有用的输出功率，信号

越大，输送给负载的功率越多。

静态电流是造成管耗大、效率低的主要原因。因此，甲乙类和乙类放大，设计的主要目的都是减小静态功耗，提高效率。但电路都会出现严重的波形失真，因此，既要保持静态时管耗小，又要使失真不太严重，这就需要在电路结构上采取措施。

1.5.2 乙类双电源互补对称功率放大电路

1. 电路的组成与工作原理

电路如图 1-26 所示。该电路具有如下特点：

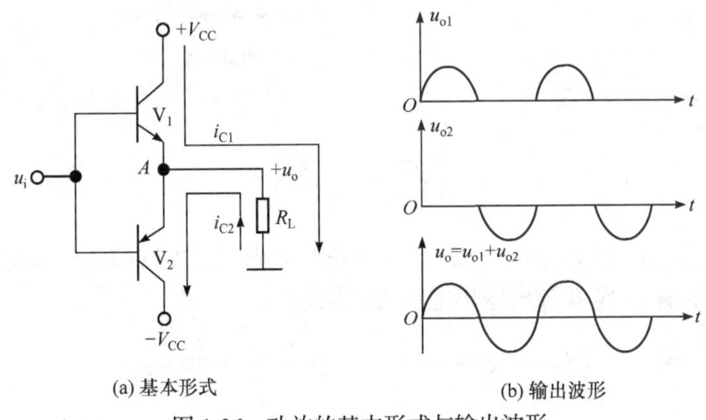

(a) 基本形式 (b) 输出波形

图 1-26 功放的基本形式与输出波形

(1) 选对称管 V_1、V_2，两管的导电类型相反，即一只管用 NPN 型，而另一只管必须采用 PNP 型；

(2) 两管的输出信号波形在负载上直接合成。

动态下，当正弦信号 u_i 为正半周时，V_1 管导通，V_2 管截止，R_L 上产生由上而下的电流 i_{C1}，产生输出电压 u_{o1}；当信号为负半周时，V_1 管截止，V_2 管导通，实现交替工作，R_L 上产生由下而上的电流 i_{C2}，产生输出电压 u_{o2}；u_{o1} 与 u_{o2} 在 R_L 上直接合成，得到一个完整的正弦波信号 u_o。

可见，两只管子的输出波形是互相补充对方的不足，工作性能对称，因此将这种电路称作互补对称电路，又称 OCL(无输出电容器，output capacitorless)电路。

2. 交越失真

由于晶体管存在死区电压，在输出的正、负半周交界处出现了台阶现象，称为交越失真。这是由晶体管的非线性特性引起的失真，是非线性失真，如图 1-27 所示。

加一个小偏置补偿死区电压，使管子在无信号输入时稍有一点开启电压，一旦加入信号，管子立刻进入放大状态，这样就能克服交越失真。加有小偏置的 OCL 电路，如图 1-28(a)所示，图 1-28(b)是它不失真的输出波形。严格地说，此时两管工作在甲乙类状态。必须指出，小偏置的加入仅仅是为了克服交越失真，而不是为了将工作点 Q 设置在放大区。图中，R_{W1}、R_{W2}、R、D_3 和 D_4 构成小偏置电路。如果小偏置 U_{b1b2} 达不到管子的开启电压会引起输出波形出现交越失真，可以调节电位器 R_{W2}，使之增加，直到满足

$U_{b1b2}=U_{BE1}+U_{EB2}$，方可消除之。电位器 R_{W1} 是用来调节中点电位的。静态下，调节 R_{W1} 使 $U_A=0$。否则会引起输出波形正、负半周不对称，产生非对称失真。

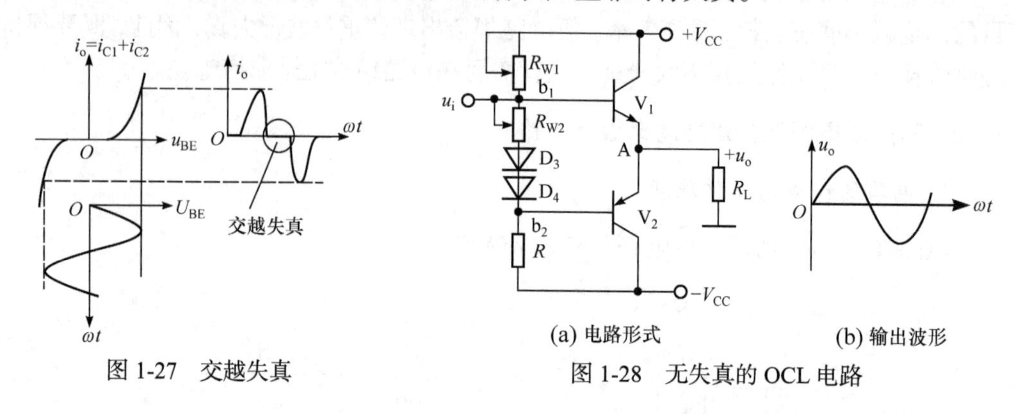

图 1-27　交越失真　　　　图 1-28　无失真的 OCL 电路

习　　题

1-1　在图题 1-1 所示电路中，已知 U_i 为正弦波形，二极管的正向压降和反向电流均可忽略(理想二极管)，定性画出输出电压 U_o 的波形。

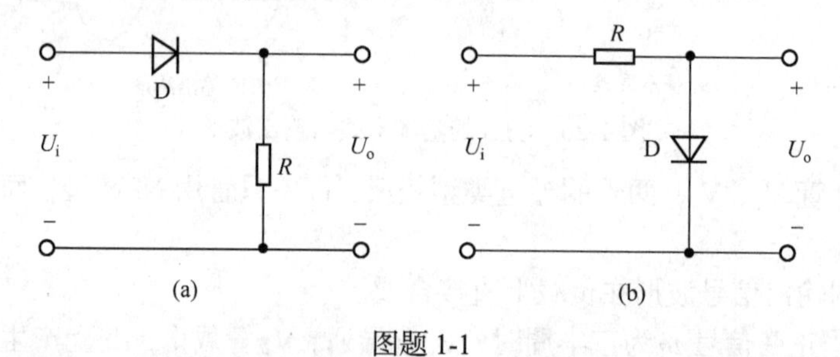

图题 1-1

1-2　两只硅稳压管的稳压值分别为 U_{Z1}=6V，U_{Z2}=9V。设它们的正向导通电压均为 0.7V。把它们串联相接可得到几种稳压值，各是多少？把它们并联相接呢？

1-3　测得工作在放大电路中两个晶体管的两个电极电流如图题 1-3 所示。

(1) 求另一个电极电流，并在图中标出实际方向。

(2) 判断它们各是 NPN 型管还是 PNP 型管，标出 E、B、C 极。

(3) 估算它们的 β 值。

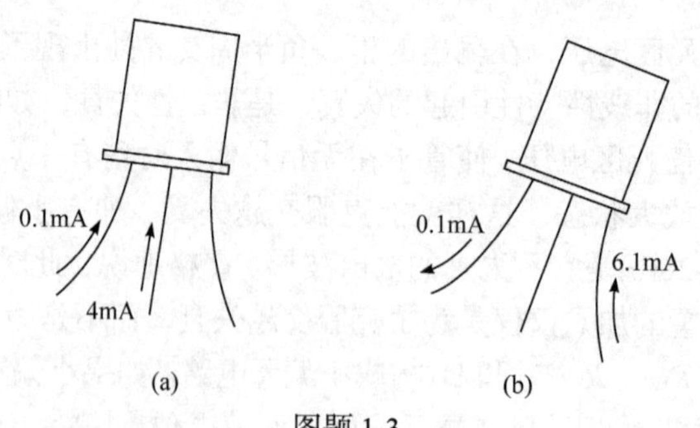

图题 1-3

1-4　在图题 1-4 的电路中，当开关 S 分别接到 A、B、C 三个触点时，判断晶体管的工作状态，确定 U_o 的值，设三极管的 U_{BE}=0.7V，β=50。

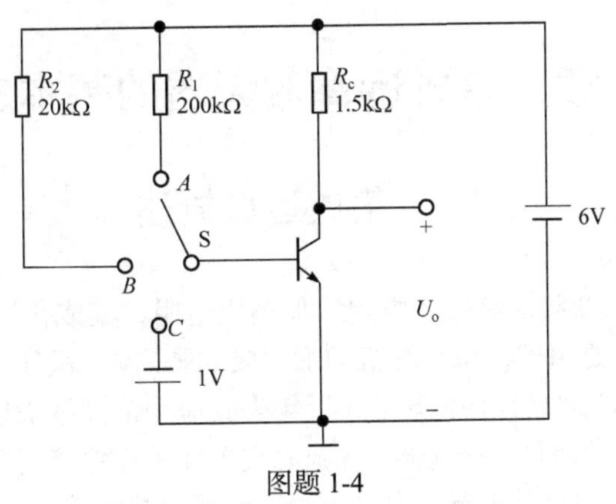

图题 1-4

1-5　分析如图题 1-5 所示驱动电路的工作过程。

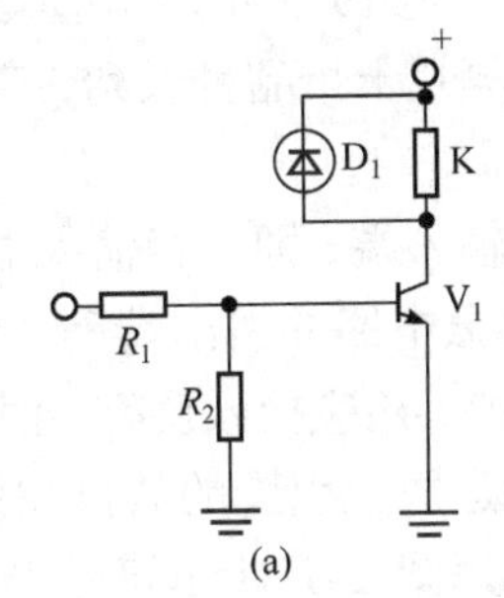

(a)

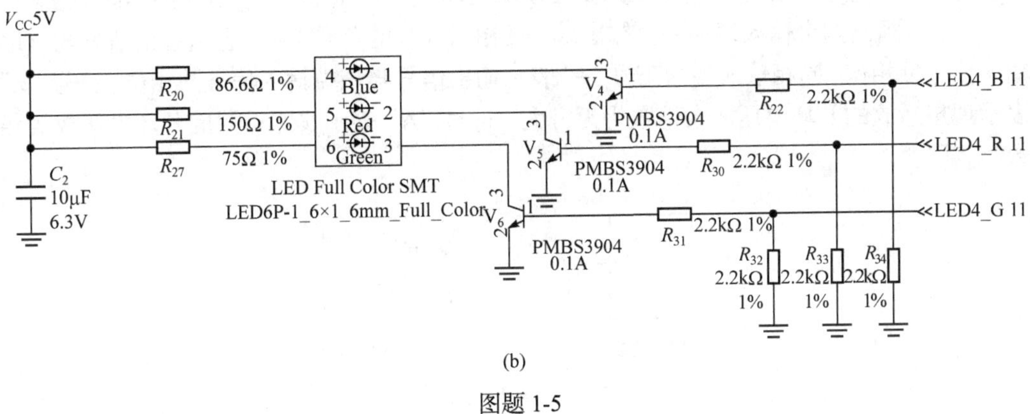

(b)

图题 1-5

1-6　说明耗尽型和增强型 MOSFET 的主要区别。

1-7　说明模拟开关和数字开关的主要区别。

1-8　理想模拟开关有哪些特点？查阅资料确定模拟开关的重要参数。

1-9　什么是功率放大电路？对功率放大电路有哪些特殊要求？

1-10　什么是交越失真？它是怎么产生的？用什么方法消除它？

第 2 章　集成运算放大器的基本应用

2.1　集成运放概述

集成运放是具有高增益、高输入电阻、低输出电阻，集成化了的多级直接耦合放大器。在发展初期，它主要用于模拟计算机的加、减、乘、除、积分、微分等数学运算电路中，故将“运算放大器”的名称保留至今。近年来其应用范围越来越广泛，除运算功能之外，它还可以组成各种比较器、振荡器、有源滤波器和采样保持器等。几乎在所有的电子技术领域中都有应用，如自动控制、自动测量、无线电技术等。

早期的运算放大器由电子管组成，以后逐步被晶体管分立元件所取代。自 20 世纪 60 年代初，第一个集成运放出现以来，至 1973 年通用型集成运放已发展到第四代，还研制出低功耗型、高精度、高输入阻抗等几十个品种系列，广泛应用于信号处理、测试、自动控制等领域。

集成运放有多个引出端：两个输入端，即反相输入端和同相输入端；一个输出端；一或两个电源端，接调零电位器和消振电路的引出端等。值得注意的是，运放在实际应用时，必须按要求接好电源，如果需要，还应接入调整、消振和保护电路等外接元件，才能保证其正常工作。对于不同型号的运放，引脚的数目和作用不完全相同。

为了分析方便，在电路图中采用图 2-1 所示符号表示运放，它省略了内部电路和外接元件，只画出两个输入端和一个输出端。反相输入端的负号“–”表示输出信号与该端输入信号反相位，同相输入端的正号“+”表示输出信号与该端输入信号同相位。符号“∞”表示理想运放的开环电压放大倍数为无穷大，符号“A”表示实际运放的开环电压放大倍数为有限值。

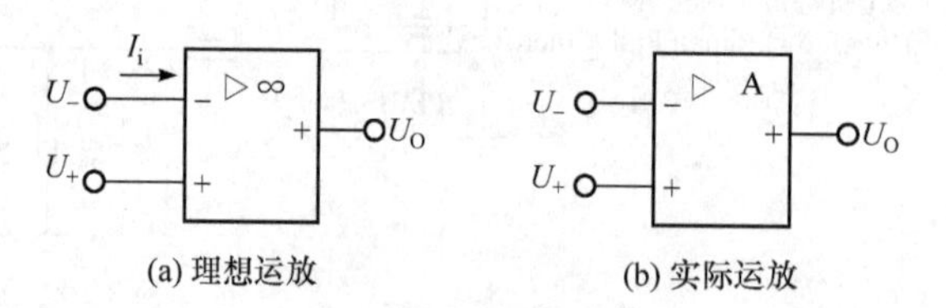

图 2-1　运放的电路符号

2.1.1　集成运放的主要参数

为了正确地选用集成运放，必须注意它的参数及含义。表征集成运放性能与质量的参数很多，现只介绍一些主要的参数。

1. 输入失调电压 U_{IO}

一个理想的集成运放，当输入电压为零时，输出电压也应为零(不加调零装置)。但实

际上它的差动输入级很难做到完全对称，通常在输入电压为零时，存在一定的输出电压。在室温(25℃)及标准电源电压下，输入电压为零时，为了使集成运放输出电压为零，在输入端加的补偿电压称作失调电压 U_{IO}。实际上指输入电压 U_I=0 时，输出电压 U_O 折合到输入端的电压的负值，即 $U_{IO}=-(U_O|_{U_I=0})/AU_O$。$U_{IO}$ 的大小反映了运放制造中电路的对称程度和电位配合情况。U_{IO} 越大，说明电路的对称程度越差，一般为±(1～10)mV。

2. 输入偏置电流 I_{IB}

双极型集成运放的两个输入端是差动对管的基极，因此两个输入端总需要一定的输入电流 I_{BN} 和 I_{BP}。输入偏置电流是指集成运放输出电压为零时，两个输入端静态电流的平均值，如图 2-2 所示。

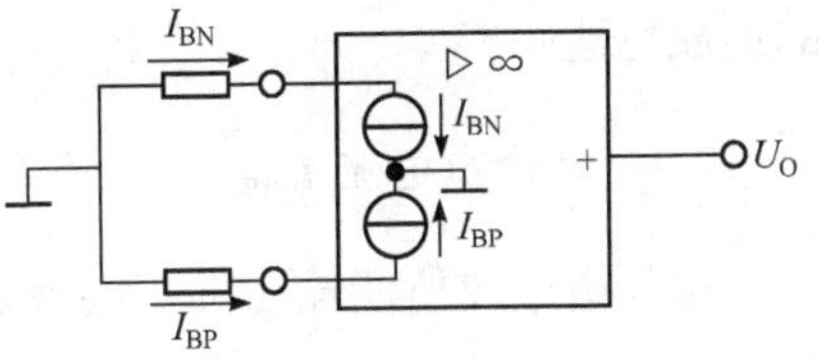

图 2-2　输入偏置电流

当 U_O=0 时，偏置电流为

$$I_{IB}=\frac{1}{2}(I_{BN}+I_{BP}) \tag{2-1}$$

输入偏置电流的大小，在电路外接电阻确定之后，主要取决于运放差动输入级 BJT 的性能，当它的 β 值太小时，将引起偏置电流的增加。从使用角度来看，偏置电流越小，由信号源内阻变化引起的输出电压变化也越小，故它是重要的技术指标。一般为 10nA～1μA。

3. 输入失调电流 I_{IO}

在双极型集成运放中，输入失调电流 I_{IO} 是指当输出电压为零时流入放大器两输入端的静态基极电流之差，即

$$I_{IO}=|I_{BP}-I_{BN}| \tag{2-2}$$

由于信号源内阻的存在，I_{IO} 会引起一个输入电压，破坏放大器的平衡，使放大器输出电压不为零。所以，希望 I_{IO} 越小越好，它反映了输入级差动对管的不对称程度。一般为 1nA～0.1μA。

4. 温度漂移

放大器的温度漂移是漂移的主要来源，而它又是由输入失调电压和输入失调电流随温度的漂移所引起的，故常用下面的方式表示。

1) 输入失调电压温漂 $\Delta U_{IO}/\Delta T$

这是指在规定温度范围内 U_{IO} 的温度系数，也是衡量电路温漂的重要指标。$\Delta U_{IO}/\Delta T$ 不能用外接调零装置的办法来补偿。高质量的放大器常选用低漂移的器件来组成。一般为±(10～20)μV/℃。

2) 输入失调电流温漂 $\Delta I_{IO}/\Delta T$

这是指在规定温度范围内 I_{IO} 的温度系数，也是对放大电路电流漂移的量度。同样不能用外接调零装置来补偿。质量越好的运放，该指标越小，可达皮安(pA)级。

5. 最大差模输入电压 U_{idmax}

这指的是集成运放的反相和同相输入端所能承受的最大电压值。超过这个电压值，运放输入级某一侧的 BJT 将出现发射结的反向击穿，而使运放的性能显著恶化，甚至可能造成永久性损坏。利用平面工艺制成的 NPN 管约为±5V，而横向 BJT 可达±30V。

6. 最大共模输入电压 U_{icmax}

这是指运放所能承受的最大共模输入电压。超过 U_{icmax}，它的共模抑制比将显著下降。一般指运放在作电压跟随器时，输出电压产生 1%跟随误差的共模输入电压幅值。高质量的运放可达±13V。

7. 最大输出电流 I_{omax}

这是指运放所能输出的正向或负向的峰值电流，通常给出输出端短路的电流。

8. 开环差模电压增益 A_{od}

这是指集成运放工作在线性区，接入规定的负载，无负反馈情况下的直流差模电压增益。A_{od}与输出电压 U_O 的大小有关。通常是在规定的输出电压幅度(如 U_O=±10V)测得的值。A_{od} 又是频率的函数，频率高于某一数值后，A_{od} 的数值开始下降。图 2-3 表示 741 型集成运放 A_{od} 的频率响应。

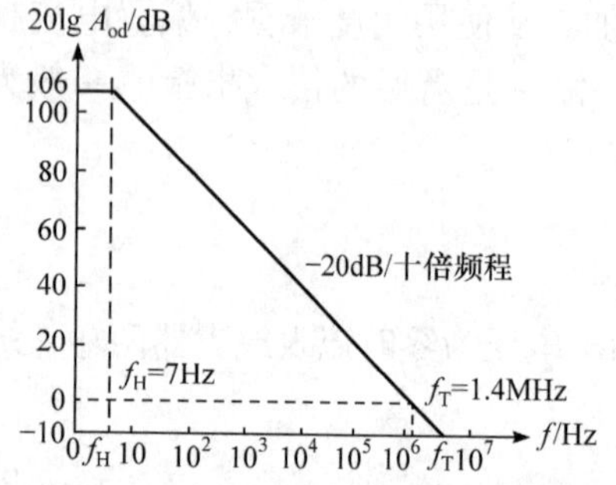

图 2-3　741 型集成运放 A_{od} 的频率响应

9. 开环带宽 f_{bw}

开环带宽 f_{bw} 又称为−3dB 带宽，是指开环差模电压增益下降 3dB 时对应的频率 f_H。741 型集成运放的频率响应 $A_{od}(f)$如图 2-3 所示。由于电路中补偿电容 C 的作用，它的 f_H 约为 7Hz。

10. 单位增益带宽 f_{bwG}

对应于开环电压增益 A_{od} 频率响应曲线上其增益下降到 A_{od}=1 时的频率，即 $20\lg A_{od}$ 为 0 时的信号频率 f_T。它是集成运放的重要参数。741 型集成运放的 $A_{od}=2\times10^5$时，它的 $f_T=A_{od}\cdot f_H=2\times10^5\times7\text{Hz}=1.4\text{MHz}$。

11. 差模输入电阻 r_{id}

r_{id}是指在差模输入时的输入电阻。其值越大，对信号源的影响越小，所以 r_{id} 越大越好。

12. 共模抑制比 K_{CMR}

运放共模抑制比的定义是差模电压放大倍数 A_d 绝对值与共模电压放大倍数 A_c 绝对值之比。K_{CMR} 反映运放对共模信号的抑制能力，越大越好。不同功能运放的 K_{CMR} 不同，有的在 60～70dB，有的高达 180dB。

13. 转换速率 S_R

转换速率 S_R 也称压摆率，是指放大电路在跟随状态下，输入大信号(如阶跃信号)时，放大电路输出电压的最大变化速率，如图 2-4 所示。它反映了运放对于快速变化的输入大信号的响应能力。转换速率 S_R 的表达式为

$$S_R = \left|\frac{\mathrm{d}u_o}{\mathrm{d}t}\right|_{max} \tag{2-3}$$

式中，转换速率 S_R 是在大信号和高频信号工作时的一项重要指标，目前一般通用型运放的压摆率为 1～10V/μs。

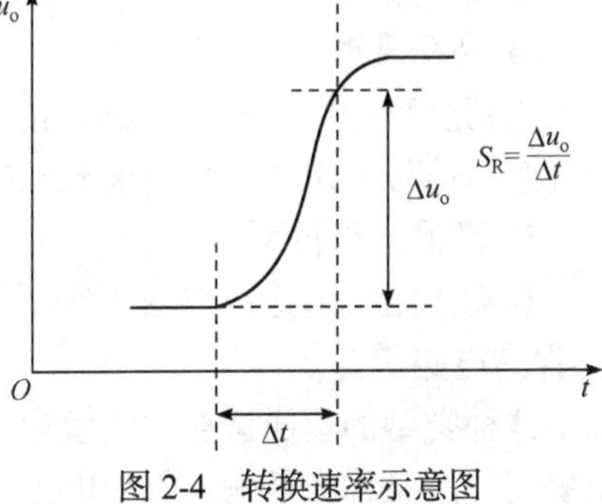

图 2-4 转换速率示意图

2.1.2 集成运放的分类

集成电路按制造工艺的不同，可分为单片集成电路(将二极管、三极管和电阻及其连线制作在同一基片上构成特定功能的电路)和混合集成电路(在单片集成电路基础上再制造电容器等其他电路元件)；按其功能可分为数字集成电路和模拟集成电路，数字集成电路是产生和处理数字信号(在时间上和数值上均为离散量的信号)的电路，除此之外的集成电路统称为模拟集成电路。模拟集成电路用来产生、放大、加工各种模拟信号(在时间上和数值上均为连续性的信号)或者进行模数转换，而模拟集成电路又可分为集成运算放大器、集成功率放大器、集成电压比较器、集成乘法器、集成稳压电源、集成振荡器等不同类型；按构成集成电路的有源器件可分为由晶体管组成的双极型和由场效应管组成的单极型等。

为了满足实际使用中对集成运放性能的特殊要求，除了性能指标比较适中的通用型运放外，还出现了适应不同需要的专用型集成运放。专用型集成运放按功能不同可分为高速型、高精度型、高输入阻抗型、低功耗型、大功率型等多种，下面分别对它们进行简要介绍。

1. 通用型运放

通用型运算放大器的技术指标比较适中，价格较低，能满足一般场合的需要。通用型运放经过了几代的演变，性能已大有提高。以典型的通用型运放 μA741 为例，输入失调电压为 1～2mV，输入失调电流为 20nA，差模输入电阻为 2MΩ，开环增益为 100dB，共模抑制比为 90dB，输出电阻为 75Ω，共模输入电压范围为±13V，转换速率为 0.5V/μs。

2. 专用型运放

1) 高速型

高速型集成运算放大器一般用于宽频带放大器、快速模数转换器(analog-to-digital converter，A/D 转换器或 ADC)和数模(D/A)转换器、有源滤波器、高速采样-保持电路、

锁相环、精密比较器和视频放大器中。这种运放的单位增益带宽和转换速率的指标均较高，转换速率 S_R>30V/μs，单位增益带宽 f_{bwG}>10MHz。当用于输出信号较小的宽带放大时，比较注重 f_{bwG}；当用于输出快速变化的大信号时，应注重 S_R，有时二者均需考虑。

2) 高精度型

高精度型运放一般用于输入信号为毫伏级或更微弱信号的精密测量、精密计算、精密传感器信号变送器、高精度稳压电源及自动控制仪表中。

3) 高输入阻抗型

高输入阻抗型运放广泛用于测量生物医学电信号的精密放大电路、有源滤波器、采样-保持电路等。

这种类型的集成运放的差模输入电阻 r_{id} 为 10^9～$10^{12}\Omega$，输入偏置电流为几皮安至几十皮安，故又称为低输入偏置电流型运放。

4) 低功耗型

低功耗型运放一般用于对能耗有严格限制的遥测、遥感、生物医学和空间技术研究的设备中，工作于较低电压下，工作电流微弱。

在电源电压为±15V 条件下测试，低功耗型运放的最大功耗一般不大于 6mW。在低电源电压(±3V 以下)条件下工作，具有较低的静态功耗(小于 1mW)和较良好的电气性能(如 A_{od} = 80～100dB)。

5) 大功率型

这种运放的输出功率可达 1W 以上，输出电流可达几安以上。

6) 宽动态范围轨对轨型

轨对轨运放的共模输入电压范围可以从负电源电压到正电源电压；输出电压范围可以从负电源电压到正电源电压。“正、负”电源好像两条轨道，习惯上称这种运算放大器为“轨对轨”型运放。这种运放可以单电源工作，也可以双电源工作。

7) 电流型

电流反馈型运算放大器简称电流型运放，它能以更高的速度工作。与电压反馈型运算放大器相比，电流反馈型运算放大器的带宽更宽，压摆率更高，并且不存在电压反馈型放大器相关的增益带宽限制。

2.1.3 集成运放的选取

由前面可知，不同类型的运放性能和特点有很大的差别，从表 2-1 列出的几种典型常用运放的参数中也可看出不同类型运放某些参数的巨大差异。例如，高速型运放 OPA656 有非常高的增益带宽积和转换速率，但共模抑制比明显低于高精度型运放 OPA227，所以在不同的设计任务中应该根据具体需求来选择合适的运放。

表 2-1 几种典型运放的参数

类型	型号	参数				
		增益带宽积/MHz	输入偏置电流/nA	共模抑制比/dB	转换速率/(V/μs)	电源电流/mA
通用型	LM741	1.5	80	70	0.5	0.8～2.8
	LM358	1.5	40	70	0.5	0.5～2

续表

类型		型号	参数				
			增益带宽积/MHz	输入偏置电流/nA	共模抑制比/dB	转换速率/(V/μs)	电源电流/mA
专用型	高速型	OPA656	750	1	75	2500	7.6
	高精度型	OPA227	8	0.3	120	10	2.8
	低功耗型	LT1634	0.5	0.015	90	0.25	0.0009
	大功率型	OPA549	8	5	94	1.5	5.7
	电流型	AD8421	10	0.0025	140	12	5.5

目前常用的运放主要由 ADI、TI、Maxim 等公司生产，它们的官网都提供了各种运放的数据手册，数据手册详细给出了各种参数的数据。在选取运放时应参考数据手册，综合考虑运放的性能、价格、封装等。

在满足设计要求的情况下，通常优先选择通用型运算放大器，在通用型运放不能满足要求的情况下，再考虑使用专用型集成运放。这一方面是由于通用型运放的价格低廉，另一方面要注意到通用型运放的各项指标均比较适中，而专用型运放有时是以牺牲某些指标为代价来换取特别有意义的某项性能。例如，高速型运放的精度往往偏低，而低噪声运放的带宽往往较窄。

2.2　集成运放的线性应用

2.2.1　比例运算电路

将输入信号按比例放大的电路简称为比例计算电路或比例电路。它由集成运放和电阻组成的深度负反馈电路构成。根据输入信号所加到运放端口的不同，可划分为反相输入、同相输入和差动输入等三种比例电路。反相比例放大电路如图 2-5 所示。由于输入信号 U_i 加在反相端，故输出电压 U_o 与 U_i 反相位。

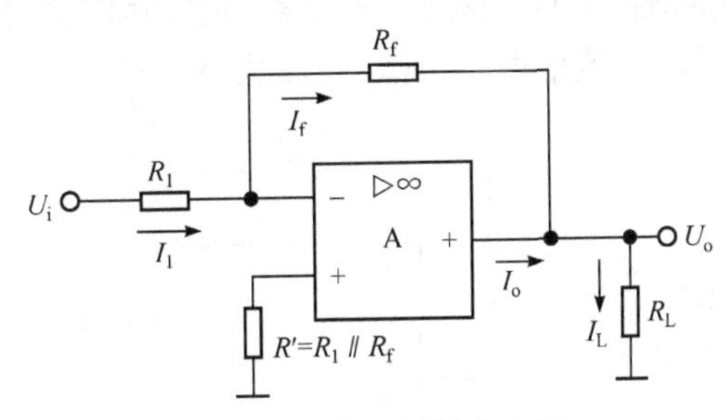

图 2-5　反相比例放大电路

1. 反相比例放大电路

1) 电压放大倍数 A_u

因 $U_+=U_-=0$，$I_+=I_-=0$，则

$$I_1 = I_f \tag{2-4}$$

则有

$$\frac{U_i - U_-}{R_1} = \frac{U_- - U_o}{R_f} \tag{2-5}$$

$$U_o = -\frac{R_f}{R_1} U_i \tag{2-6}$$

$$A_u = \frac{U_o}{U_i} = -\frac{R_f}{R_1} \tag{2-7}$$

式中，负号仅表示输入输出反相，不代表放大倍数数值为负。通过改变 R_f 和 R_1 的比例，可以改变$|A_u|$的大小。$|A_u|$可以大于 1、小于 1 或等于 1。在 $R_f = R_1$，$A_u = -1$，$U_o = -U_i$ 的情况下，反相比例放大电路称为反相器或反号器。

2) 输入电阻 r_i 和输出电阻 r_o

尽管集成运放本身的开环差模输入电阻 r_{id} 很高，但由于并联深度负反馈的作用，电路的输入电阻较小，考虑到反相端为虚地，则输入电阻 r_i 约等于输入回路电阻 R_1，即

$$r_i = \frac{U_i}{I_1} \approx R_1 \tag{2-8}$$

输入电阻低是反相输入方式的一个缺点。

由于电压深度负反馈的作用，输出电阻 r_o 很低。

$$r_o = \frac{r_o'}{1 + AF} \tag{2-9}$$

式中，r_o' 为引入反馈前的输出电阻。理想情况下，r_o=0，因此带负载能力强。

3) 共模抑制比

集成运放的反相输入端为虚地点，它的共模输入电压可视为零。因此，对运放的共模抑制比要求低。

4) 反相输入基本电路的一般形式

反相输入电路的一般形式如图 2-6 所示。$Z_1(s)$和 $Z_f(s)$可以是由 R、L、C 单独或组合构成的网络，也可以由非线性器件(二极管、三极管、集成运放或集成模拟乘法器等)构成。$U_i(s)$可以是缓慢变化信号、直流信号、正弦信号或阶跃信号。

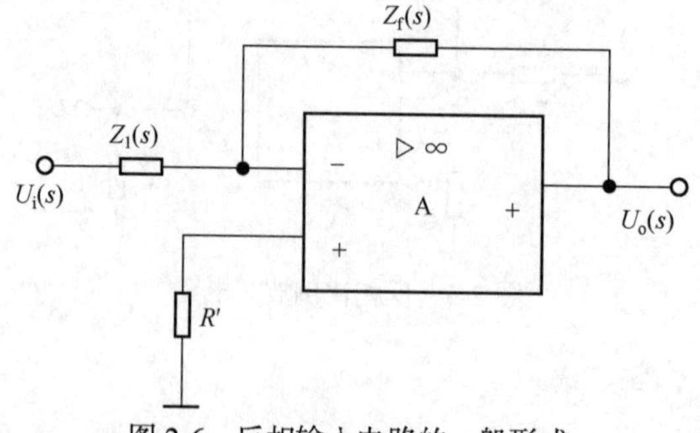

图 2-6　反相输入电路的一般形式

在理想集成运放和深度负反馈条件下，反相输入运放电路的理想传输特性为

$$A_u(s)=\frac{U_o(s)}{U_i(s)}=-\frac{Z_f(s)}{Z_1(s)} \tag{2-10}$$

$$A_u(j\omega)=\frac{U_o(j\omega)}{U_i(j\omega)}=-\frac{Z_f(j\omega)}{Z_1(j\omega)} \tag{2-11}$$

输入阻抗

$$Z_i \approx Z_1 \tag{2-12}$$

R'选择 Z_1 和 Z_f 中直流电阻的并联值。

2. 同相比例放大电路

基本同相比例放大电路如图 2-7 所示。输入信号 U_i 加到同相输入端，输出电压 U_o 与输入电压 U_i 同相位。它是一个深度电压串联负反馈电路。

(1) 电压放大倍数 A_u。

因 $U_-=U_+=U_i$，$I_+=I_-=0$，有

$$U_-=\frac{R_1}{R_1+R_f}U_o=U_+ \tag{2-13}$$

则有

$$A_u=\frac{U_o}{U_+}=1+\frac{R_f}{R_1} \tag{2-14}$$

$$U_o=\left(1+\frac{R_f}{R_1}\right)U_+=\left(1+\frac{R_f}{R_1}\right)U_i \tag{2-15}$$

需要说明的是，式(2-14)是输出电压 U_o 对同相输入端电压 U_+ 的比值。一般情况下，U_+ 不一定等于 U_i。例如，在图 2-8 所示电路中，U_+ 是电阻 R_2、R_3 对 U_i 的分压值，故得

$$U_o=A_u\frac{R_3}{R_2+R_3}U_i \tag{2-16}$$

$$=\left(1+\frac{R_f}{R_1}\right)\frac{R_3}{R_2+R_3}U_i \tag{2-17}$$

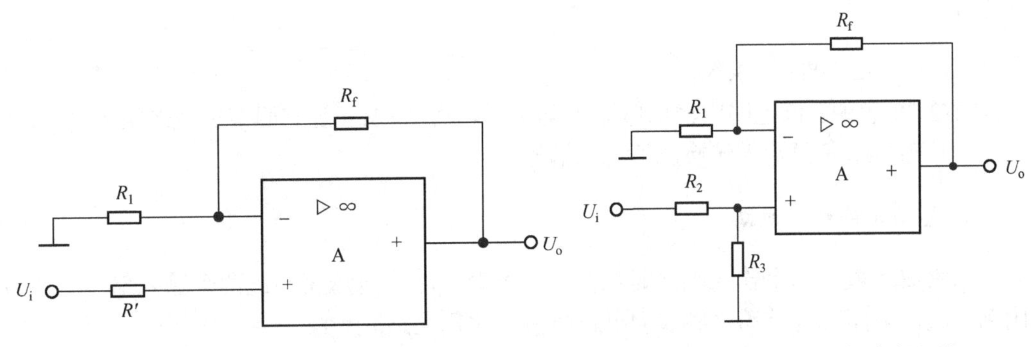

图 2-7　基本同相比例放大电路　　　　图 2-8　一般同相比例放大电路

从上述分析可知，U_o 与 U_i 为比例关系，U_o 与 U_i 同相位，A_u 的大小仅决定于 R_f/R_1 的

值。A_u值可大于 1，最小等于 1。若断开 R_1，而 R_f 为一数值或为零，则比例系数 $1+\dfrac{R_f}{R_1}=1$，$U_o=U_+$，此时的电路如图 2-9 所示，称为电压跟随器电路。该电路通常用作阻抗转换或隔离缓冲级。

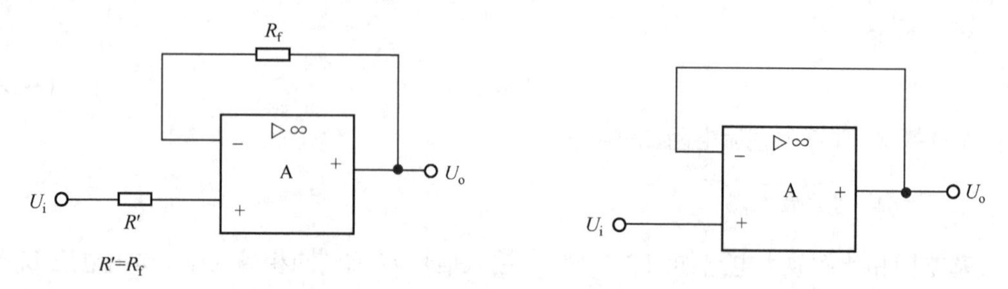

图 2-9　电压跟随器电路

(2) 由于电路引入了深度电压串联负反馈，能使输入电阻增加至原来的 $1+AF$ 倍，可高达 1000MΩ 以上。输出电阻减少至原来的 $\dfrac{1}{1+AF}$，一般可视为零。输入电阻很高是同相输入电路的突出优点。

(3) 同相输入基本电路的一般理想传输特性为

$$A_u(s)=\frac{U_o(s)}{U_i(s)}=1+\frac{Z_f(s)}{Z_1(s)} \tag{2-18}$$

$$A_u(j\omega)=\frac{U_o(j\omega)}{U_i(j\omega)}=1+\frac{Z_f(j\omega)}{Z_1(j\omega)} \tag{2-19}$$

【例 2-1】 工程应用中，为抗干扰、提高测量精度或满足特定要求等，常常需要进行电压信号和电流信号之间的转换。图 2-10 所示电路称为电压-电流转换器，试分析输出电流 I_o 与输入电压 U_S 之间的函数关系。

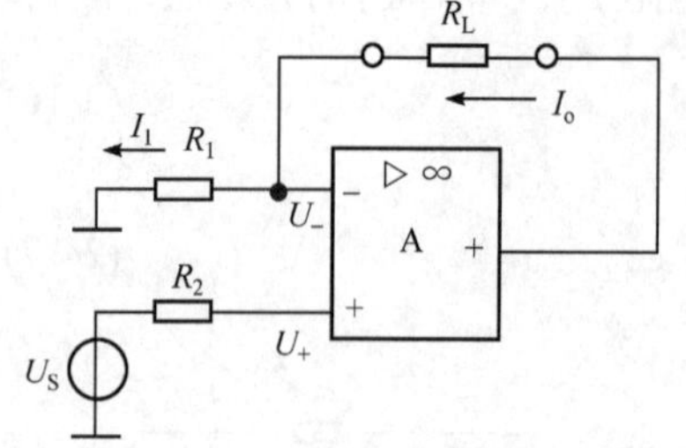

图 2-10　电压-电流转换器

解　根据虚断和虚短可知 $U_-=U_+=U_S$，$I_o=I_1$，因此由图 2-10 可得

$$I_o=\frac{U_- -0}{R_1}=\frac{U_S}{R_1} \tag{2-20}$$

式(2-20)表明，该电路中输出电流 I_o 与输入电压 U_S 成正比，而与负载电阻 R_L 的大小无关，从而将恒压源输入转换成恒流源输出。

3. 差动比例放大电路

当集成运放的两个输入端同时加输入信号时，输出电压将与此两个输入信号之差成比例，故该电路称为差动比例放大电路或差动比例电路。

1) 基本型差动比例电路

在图 2-11 中，反相输入端加入信号 U_{i1}，同相输入端加入信号 U_{i2}，推导 U_o 与 U_{i1}、

U_{i2}的关系表达式时，可采用叠加原理进行分析。

(1) 当 U_{i1} 单独作用时(U_{i2}=0)，相当于反相比例放大电路，其输出电压为

$$U_o' = -\frac{R_f}{R_1}U_{i1} \tag{2-21}$$

(2) 当 U_{i2} 单独作用时(U_{i1}=0)，相当于同相比例放大电路，其输出电压为

$$U_o'' = \left(1+\frac{R_f}{R_1}\right)U_+ = \left(1+\frac{R_f}{R_1}\right)\frac{R_f'}{R_1'+R_f'}U_{i2} \tag{2-22}$$

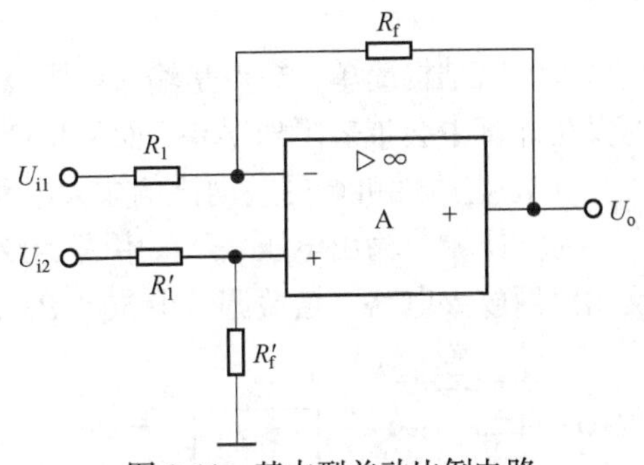

图 2-11　基本型差动比例电路

(3) 当 U_{i1} 和 U_{i2} 同时作用时，输出电压为

$$U_o = U_o' + U_o'' = \left(1+\frac{R_f}{R_1}\right)\frac{R_f'}{R_1'+R_f'}U_{i2} - \frac{R_f}{R_1}U_{i1} \tag{2-23}$$

当满足匹配条件(电路对称)，即 $R_1' = R_1$，$R_f' = R_f$ 时，有

$$U_o = \frac{R_f}{R_1}(U_{i2}-U_{i1}),\quad A_u = \frac{U_o}{U_{i2}-U_{i1}} = \frac{R_f}{R_1} \tag{2-24}$$

或

$$U_o = -\frac{R_f}{R_1}(U_{i1}-U_{i2}),\quad A_u = -\frac{U_o}{U_{i1}-U_{i2}} = -\frac{R_f}{R_1} \tag{2-25}$$

若四个外接电阻全相等，即 $R_1' = R_1 = R_f' = R_f$，则有

$$U_o = U_{i2} - U_{i1} \tag{2-26}$$

可以看出，四只电阻全相同的差动比例电路可做减法运算。当 $U_{i2}>U_{i1}$ 时，U_o 为正值；当 $U_{i2}<U_{i1}$ 时，U_o 为负值。这种性能在自动控制和测量系统中得到了广泛应用，例如，控制电动机的正反转。

若采用虚短和叠加原理进行计算也很方便。

由图 2-11 可知：

$$U_+ = \frac{R_f'}{R_1'+R_f'}U_{i2} \tag{2-27}$$

$$U_- = \frac{R_f}{R_1+R_f}U_{i1} + \frac{R_1}{R_1+R_f}U_o \tag{2-28}$$

因为 $U_+=U_-$，可得

$$U_o = \frac{1+\dfrac{R_f}{R_1}}{1+\dfrac{R_1'}{R_f'}}U_{i2} - \frac{R_f}{R_1}U_{i1} \tag{2-29}$$

当 $R_1' = R_1$，$R_f' = R_f$ 时，同样可得式(2-24)。

当电路对称时，不难看出，基本型差动比例电路的输入电阻 r_i 为

$$r_{\mathrm{i}} = 2R_1 \tag{2-30}$$

该电路结构简单，缺点是输入电阻低，对元件的对称性要求比较高。如果元件失配，不仅在计算中会带来附加误差，而且将产生共模电压输出，同时输出电压调节也不方便。

2) 增益线性可调的差动比例放大电路

为方便调节输出电压，可采用图 2-12 所示的增益可线性调节的差动比例电路。A_2 为反相比例放大电路，增益调节电位器 R_W 作为其输入回路电阻。

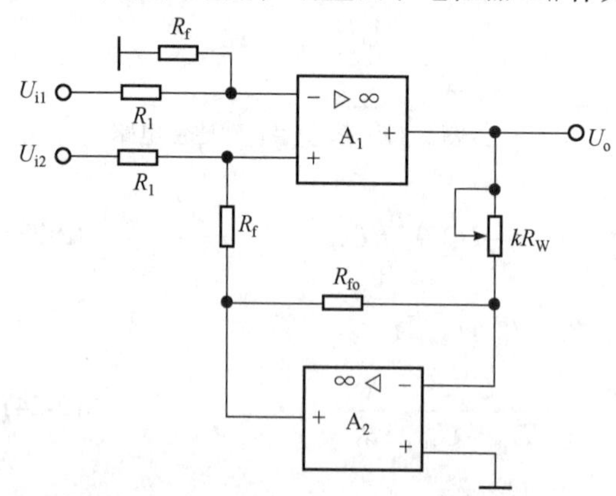

图 2-12　增益可线性调节的差动比例电路

应用叠加原理，可求出 U_+对地的电位：

$$U_+ = \frac{R_f}{R_1 + R_f} U_{i2} - \frac{R_1}{R_1 + R_f} \cdot \frac{R_{fo}}{kR_W} U_o \tag{2-31}$$

$$U_- = \frac{R_f}{R_1 + R_f} U_{i1} \tag{2-32}$$

因 $U_+=U_-$，代入化简后得

$$A_u = \frac{U_o}{U_{i2} - U_{i1}} = \frac{R_f}{R_1 R_{fo}} kR_W \tag{2-33}$$

可见，A_u 与 R_W 值的改变成正比。调节 R_W 值时，并不影响电路的共模抑制能力。

【例 2-2】　利用图 2-12 所示电路，设计 A_u=1～100 的差动比例电路。

解　为了减少电阻品种，可选 $R_1=R_f=R_{fo}=10\text{k}\Omega$，由式(2-33)得

$$A_u = \frac{R_f}{R_1 R_{fo}} kR_W = 0.1kR_W \tag{2-34}$$

由此得知，电位器的调节范围为 10～1000kΩ，故可用 10kΩ 的固定电阻和 1MΩ 的电位器串联组成 R_W。

2.2.2　加减运算电路

加减运算电路

能够实现输出电压与多个输入电压间代数加减关系的电路称为加减运算电路。主要有单运放加减和双运放加减两种结构形式。由于单运放所构成的加减电路在各电阻元件参数选择、计算以及实验调整方面存在着不便，故在设计上常采用双运放加减电路结构形式。

根据求和项经两个运放传输，而差项只需经过一次运放传输，形成图 2-13 所示的加减运算电路。下面结合设计实例，分析其构成。

【例 2-3】　设计一个由集成运放构成的运算电路，以实现如下的运算关系式：

$$U_o = 5U_{i1} + 2U_{i2} - 0.3U_{i3} \tag{2-35}$$

且电路级数最多不超过两级。

解　设计加减运算电路时，原则上可采用同相或反相输入方式，但最好只采用反相

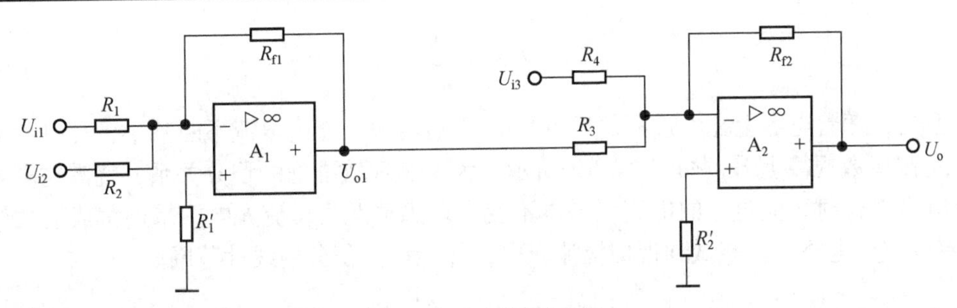

图 2-13　加减运算电路

输入方式。因为该方式输入回路各电阻元件参数选择、计算以及实验调整方便，而同相输入方式却不方便，所以选择双运放加减运算电路，如图 2-13 所示。

由图 2-13 可知：

$$U_{o1} = -\frac{R_{f1}}{R_1}U_{i1} - \frac{R_{f1}}{R_2}U_{i2} \tag{2-36}$$

$$U_o = -\frac{R_{f2}}{R_3}U_{o1} - \frac{R_{f2}}{R_4}U_{i3} \tag{2-37}$$

对照 $U_o=5U_{i1}+2U_{i2}-0.3U_{i3}$ 关系式，可见

$$\frac{R_{f1}}{R_1} = 5,\quad \frac{R_{f1}}{R_2} = 2,\quad \frac{R_{f2}}{R_4} = 0.3 \tag{2-38}$$

因为第一级为反相求和电路，所以 U_o 对 U_{o1} 需要反号一次，应选 $R_{f2}=R_3$。

若选 $R_{f1}=100\text{k}\Omega$，$R_{f2}=75\text{k}\Omega$，则 $R_1=20\text{k}\Omega$，$R_2=50\text{k}\Omega$，$R_3=75\text{k}\Omega$，$R_4=250\text{k}\Omega$。

根据输入端电阻平衡对称条件，在图 2-13 所示电路中，R_1' 和 R_2' 应分别为

$$\frac{1}{R_1'} = \frac{1}{R_1} + \frac{1}{R_2} + \frac{1}{R_{f1}} = \frac{1}{20} + \frac{1}{50} + \frac{1}{100},\quad R_1' = 12.5\text{k}\Omega \tag{2-39}$$

$$\frac{1}{R_2'} = \frac{1}{R_3} + \frac{1}{R_4} + \frac{1}{R_{f2}} = \frac{1}{75} + \frac{1}{250} + \frac{1}{75},\quad R_2' = 32.6\text{k}\Omega \tag{2-40}$$

2.2.3　积分运算电路

积分电路的输出电压与输入电压成积分关系。积分电路可以实现积分运算。它在模拟计算机、积分型模数转换以及产生矩形波、三角波等电路中均有广泛应用。

根据输入电压加到集成运放的反相输入端或同相输入端，有反相积分电路和同相积分电路两种基本形式。

下面首先了解图 2-14(a)示出的无源 RC 积分电路的问题。当输入电压 u_i 为一阶跃电压 E 时，输出电压 u_o 只在开始部分随时间线性增长，u_o 近似与 u_i 成积分关系。因为在初始期间，电容 C 上的电压 u_o 很小，可忽略时，才有

$$i = \frac{u_i - u_C}{R} \approx \frac{u_i}{R} \tag{2-41}$$

因而

$$u_o = \frac{1}{C}\int i\mathrm{d}t \approx \frac{1}{RC}\int u_i \mathrm{d}t \tag{2-42}$$

但是，随着电容上充电过程的进行，u_C不断增大，充电电流不断减小，充电速度变慢，u_C按指数规律上升，如图 2-14(b)所示，为了实现较准确的积分关系，就需在电容器两端电压增长时，流过它的电流仍基本不变，理想情况为恒流充电，采用集成运放构成 RC 有源积分电路，就能做到近似恒流充电，并能扩大积分的线性范围。

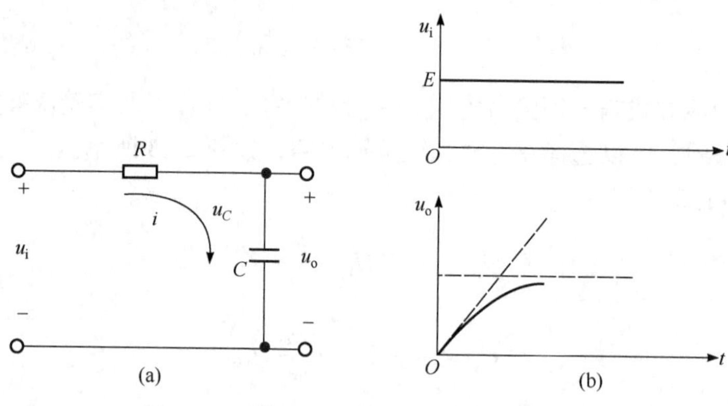

图 2-14　无源 RC 积分电路及输入输出波形

1. 反相积分电路

反相比例放大电路中的反馈元件 R_f 用电容 C 代替，输入回路电阻 R_1 仍是电阻 R，便可构成图 2-15 所示的反相积分电路。

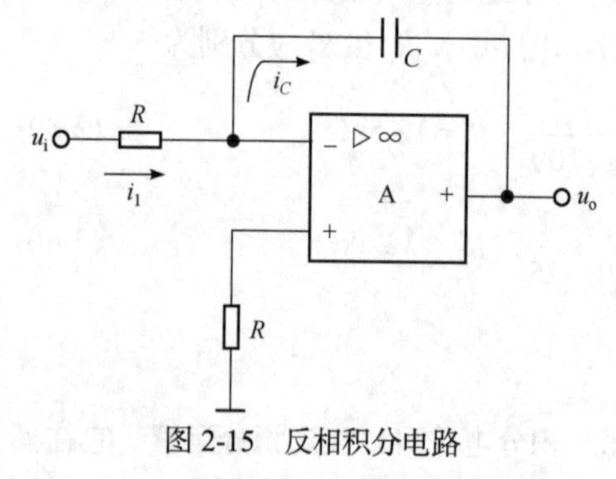

图 2-15　反相积分电路

因 U_-=0，$i_1 = \frac{u_i}{R}$ 且 I_-=0，i_C=i_1，于是

$$u_o = -u_C = -\frac{1}{C}\int_{t_1}^{t} i_C \mathrm{d}t \tag{2-43}$$

如果在开始积分之前，电容两端已经存在一个初始电压，则积分电路将有一个初始的输出电压$u_o|_{t_1}$，此时

$$u_o = -\frac{1}{RC}\int_{t_1}^{t} u_i \mathrm{d}t + u_o|_{t_1} \tag{2-44}$$

由式(2-44)可知，输出电压 u_o 与 u_i 成积分关系。负号表示 u_o 与 u_i 在相位上是反相的。积分时间常数为 $\tau=RC$。

利用反相输入接法的 $A_u(s)$一般表示式(2-10)，也很容易导出式(2-45)。

$$U_o(s) = -\frac{Z_f(s)}{Z_1(s)}U_i(s) = -\frac{\frac{1}{SC}}{R}U_i(s) = -\frac{1}{sRC}U_i(s) \tag{2-45}$$

式中，$\frac{1}{s}$为积分算子，当考虑到电容 C 上的初始值时，便得到式(2-44)的结果。

当输入电压 u_i 为图 2-14 所示的阶跃电压 E 时，电容器 C 将以近似恒流方式充电，使

输出电压 u_o 与时间成近似线性关系，这时

$$u_o = -\frac{E}{RC}t + u_o|_{t_1} \tag{2-46}$$

假设电容器 C 的初始电压为零，则

$$u_o = -\frac{E}{RC}t \tag{2-47}$$

当 $t=\tau$ 时，$-u_o=E$。当 $t>\tau$，u_o 随之增大，但不能无限增大。因运放输出的最大值 U_{om} 受直流电源电压的限制。当 $-u_o=U_{om}$ 时，运放进入饱和状态，u_o 保持不变，而停止积分。波形如图 2-16 所示。根据密勒定理，跨接在输出端至反相端之间的电容 C 折合到反相端到地，其等效电容为 $(1+A_{od})C$，所以等效积分时间常数是 $(1+A_{od})RC$。可见，集成运放又起到增大积分时间常数的作用，更易满足积分条件，因而展宽了线性范围，通常称这种积分为密勒积分。

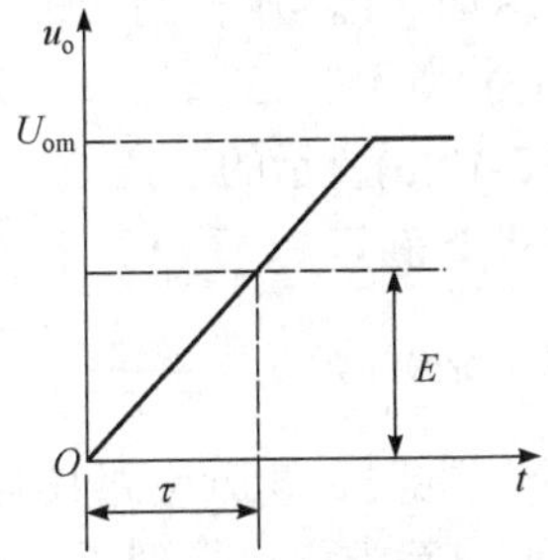

图 2-16　阶跃电压作用时的 u_o 波形

积分电路在实际应用时要注意两点。

(1) 因为集成运放和积分电容器并非理想元器件，会产生积分误差，情况严重时甚至不能正常工作。因此，应选择输入失调电压、失调电流及温漂小的集成运放；选用泄漏电阻大的电容器以及吸附效应小的电容器。

(2) 应用积分电路时，动态运用范围也要考虑。集成运放的输出电压和输出电流不允许超过它的额定值 U_{OM} 和 I_{OM}。因而对输入信号的大小或积分时间应有一定的限制。

【例 2-4】 设图 2-15 所示电路中的 R=1MΩ，C=1μF，电容 C 初始电压 $u_C(0)=0$，输入电压 u_i 的波形如图 2-17(a)所示，试画出输出电压 u_o 的波形，并标明其幅度。

解 因输入电压 u_i 是矩形波，在不同时间间隔内，u_i 为正恒定值或负恒定值。在定性分析和定量计算 u_o 波形与幅度时，应该按 u_i 为正或负恒定值分成不同时间间隔进行计算，并注意到每个时间间隔的初始电压 $u_o|_{t_1}$ 的大小。

(1) 当 t=0～1s 时，u_i=2V，u_o 往负方向直线增长：

$$u_o = -\frac{u_i}{RC}t + u_o(0) = -\frac{2}{10^6 \times 10^{-6}}t + 0 = -2t \tag{2-48}$$

即 u_o 按照−2V/s 的速度线性增长。当 t=0 时，u_o=0；当 t=1s 时，u_o= −2V。

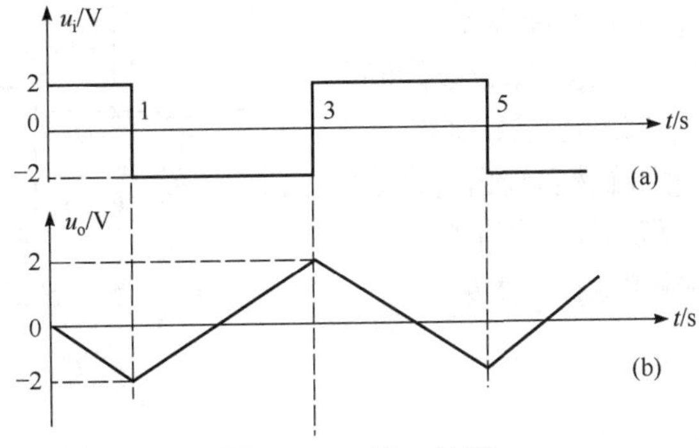

图 2-17　u_i 及 u_o 波形

(2) 当 t=1～3s 时，u_i=−2V，u_o 在 $u_o(1)$=−2V 的基础上往正方向线性增长，即

$$\begin{aligned} u_o &= -\left[\frac{u_i}{RC}(t-t_1)\right]+u_o(1) \\ &= -\frac{-2}{10^6\times10^{-6}}(t-1)-2 \\ &= 2(t-1)-2 = 2t-4 \end{aligned}$$

当 t=2s 时，u_o=0V；当 t=3s 时，u_o=2V。

(3) 当 t=3～5s 时，u_i=2V，u_o 又往负方向直线增长，以后重复上述过程。u_o 的波形为如图 2-17(b)所示的三角波。

从上例可以看出，积分电路具有波形变换的作用，可将方波变为三角波。若 $u_i=U_m\sin\omega t$，则 $u_o=-\frac{1}{RC}\int U_m\sin\omega t\mathrm{d}t=\frac{U_m}{\omega RC}\cos\omega t$，为余弦波。可见，$u_o$ 的相位比 u_i 领先 90°。此时，积分电路具有移相 90°的作用。另外，积分电路在时间延迟、电压量转换为时间量等方面也得到了广泛的应用。

反相求和积分电路

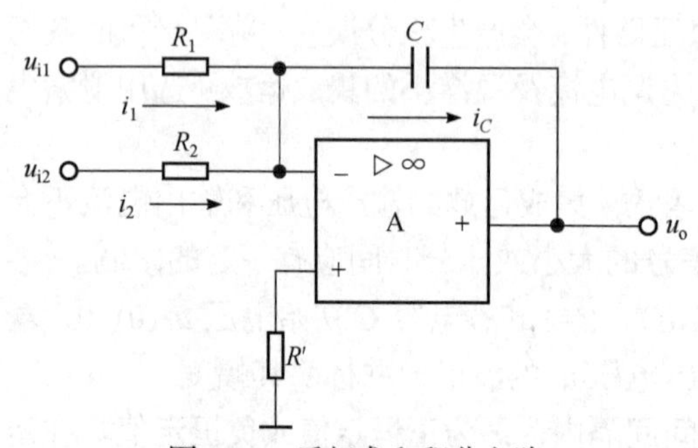

图 2-18　反相求和积分电路

2. 反相求和积分电路

如果在基本反相积分电路的反相端加入多个输入信号，便构成如图 2-18 所示的反相求和积分电路(图中有两个输入信号)。

因为 I_-=0，U_-=0，有

$$i_C=i_1+i_2=\frac{u_{i1}}{R_1}+\frac{u_{i2}}{R_2} \tag{2-49}$$

因此

$$u_o=-u_C=-\frac{1}{C}\int i_C\mathrm{d}t=-\frac{1}{C}\int(i_1+i_2)\mathrm{d}t=-\left(\frac{1}{R_1C}\int u_{i1}\mathrm{d}t+\frac{1}{R_2C}\int u_{i2}\mathrm{d}t\right) \tag{2-50}$$

使用叠加原理更易得到这个公式。

3. 同相积分电路

图 2-19 是同相积分电路的原理图。

该电路的特点是引入一正反馈，以改善积分效果。随着积分时间的增长，流过输入端电阻 R 的电流 i_1 逐渐减小，但增加了来自输出端的反馈电流 i_f。若正反馈适当，就可保持电容器 C 的充电电流 i_C 不变，以维持输出电压线性变化。

由图 2-19 可知：

$$U_+=\frac{u_o}{2},\ U_+=U_-,\ U_+=\frac{1}{C}\int i_C\mathrm{d}t$$

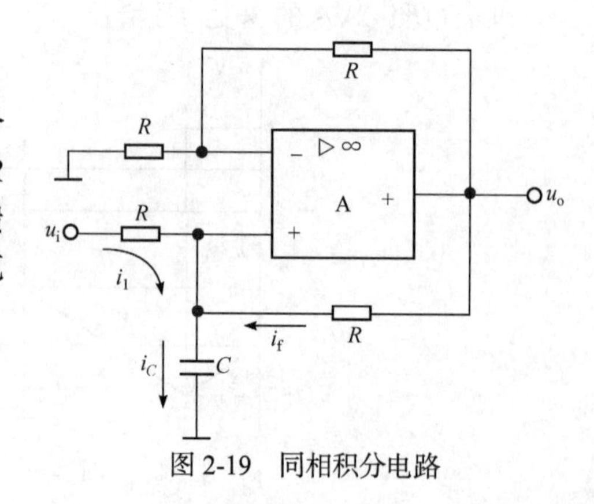

图 2-19　同相积分电路

$$i_C = i_1 + i_f = \frac{u_i - U_+}{R} + \frac{u_o - U_-}{R} = \frac{u_i}{R}$$

于是

$$\frac{u_o}{2} = \frac{1}{C}\int i_C \mathrm{d}t = \frac{1}{C}\int \frac{u_i}{R}\mathrm{d}t$$

故得

$$u_o = \frac{2}{RC}\int u_i \mathrm{d}t \tag{2-51}$$

所以，同相积分电路的输出电压是反相积分电路的 2 倍。

2.3　电压比较器电路

电压比较器简称比较器，其基本功能是对两个输入电压进行比较，并根据比较结果输出高电平或低电平电压，据此来判断输入信号的大小和极性。电压比较器常用于自动控制、波形产生与变换、模数转换以及越限报警等场合。

电压比较器通常由集成运放构成，与前面章节不同的是，比较器中的集成运放大多处于开环或正反馈的状态。只要在两个输入端加一个很小的信号，运放就会进入非线性区，属于集成运放的非线性应用范围。在分析比较器时，虚断路原则仍成立，虚短及虚地等概念仅在判断临界情况时才适用。

比较器可以利用通用集成运放组成，也可以采用专用的集成比较器组件。对它的要求是电压幅度鉴别的准确性、稳定性、输出电压反应的快速性以及抗干扰能力等。下面分别介绍几种比较器。

2.3.1　简单比较器

1. 零电平比较器(过零比较器)

电压比较器是将一个模拟输入信号 u_i 与一个固定的参考电压 U_R 进行比较和鉴别的电路。

在 $u_i>U_R$ 和 $u_i<U_R$ 两种情况下，电压比较器输出高电平 U_{oH} 或低电平 U_{oL}。当 U_i 一旦变化到 U_R 时，比较器的输出电压将从一个电平跳变到另一个电平。

参考电压为零的比较器称为零电平比较器。按输入方式的不同可分为反相输入和同相输入两种零电位比较器，如图 2-20(a)和(b)所示。

因参考电压 $U_R=0$，故输入电压 u_i 与零伏进行比较。以反相输入为例，当 $u_i<0$ 时，由于同相输入端接地，且运放处于开环状态，净输入信号 $u_d=u_i=U_--U_+<0$。因此，只要加入很小的输入信号 u_i，便足以使输出电压达到高电平 U_{oH}。同理，当 $u_i>0$ 时，输出电压达到低电平 U_{oL}。高电平 U_{oH} 与低电平 U_{oL} 分别接近集成运放直流供电电源$\pm V_{CC}$。而当 u_i 变化经过零时，输出电压 u_o 从一个电平跳变到另一个电平，因此也称此种比较器为过零比较器。

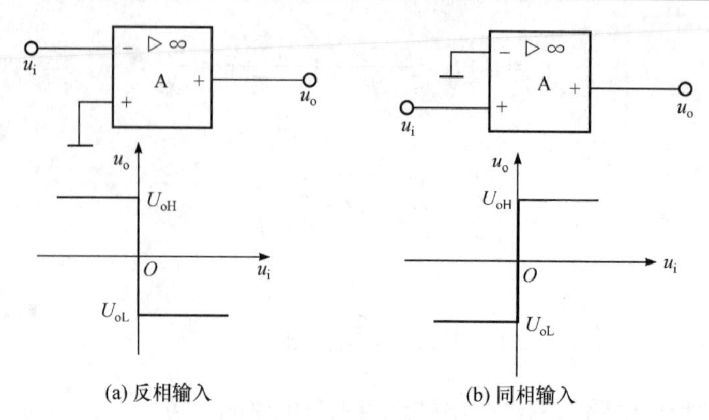

图 2-20　过零比较器

通常用阈值电压和传输特性来描述比较器的工作特性。

阈值电压(又称门槛电平)是使比较器输出电压发生跳变时的输入电压值，简称阈值，用符号 U_{TH} 表示。估算阈值主要应抓住输入信号使输出电压发生跳变时的临界条件。这个临界条件是集成运放两个输入端的电位相等(两个输入端的电流也视为零)，即 $U_+=U_-$。对于图 2-20(a)所示电路，$U_-=U_i$，$U_+=0$，$U_{TH}=0$。

传输特性是比较器的输出电压 u_o 与输入电压 u_i 在平面直角坐标上的关系。画传输特性的一般步骤是：先求阈值，再根据电压比较器的具体电路，分析在输入电压由最低变到最高(正向过程)和输入电压由最高到最低(负向过程)两种情况下，输出电压的变化规律，然后画出传输特性。图 2-20(a)的传输特性表明，输入电压从低逐渐升高经过零时，u_o 将从高电平跳到低电平。相反，当输入电压从高电平逐渐降低经过零时，u_o 将从低电平跳变为高电平。

有时，为了和后面的电路相连接以适应某种需要，常常希望减小比较器输出幅度，为此采用稳压管限幅。为了使比较器输出的正向幅度和负向幅度基本相等，可将双向击穿稳压二极管(简称稳压管)接在电路的输出端或接在反馈回路中，如图 2-21 所示。这时，$U_{oH}\approx+U_Z$，$U_{oL}\approx-U_Z$。为了使负向输出电压更接近零，可在稳压管两端并联锗开关二极管，如图 2-22 所示。

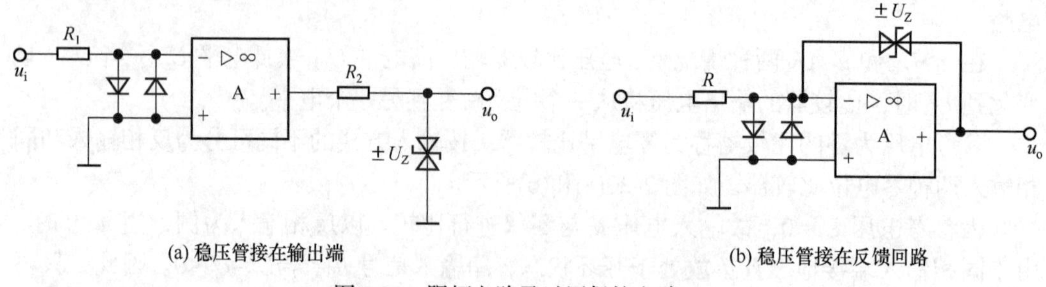

图 2-21　限幅电路及过压保护电路(一)

为了防止输入信号过大，损坏集成运放，除了在比较器的输入回路中串接电阻外，还可以在集成运放的两个输入端之间并联两个相互反接的二极管，如图 2-21(a)和(b)所示。

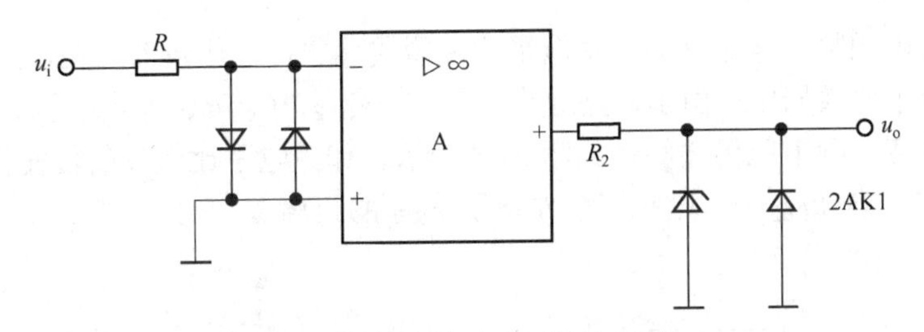

图 2-22　限幅电路及过压保护电路(二)

【例 2-5】　电路如图 2-23(a)所示，当输入信号 u_i 为如图 2-23(c)所示的正弦波时，试定性画出图中 u_o、u_o' 及 u_L 的波形。

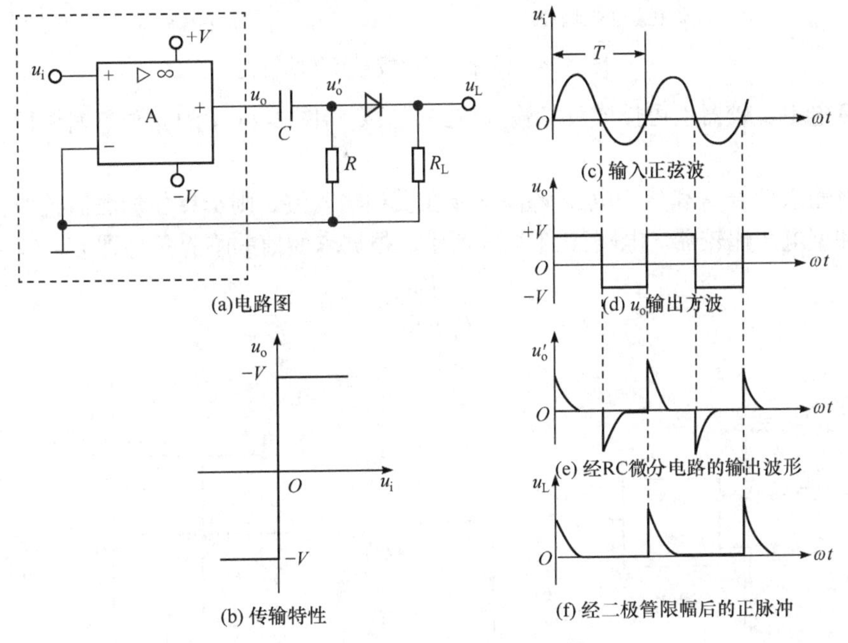

图 2-23　过零比较器及波形变换

解　经分析，运放构成同相输入过零比较器，正弦波输入信号每过零一次，比较器的输出电压就跳变一次，将正弦波输入信号(图 2-23(c))变换成正负极性的方波(图 2-23(d))；方波经 RC 微分电路(当满足 $RC \ll T/2$ ，T 为方波的重复周期)，输出电压 u_o' 将为一系列的正、负相间的尖顶脉冲(图 2-23(e)；双向尖顶脉冲再经二极管接到负载 R_L 上，利用二极管的单向导通作用，在负载 R_L 上只剩下正向尖顶脉冲，其时间间隔等于输入正弦波的周期。二极管把负向尖顶脉冲削去了，称为削波(或限幅)，二极管和负载组成了限幅电路。

通过上例可以看出，比较器将正弦波变成了方波，具有波形变换的作用，同时由于比较器的输入信号是模拟量，而它的输出电平是离散的，说明电压比较器实现了模数转换。

2. 任意电平比较器(非过零比较器)

将零电平比较器中的接地端改接为一个参考电压 V_{REF}(设为直流电压)，由于 V_{REF} 的大小和极性均可调整，电路称为任意电平比较器或称非过零比较器。在如图 2-24(a)所示的同相输入电平比较器中，由虚断路原则，有 $U_{-}=V_{REF}$，$U_{+}=u_i$，即当阈值 $u_i=V_{REF}$ 时，输出电压发生跳变，则电压传输特性如图 2-24(b)示，和零电平比较器的传输特性相比右移了 V_{REF} 的距离。若 $V_{REF}<0$，则相当于左移了 V_{REF} 的距离。

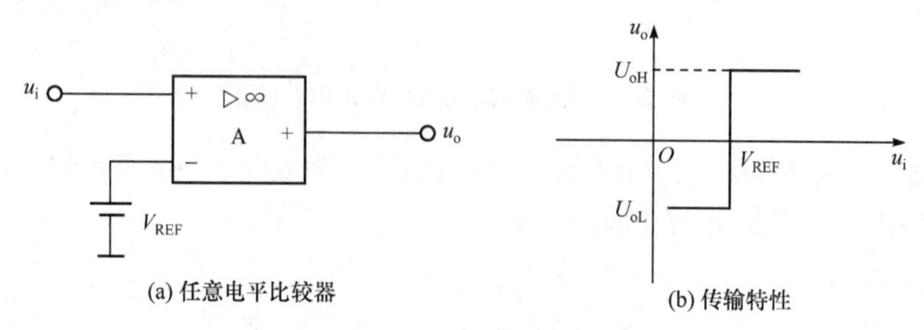

图 2-24　任意电平比较器及传输特性

任意电平比较器也可接成反相输入方式，只要将图 2-24 中的 u_i 位置对调即可，可自行分析。

若将输入信号 u_i 和参考电压 V_{REF} 均接在反相输入端，则与反相加法器类似，故称为反相求和型电压比较器。电路如图 2-25 所示。根据求阈值的临界条件即 $U_{-}=U_{+}=0$，则有

$$u_i-\frac{u_i-V_{REF}}{R_1+R_2}R_1=0 \tag{2-52}$$

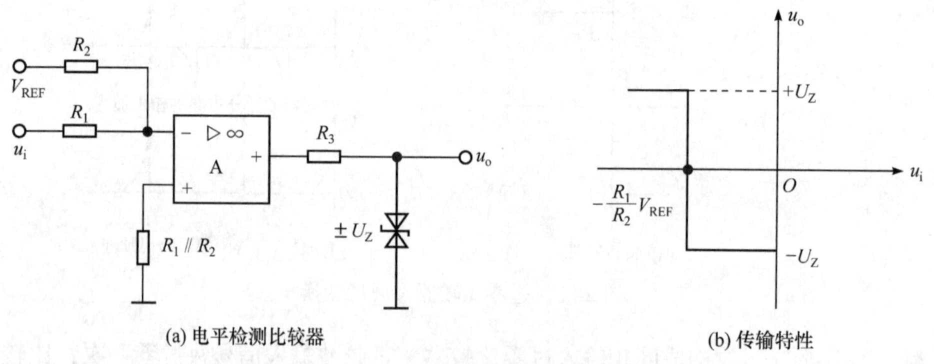

图 2-25　电平检测比较器传输特性

这时，对应的 u_i 值就是阈值 U_{TH}，所以

$$U_{TH}=-\frac{R_1}{R_2}V_{REF} \tag{2-53}$$

或者根据 $\frac{u_i}{R_1}+\frac{V_{REF}}{R_2}=0$，同样得到式(2-53)。它的传输特性如图 2-25(b)所示。当 $R_1=10\text{k}\Omega$，$R_2=100\text{k}\Omega$，$V_{REF}=10\text{V}$ 时，$U_{TH}=-1\text{V}$。

这个电平比较器将在 $u_i=-\frac{R_1}{R_2}V_{REF}$ 输入幅度条件下转换状态，可用来检测输入信号的电平，又称它为电平检测比较器。改变 V_{REF} 的大小、极性或 R_1/R_2 的值，就可检测不同

幅度的输入信号。

简单比较器结构简单，灵敏度高，但它的抗干扰能力差。也就是说，如果输入信号因干扰在阈值附近变化时，输出电压将在高、低两个电平之间反复地跳变，可能使输出状态产生误动作。为了提高电压比较器的抗干扰能力，下面介绍两个不同阈值的滞回比较器。

2.3.2　滞回比较器

滞回比较器又称施密特触发器。这种比较器的特点是当输入信号 u_i 逐渐增大或逐渐减小时，它有两个阈值，且不相等，其传输特性具有“滞回”曲线的形状。

滞回比较器也有反相输入和同相输入两种方式。它们的电路及传输特性示于图 2-26。

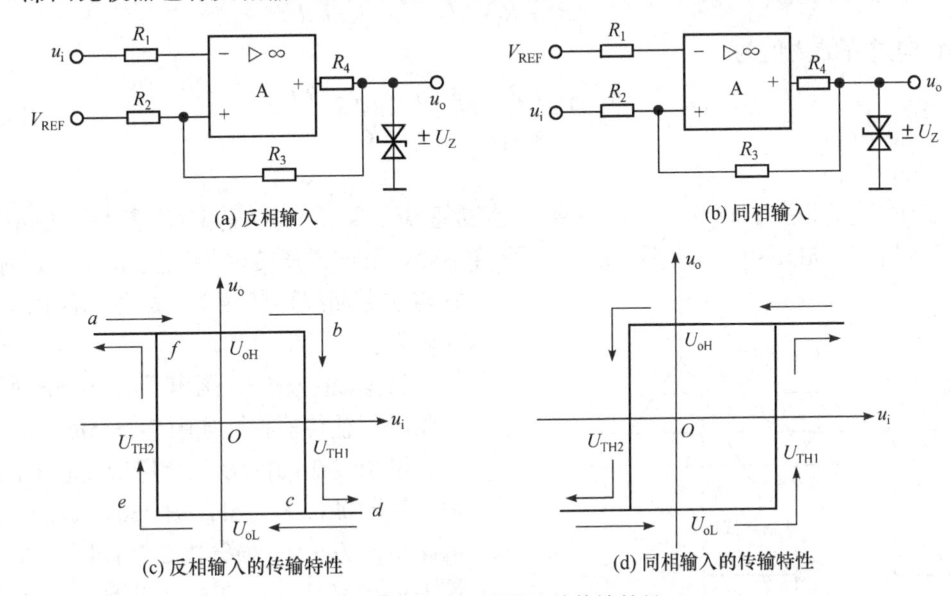

图 2-26　滞回比较器及其传输特性

集成运放输出端至反相输入端为开环。输出端至同相输入端引入正反馈，目的是加速输出状态的跃变，使运放经过线性区过渡的时间缩短。U_R 是某一固定电压，改变 U_R 能改变阈值及回差大小。

以图 2-26(a)所示的反相滞回比较器为例，计算阈值并画出传输特性。

1. 正向过程

因为图 2-26(a)所示电路是反相输入接法，当 u_i 足够低时，u_o 为高电平，$U_{oH}=+U_Z$；当 u_i 从足够低逐渐上升到阈值 U_{TH1} 时。u_o 由 U_{oH} 跳变到低电平 $U_{oL}=-U_Z$。输出电压发生跳变的临界条件是

$$U_-=U_+,\quad U_-=u_i \tag{2-54}$$

其中

$$U_+=V_{REF}-\frac{V_{REF}-U_{oH}}{R_2+R_3}R_2=\frac{R_3V_{REF}+R_2U_{oH}}{R_2+R_3} \tag{2-55}$$

因为 $U_-=U_+$时对应的 u_i值就是阈值，故有正向过程的阈值为

$$U_{TH1}=\frac{R_3V_{REF}+R_2U_{oH}}{R_2+R_3}=\frac{R_3V_{REF}+R_2U_Z}{R_2+R_3} \tag{2-56}$$

当 $u_i<U_{TH1}$ 时，$u_o=U_{oH}=+U_Z$ 不变。当 u_i 逐渐上升经过 U_{TH1} 时，u_o 由 U_{oH} 跳变为 $U_{oL}=-U_Z$，在 $u_i>U_{TH1}$ 以后，$u_o=U_{oL}=-U_Z$ 保持不变，形成电压传输特性的 *abcd* 段。

2. 负向过程

当 u_i 足够高时，u_o 为低电平 $U_{oL}=-U_Z$，u_i 从足够高逐渐下降使 u_o 由 U_{oL} 跳变为 U_{oH} 的阈值为 U_{TH2}，再根据求阈值的临界条件 $U_-=U_+$，而

$$U_+=V_{REF}-\frac{V_{REF}-U_{oL}}{R_2+R_3}R_2=\frac{R_3V_{REF}+R_2U_{oL}}{R_2+R_3} \tag{2-57}$$

则得负向过程的阈值为

$$U_{TH2}=\frac{R_3V_{REF}+R_2U_{oH}}{R_2+R_3}=\frac{R_3V_{REF}-R_2U_Z}{R_2+R_3} \tag{2-58}$$

可见 $U_{TH1}>U_{TH2}$。

在 $u_i>U_{TH2}$ 以前，$u_o=U_{oL}=-U_Z$ 不变；当 u_i 逐渐下降到 $u_i=U_{TH2}$ 时(注意不是 U_{TH1})，u_o 跳变到 U_{oH}，在 $u_i<U_{TH2}$ 以后，$u_o=U_{oH}$ 维持不变。形成电压传输特性上 *defa* 段。由于它与磁滞回线形状相似，故称为滞回电压比较器。

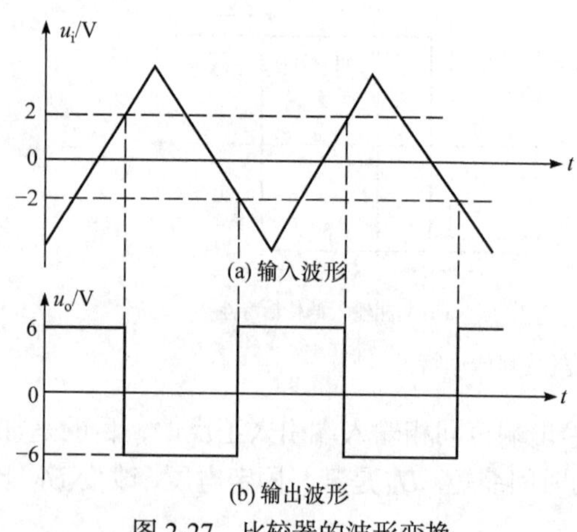

图 2-27 比较器的波形变换

根据以上分析，画出了图 2-26(a)所示电路的完整传输特性如图 2-26(c)所示。

设图 2-26(a)所示反相滞回比较器的参数为 $R_1=10\text{k}\Omega$, $R_2=15\text{k}\Omega$, $R_3=30\text{k}\Omega$, $R_4=3\text{k}\Omega$, $V_{REF}=0$，$U_Z=6\text{V}$，根据式(2-56)和式(2-58)计算 $U_{TH1}=2\text{V}$，$U_{TH2}=-2\text{V}$。如果输入一个三角波电压信号，可以画出它的输出电压波形是矩形波。可知，滞回比较器能将连续变化的周期信号变换为矩形波，见图 2-27。

利用求阈值的临界条件和叠加原理，不难计算出图 2-26(b)所示的同相滞回比较器的两个阈值：

$$U_{TH1}=\left(1+\frac{R_2}{R_3}\right)V_{REF}-\frac{R_2}{R_3}U_{oL} \tag{2-59}$$

$$U_{TH2}=\left(1+\frac{R_2}{R_3}\right)V_{REF}-\frac{R_2}{R_3}U_{oH} \tag{2-60}$$

两个阈值的差值 $\Delta U_{TH}=U_{TH1}-U_{TH2}$ 称为回差。由以上分析可知，改变 R_2 的值可改变回差大小，调整 V_{REF} 可改变 U_{TH1} 和 U_{TH2}，但不影响回差大小，即滞回比较器的传输特性将平行右移或左移，滞回曲线宽度不变。

滞回比较器由于有回差电压存在，大大提高了电路的抗干扰能力，回差 ΔU_{TH} 越大，

抗干扰能力越强。输入信号因受干扰或其他原因发生变化时，只要变化量不超过回差 ΔU_{TH}，这种比较器的输出电压就不会来回变化。例如，滞回比较器的传输特性和输入电压的波形如图 2-28(a)、(b)所示。根据传输特性和两个阈值(U_{TH1}=2V，U_{TH2}=−2V)，可画出输出电压 u_o 的波形，如图 2-28(c)所示。从图 2-28(c)可见，u_i 在 U_{TH1} 与 U_{TH2} 之间变化，不会引起 u_o 的跳变，但回差也导致了输出电压的滞后现象，使电平鉴别产生误差。

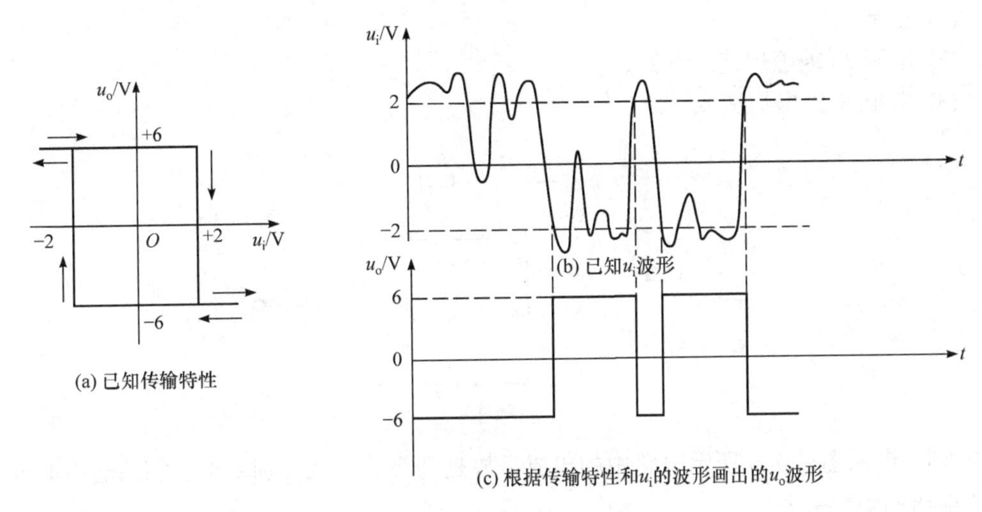

图 2-28　说明滞回比较器抗干扰能力强的图

习　题

2-1　具有什么特点的多级直接耦合放大电路称为集成运放？

2-2　已知现有集成运放的类型是：①通用型；②高阻型；③高速型；④低功耗型；⑤高压型；⑥大功率型；⑦高精度型。根据下列要求，将应优先考虑使用的集成运放填入空内。

(1) 作宽频带放大器，应选用_____。

(2) 宇航仪器中所用的放大器，应选用_____。

(3) 作内阻为 10MΩ 信号源的放大器，应选用_____。

(4) 作低频放大器，应选用_____。

(5) 作幅值为 1μV 以下微弱信号的量测放大器，应选用_____。

(6) 负载需 5A 电流驱动的放大器，应选用_____。

(7) 要求输出电压幅值为±80V 的放大器，应选用_____。

2-3　分别从“同相、反相”中选择一词填空。

(1)_____比例电路中集成运放反相输入端为虚地点，而_____比例电路中集成运放两个输入端对地的电压基本等于输入电压。

(2) _____比例电路的输入电阻大，_____比例电路的输入电阻小，基本上等于 R_1。

(3) _____比例电路的输入电流基本上等于流过反馈电阻的电流，而_____比例电路的输入电流几乎等于零。

(4) _____比例电路的电压放大倍数是 $-R_f / R_1$，_____比例电路的电压放大倍数是 $1+R_f / R_1$。

2-4 设如图题 2-4 所示电路中集成运放的最大输出电压为±12V，电阻 R_1=10kΩ，R_f=39kΩ，$R'=R_1 /\!/ R_f$，输入电压等于 0.2V 不变，试求下列各种情况下的输出电压值。

(1) 正常；

(2) 电阻 R_1 因虚焊造成开路；

(3) 电阻 R_f 因虚焊造成开路。

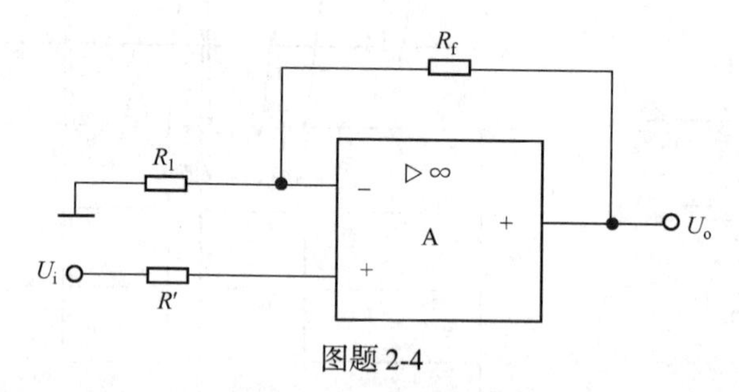

图题 2-4

2-5 设如图题 2-5 所示电路中的集成运放是理想的，试分别求出它们的输出电压与输入电压的函数关系式。

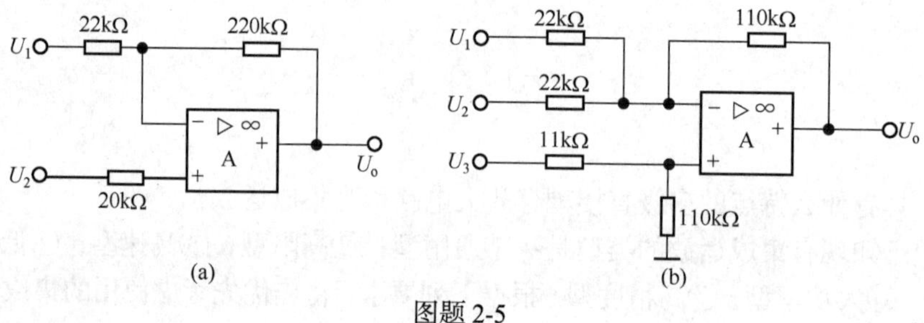

图题 2-5

2-6 设如图题 2-6 所示电路中的集成运放是理想的，试推导输出电压 U_o 与输入电压 U_1、U_2 之间的关系式。

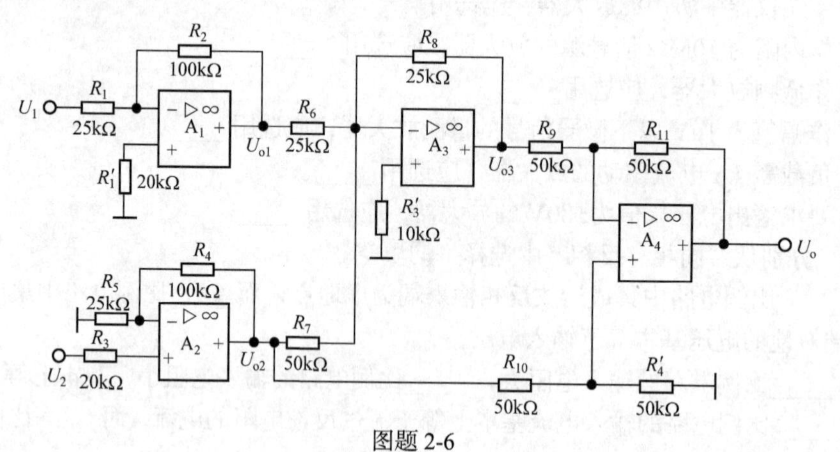

图题 2-6

2-7　如图题 2-7 所示电路中的集成运放均为理想的，已知 U_1=0.004V，U_2=0.2V，试求 U_{o1}、U_{o2}、U_{o3}、U_{o4} 及 $U_o=U_{o4}-U_{o3}$ 各为多少伏？

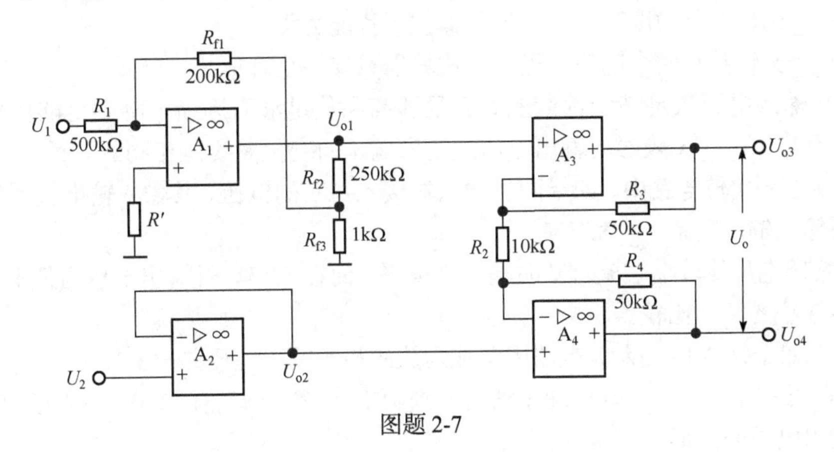

图题 2-7

2-8　如图题 2-8(a)所示电路中输入电压的波形如图题 2-8(b)所示，且 t=0 时，u_o=0，试画出理想情况下输出电压的波形，并标明其幅度。

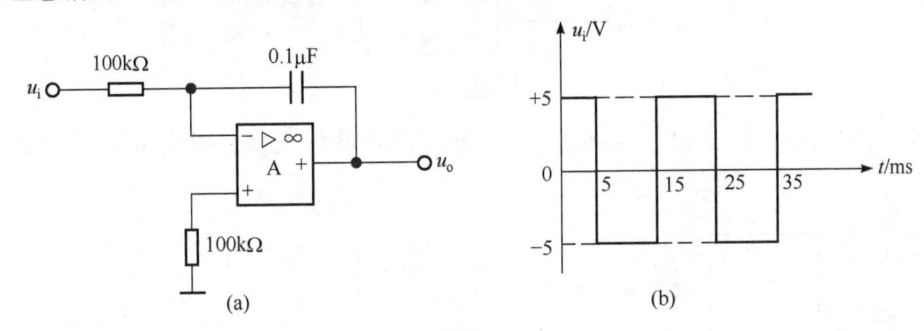

图题 2-8

2-9　电路如图题 2-9 所示，设 A_1、A_2 是理想组件，u_1=1.1V，u_2=1V，求接入 u_1 和 u_2 后输出电压 u_o 由起始 0V 达到 10V 所需要的时间。

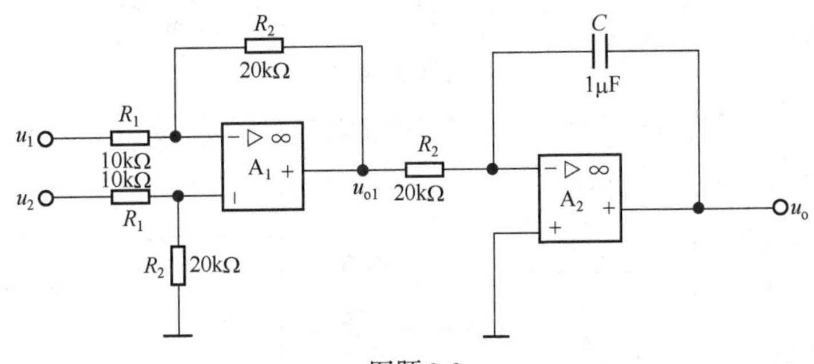

图题 2-9

2-10　何谓电压比较器，它与放大电路、运算电路的主要区别是什么？

2-11　何谓阈值？如何计算阈值大小？如何绘制比较器的传输特性？

2-12　选择恰当的词填空。

(1) 无论是用集成运放还是集成电压比较器构成的电压比较器电路，其输出电压与两个输入端的电位关系相同，即只要反相输入端的电位高于同相输入端的电位，则输出为____电平。相反，若同相输入端的电位高于反相输入端的电位，则输出为____电平。

(2) ____比较器灵敏度高，____比较器抗干扰能力强。

(3) ____比较器有两个阈值，而____比较器只有一个阈值。

(4) 在输入电压从足够低逐渐上升到足够高和从足够高逐渐下降到足够低两种不同的变化过程中，____比较器的输出电压随输入电压的变化曲线是相同的，而____则不然。

(5) 零电平比较电路中，如果同相输入端接入−1V 的电压，其输入输出关系是将同相端接地时输入输出关系____移 1V。

(6) 希望电压比较器在 u_i<5V 时输出高电平，而在 u_i>5V 时输出电压为低电平。应采用____相接法的____比较器。

2-13 如图题 2-13 所示，电路中集成运放的最大输出电压是±13V，输入信号 u_i 是峰值为 5V 的低频正弦信号，试按理想情况分别画出参考电压 V_{REF}=2.5V、0V 和−2.5V 三种情况下输出电压的波形。

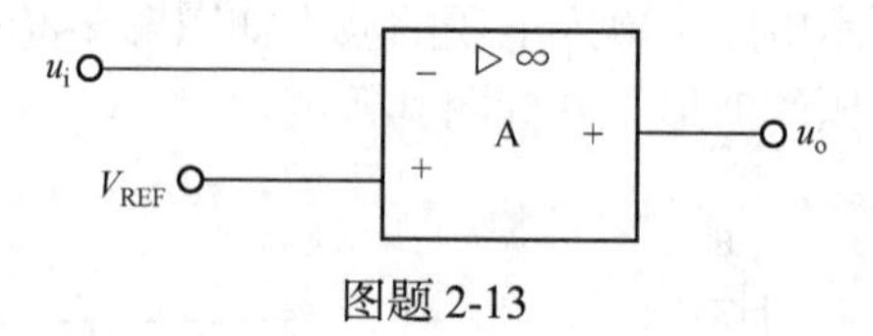

图题 2-13

2-14 试求如图题 2-14 所示电路中各电压比较器的阈值，并分别画出它们的传输特性。

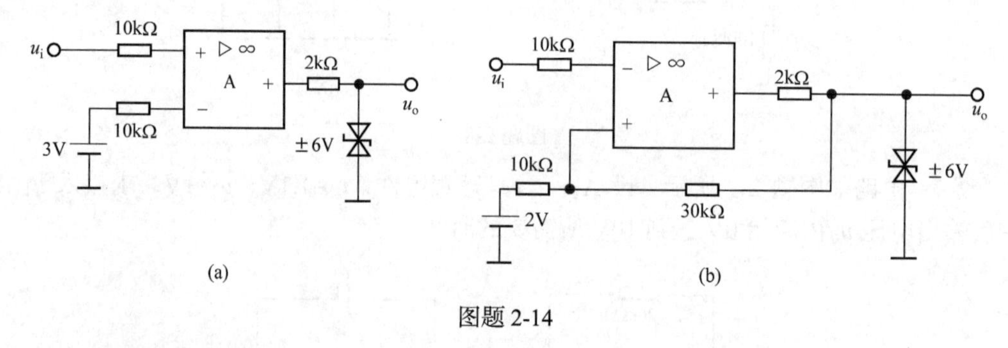

图题 2-14

2-15 电路如图题 2-15 所示，已知稳压管的稳压值 U_{Z1}=6V，U_{Z2}=8V。

(1) 说明运放 A_1 和 A_2 的功能。

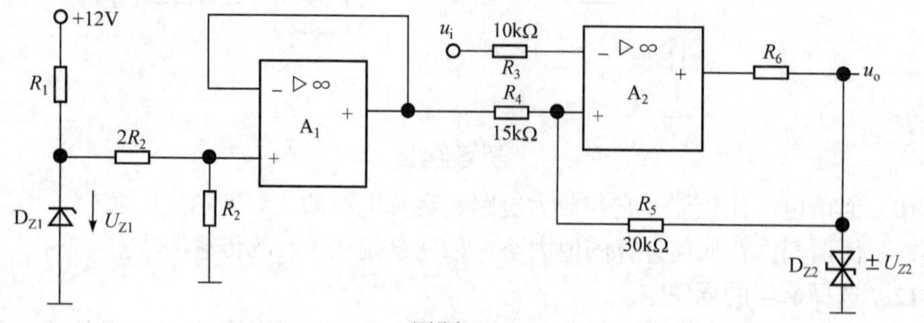

图题 2-15

(2) 画出电路的电压传输特性。

(3) 若输入信号 u_i 是幅度为 8V 的对称三角波，对应画出输入 u_i 与输出 u_o 的波形图。

2-16　如图题 2-16 所示电路中，各集成运放均为理想的，u_1=0.04V，u_2= −1V，问经过多少时间输出电压 u_o 将产生跳变，并画出 u_{o1}、u_{o2}、u_o 的波形图(设 $u_C(0)$=0V)。

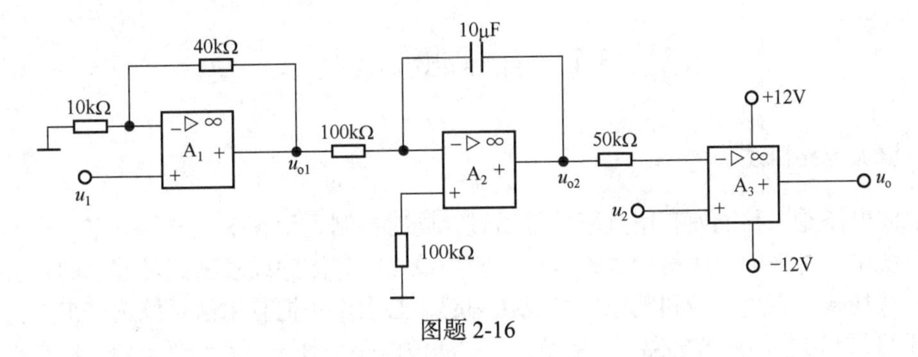

图题 2-16

2-17　如图题 2-17(a)所示电路，输入电压的波形如图题 2-17(b)所示，且 t=0 时集成运放 A_2 的输出电压 u_{o2}=0。图中的控制电压 U_C=4.5V，试画出 u_{o1}、u_{o2} 和 u_o 的波形。

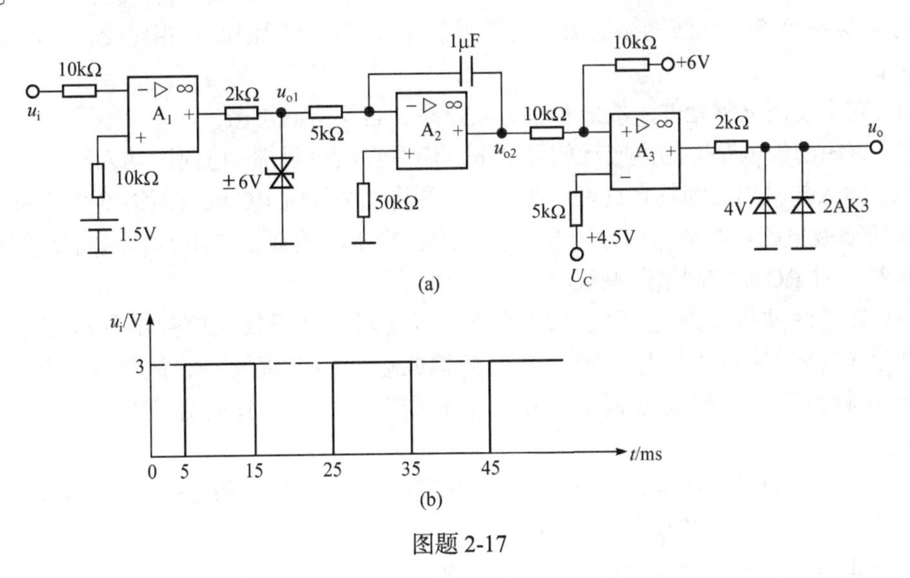

图题 2-17

第 3 章　信号处理与信号产生电路

3.1　有源滤波电路

3.1.1　滤波电路概述

滤波电路是一种能使有用频率信号通过，同时抑制无用频率成分的电路。在实际的电子系统中，外来的干扰信号多种多样，应当设法将其滤除或衰减到足够小的程度。而在另一些场合，有用信号和其他信号混在一起，必须设法把有用信号挑选出来。为了解决上述问题，可采用滤波电路。一般情况下，滤波电路均处于主系统的前级，用它来处理信号、抑制干扰等。按所处理的信号是连续变化还是离散的，滤波电路可分为模拟滤波电路和数字滤波电路。本节只介绍模拟滤波电路。以往这种滤波电路主要采用无源元件 R、L 和 C 组成的无源滤波电路，20 世纪 60 年代以后，集成运放获得了迅速发展，形成了由有源器件和 RC 滤波网络组成的有源滤波电路。与无源滤波器相比较，有源滤波器有许多优点。

(1) 它不使用电感元件，故体积小，质量小，也不必磁屏蔽。

(2) 有源滤波电路中的集成运放可加电压串联深度负反馈，电路的输入阻抗高，输出阻抗低，输入与输出之间具有良好的隔离。只要将几个低阶 RC 滤波网络串联起来，就可得到高阶滤波电路。本节重点介绍同相输入接法的 RC 有源滤波电路。因同相接法输入阻抗很高，对 RC 滤波网络影响很小。

(3) 除了滤波作用外，还可以放大信号，而且调节电压放大倍数不影响滤波特性。有源滤波电路的缺点主要是，因为通用型集成运放的带宽较窄，故有源滤波电路不宜用于高频范围，一般使用频率在几十千赫兹以下，也不适合在高压或大电流条件下应用。

滤波器是一种选频电路。它能使指定频率范围内的信号顺利通过；而对其他频率的信号加以抑制，使其衰减很大。

滤波电路通常根据信号通过的频带来命名。

低通滤波电路(low pass filter，LPF)——允许低频信号通过，将高频信号衰减。

高通滤波电路(high pass filter，HPF)——允许高频信号通过，将低频信号衰减。

带通滤波电路(band pass filter，BPF)——允许某一频段内的信号通过，将此频段之外的信号衰减。

带阻滤波电路(band elimination filter，BEF)——阻止某一频段内的信号通过，而允许此频段之外的信号通过。

全通滤波电路(all pass filter，APF)——没有阻带，信号全通，但相位变化。它们的理想幅频特性如图 3-1 所示。

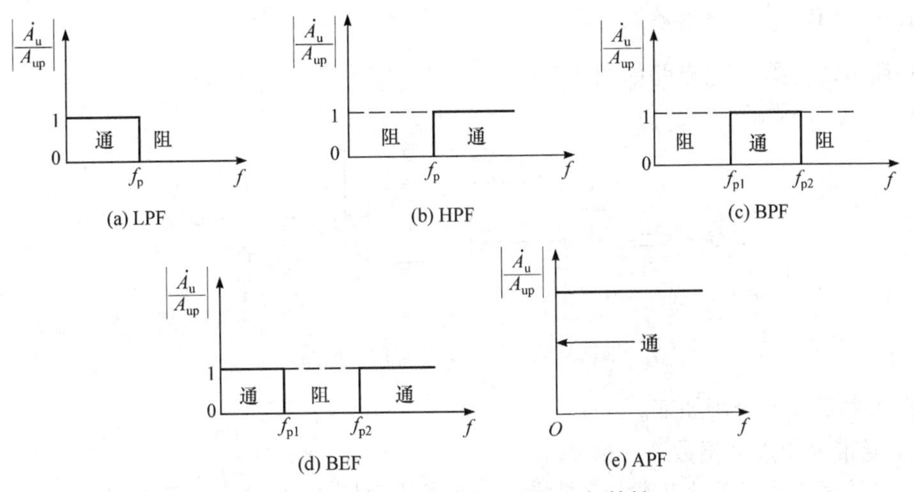

图 3-1　五种滤波电路的理想幅频特性

对于幅频响应，通常把能够通过的信号频率范围定义为通带，而把受阻或衰减的信号频率范围称为阻带，通带和阻带的界限频率称为截止频率。

以低通滤波电路为例，其理想滤波电路的幅频特性应是以 f_p 为边界频率的矩形特性，而实际滤波特性通带与阻带之间有过渡带，如图 3-2 所示，过渡带越窄，说明滤波电路的选择性越好。

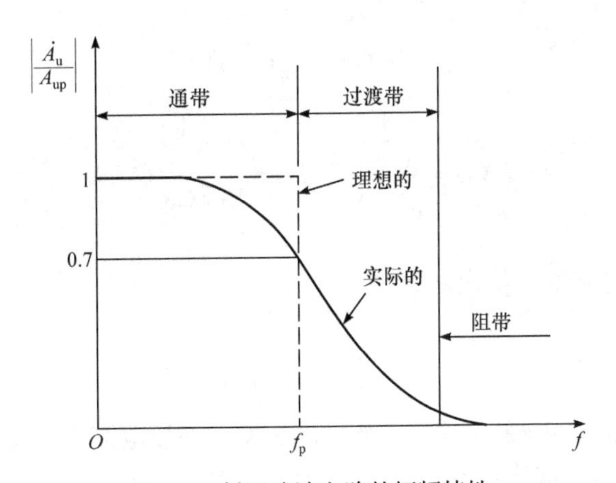

图 3-2　低通滤波电路的幅频特性

滤波电路的输出电压 $\dot{U}_o$ 与输入电压 $\dot{U}_i$ 之比称为电压传递系数，即

$$\dot{A}_u = \frac{\dot{U}_o}{\dot{U}_i} \tag{3-1}$$

图 3-2 中，A_{up} 是通带电压放大倍数，对于低通滤波电路而言，即为 f=0 时，输出电压与输入电压之比。当 $|\dot{A}_u|$ 下降到 $|A_{up}|$ 的 $1/\sqrt{2} \approx 0.707$(即下降 3dB)时，对应的频率 f_p 称为通带截止频率。

3.1.2　低通滤波器的设计

1. 一阶 RC 有源低通滤波电路

一阶 RC 有源 LPF 电路如图 3-3 所示。

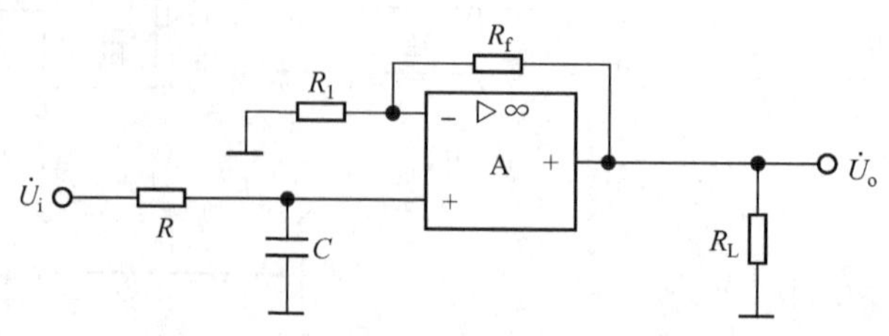

图 3-3　一阶 RC 有源 LPF 电路

它的主要性能分析如下。

1) 通带电压放大倍数

LPF 的通带电压放大倍数 A_{up} 是指 f=0 时输出电压 U_o 与输入电压 U_i 之比。对于直流信号而言，图 3-3 所示电路中的电容视为开路。因此，A_{up} 就是同相比例放大电路的电压放大倍数 A_{uf}，即

$$A_{up}=1+\frac{R_f}{R_1} \tag{3-2}$$

2) 电压传递函数

由图 3-3 可知：

$$U_o(s)=A_{up}U_+(s) \tag{3-3}$$

$$U_+(s)=\frac{\frac{1}{sC}}{R+\frac{1}{sC}}U_i(s)=\frac{1}{1+sCR}U_i(s) \tag{3-4}$$

由以上两式可得其电压传递函数为

$$A_u(s)=\frac{U_o(s)}{U_i(s)}=\frac{1}{1+sCR}A_{up} \tag{3-5}$$

由于式(3-5)中分母为 s 的一次幂，故式(3-5)所示滤波电路为一阶低通有源滤波电路。

3) 幅频特性及通带截止频率

将式(3-5)中的 s 换成 $\mathrm{j}\omega$，并令 $\omega_0=2\pi f_0=\frac{1}{RC}$（$f_0$ 与元件参数有关，称为特征频率），可得

$$\dot{A}_u=\frac{1}{1+\mathrm{j}\frac{f}{f_0}}A_{up} \tag{3-6}$$

根据式(3-6)，归一化的幅频特性的模为

$$\left|\frac{\dot{A}_u}{\dot{A}_{up}}\right| = \frac{1}{\sqrt{1+\left(\frac{f}{f_0}\right)^2}} \tag{3-7}$$

由式(3-7)看出，当 $f=f_0$ 时，$|\dot{A}_u| = \frac{1}{\sqrt{2}}A_{up}$。因此通带截止频率是

$$f_p = f_0 = \frac{1}{2\pi RC} \tag{3-8}$$

$$20\lg\left|\frac{\dot{A}_u}{A_{up}}\right| = -20\lg\sqrt{1+\left(\frac{f}{f_0}\right)^2} \tag{3-9}$$

利用折线近似法，不难画出对数幅频特性，如图 3-4 所示。可见，当 $f \gg f_0$ 时，其衰减斜率为−20dB/十倍频程。

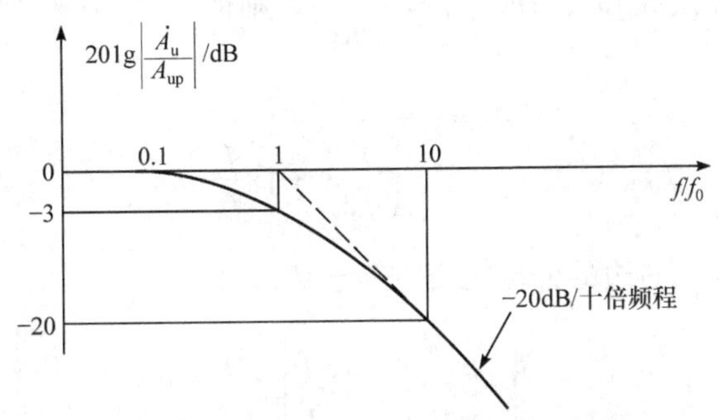

图 3-4　一阶 RC 有源 LPF 的幅频特性

2. 二阶 RC 有源低通滤波电路

为使有源滤波器的滤波特性接近理想特性，即在通频带内特性曲线更平缓，在通频带外特性曲线衰减更陡峭，只有增加滤波网络的阶数。

将串联的两节 RC 低通网络直接与同相比例放大电路相连，可构成如图 3-5 所示的简单二阶 RC 有源 LPF 电路。在过渡带可获得−40dB/十倍频程的衰减特性。

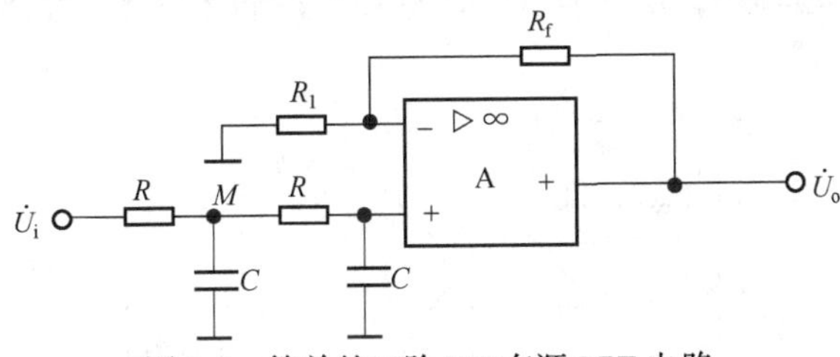

图 3-5　简单的二阶 RC 有源 LPF 电路

主要性能分析如下。

1) 通带电压放大倍数

$$A_{up} = 1 + \frac{R_f}{R_1} \tag{3-10}$$

2) 电压传递函数

$$\begin{cases} U_{\mathrm{o}}(s)=A_{\mathrm{up}}U_{+}(s) \\ U_{+}(s)=U_{\mathrm{M}}(s)\dfrac{1}{1+sCR} \\ U_{\mathrm{M}}(s)=\dfrac{\dfrac{1}{sC}//\left(R+\dfrac{1}{sC}\right)}{R+\left[\dfrac{1}{sC}//\left(R+\dfrac{1}{sC}\right)\right]}U_{\mathrm{i}}(s) \end{cases} \tag{3-11}$$

解得

$$A_{\mathrm{u}}(s)=\frac{U_{\mathrm{o}}(s)}{U_{\mathrm{i}}(s)}=\frac{A_{\mathrm{up}}}{1+3sCR+(sCR)^2} \tag{3-12}$$

3) 通带截止频率

将式(3-12)中的 s 换成 $\mathrm{j}\omega$，并令 $f_0=\dfrac{1}{2\pi RC}$，则得

$$\dot{A}_{\mathrm{u}}=\frac{A_{\mathrm{up}}}{1-\left(\dfrac{f}{f_0}\right)^2+\mathrm{j}3\dfrac{f}{f_0}} \tag{3-13}$$

当 $f=f_{\mathrm{p}}$ 时，式(3-13)右边的分母之模应等于 $\sqrt{2}$，即

$$\left|1-\left(\frac{f}{f_0}\right)^2+\mathrm{j}3\frac{f}{f_0}\right|\approx\sqrt{2} \tag{3-14}$$

解得

$$f_{\mathrm{p}}=\sqrt{\frac{\sqrt{53}-7}{2}}f_0\approx 0.37f_0 \tag{3-15}$$

4) 幅频特性

根据式(3-13)，可画出电路的幅频特性，如图 3-6 所示。该图说明，二阶 RC 有源 LPF 的衰减率为−40dB/十倍频程，比一阶 RC 有源 LPF 的斜率的绝对值大一倍。

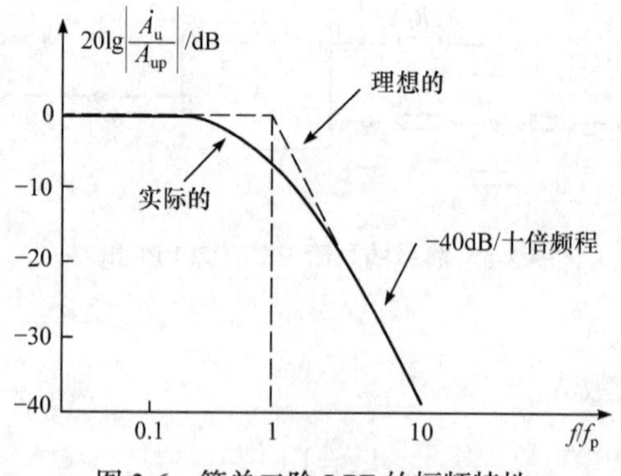

图 3-6　简单二阶 LPF 的幅频特性

3. 二阶压控电压源 LPF

由简单二阶 RC 有源 LPF 的幅频特性(图 3-6)看出，在 f_0 附近的幅频特性与理想情况差别较大，即在 $f<f_p$ 附近，幅频特性曲线已开始下降，而在 $f>f_p$ 附近，它的下降斜率还不快。

为了使 f_0 附近的电压放大倍数提高，改善在 f_0 附近的滤波特性，将图 3-5 所示电路中的第一个电容 C 接地端改接到集成运放的输出端，形成正反馈，如图 3-7(a)所示。只要参数选择合适，既不产生自激振荡，又在 $f \gg f_0$ 和 $f \ll f_0$ 频率范围对其电压放大倍数影响不大，就有可能改善 f_0 附近的幅频特性。

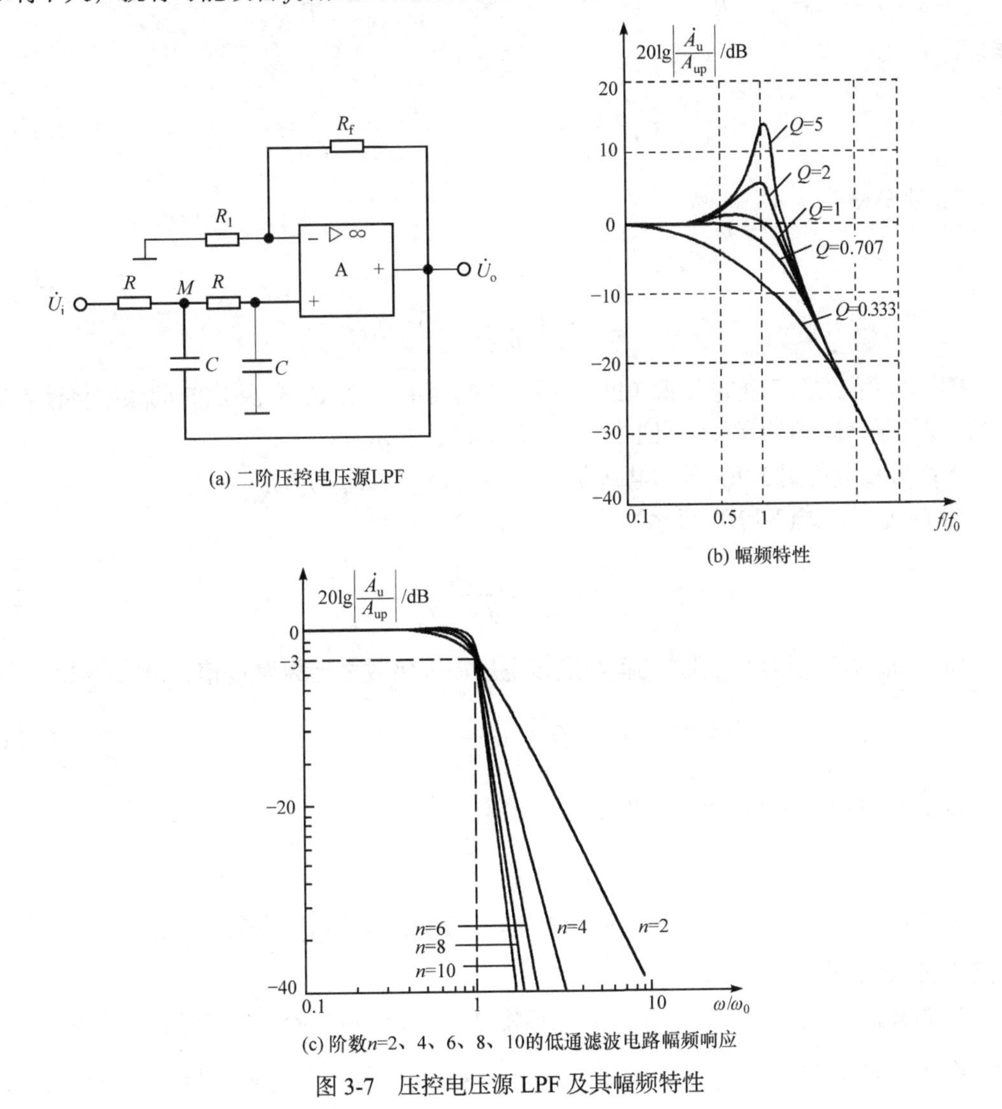

图 3-7　压控电压源 LPF 及其幅频特性

性能分析如下。

1) 通带电压放大倍数

$$A_{up} = 1 + \frac{R_f}{R_1} \tag{3-16}$$

2) 传递函数

由图 3-7(a)可列出方程组：

$$\begin{cases} U_{\rm o}(s) = \dfrac{1}{A_{\rm up}} U_{+}(s) \\ U_{+}(s) = \dfrac{1}{1+sCR} U_{\rm M}(s) \\ \dfrac{U_{\rm i}(s) - U_{\rm M}(s)}{R} - [U_{\rm M}(s) - U_{\rm o}(s)]sC - \dfrac{U_{\rm M}(s) - U_{+}(s)}{R} = 0 \end{cases} \tag{3-17}$$

解得

$$A_{\rm u}(s) = \frac{U_{\rm o}(s)}{U_{\rm i}(s)} = \frac{A_{\rm up}}{1 + (3 - A_{\rm up})sCR + (sCR)^2} \tag{3-18}$$

3) 频率特性

$$\dot{A}_{\rm u} = \frac{\dot{U}_{\rm o}}{\dot{U}_{\rm i}} = \frac{A_{\rm up}}{1 - \left(\dfrac{f}{f_0}\right)^2 + {\rm j}(3 - A_{\rm up})\dfrac{f}{f_0}} \tag{3-19}$$

图 3-7(a)的二阶压控电压源 LPF 与图 3-5 的简单二阶 RC 有源 LPF 的频率特性表达式的区别是分母虚部系数有些不同，即由 3 变成了 $3-A_{\rm up}$。

下面着重分析图 3-7(a)所示电路在 $f=f_0$ 时，$|\dot{A}_{\rm u}|$ 与 $A_{\rm up}$ 的关系。

当 $f=f_0$ 时，式(3-19)可简化为

$$\left|\dot{A}_{\rm u}\right|_{f=f_0} = \frac{A_{\rm up}}{{\rm j}(3 - A_{\rm up})} \tag{3-20}$$

将 $f=f_0$ 时的电压放大倍数的模与通带电压放大倍数之比称为 Q 值，由式(3-20)可得

$$Q = \frac{1}{3 - A_{\rm up}} \tag{3-21}$$

将式(3-21)代入式(3-20)，再两边取模，得

$$\left|\dot{A}_{\rm u}\right|_{f=f_0} = QA_{\rm up} \tag{3-22}$$

由此看出，Q 值不同，$\left|\dot{A}_{\rm u}\right|_{f=f_0}$ 值也不同，Q 值越大，$\left|\dot{A}_{\rm u}\right|_{f=f_0}$ 越大。而 Q 值的大小只决定于 $A_{\rm up}$ 的大小。

当 $2<A_{\rm up}<3$ 时，$Q>1$，$\left|\dot{A}_{\rm u}\right|_{f=f_0} > A_{\rm up}$。而图 3-5 所示简单二阶 RC 有源 LPF 电路在 $f=f_0$ 时，由式(3-13)可知，$\left|\dot{A}_{\rm u}\right|_{f=f_0}$ 只有 $A_{\rm up}$ 的 1/3。这说明将第一个电容 C 接地的一端改接到运放的输出端，形成正反馈后，可使 $\dot{U}_{\rm o}$ 的幅值在 $f \approx f_0$ 范围内得到加强。因此，图 3-7(a)所示电路在 Q 值合适的情况下，其幅频特性能得到较大的改善。

4) 幅频特性

将式(3-19)中的 $3-A_{\rm up}$ 用 $1/Q$ 代替，其频率特性写成

$$\dot{A}_{u}=\frac{A_{up}}{1-\left(\frac{f}{f_0}\right)^2+j\frac{1}{Q}\frac{f}{f_0}} \tag{3-23}$$

根据式(3-23)可画出 Q 取不同值的幅频特性，如图 3-7(b)所示。不同的 Q 值将使频率特性在 f_0 附近范围变化较大。当进一步增加滤波电路阶数时，由图 3-7(c)可看出，其幅频特性更接近理想特性。

强调说明两点：

(1) 当 Q=1 时，在 $f=f_0$ 的情况下，$\left|\dot{A}_u\right|_{f=f_0}=A_{up}$，即维持了通带内的电压增益，故滤波效果为佳。这时，$3-A_{up}=1$，$A_{up}=2$，$R_f=R_1$。

(2) 当 A_{up}=3 时，Q 将趋于无穷大，意味着该 LPF 将产生自激现象。因此，电路参数必须满足 $A_{up}<3$，$R_f<2R_1$，且要求元器件参数性能稳定。

【例 3-1】 若要求二阶压控电压源 LPF 的 f_p=400Hz，Q=0.7，试求图 3-7(a)所示电路中的各电阻、电容值。

解 (1)滤波网络的电阻 R 和电容 C 确定特征频率 f_0 的值。根据 f_0 的值选择 C 的容量，求出 R 的值。

C 的容量一般低于 1μF，R 的值在千欧至兆欧范围内选择。

取 C=0.1μF，$R=\frac{1}{2\pi f_0 C}=\frac{1}{2\pi\times 400\times 0.1\times 10^{-6}}=3979\Omega$ 可取 R=3.9kΩ。

(2) 已知 Q 值求 A_{up}。

$$Q=\frac{1}{3-A_{up}}=0.7,\quad A_{up}=1.57 \tag{3-24}$$

(3) 根据集成运放两个输入端外接电阻的对称条件及 A_{up} 与 R_1、R_f 的关系，有

$$\begin{cases}1+\frac{R_f}{R_1}=1.57\\ R_1 // R_f=R+R=2R\end{cases} \tag{3-25}$$

解出 $R_1=5.51R$，$R_f=3.14R$。前面已取 R=3.9kΩ，因此，R_1 取 21.5kΩ，R_f 取 12.2kΩ。

【例 3-2】 用乘法器和反相求和积分电路构成的一阶压控电压源 LPF 电路如图 3-8 所示。

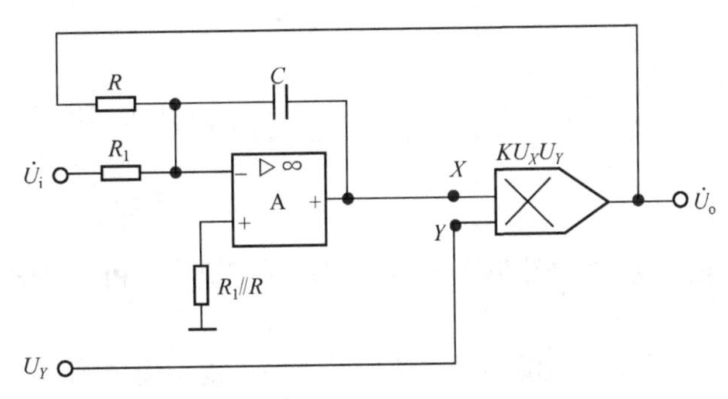

图 3-8　一阶压控电压源 LPF 电路

(1) 试推导它的传递函数及频率特性表达式。

(2) 若已知 R_1=2kΩ，R=10kΩ，C=1000pF，乘法器增益系数取 K=0.1V^{-1}，U_Y=0.1V，试求通带电压放大倍数 A_{up} 及通带截止频率 f_p 的值。

解　(1)采用叠加原理，由图 3-8 可列出方程：

$$\begin{cases} U_X(s) = -\dfrac{\frac{1}{sC}}{R_1}U_i(s) - \dfrac{\frac{1}{sC}}{R}U_o(s) \\ U_o(s) = KU_X(s)U_Y(s) \end{cases} \tag{3-26}$$

由式(3-26)可以得到电压传递函数：

$$A_u(s) = \frac{U_o(s)}{U_i(s)} = \frac{-\dfrac{KU_Y}{sR_1C}}{1+\dfrac{KU_Y}{sRC}} = -\frac{R}{R_1}\frac{1}{1+\dfrac{s}{\dfrac{KU_Y}{RC}}} \tag{3-27}$$

将 s 换成 $j\omega$，则得频率特性表达式：

$$\dot{A}_u = -\frac{R}{R_1}\frac{1}{1+\dfrac{j\omega}{\dfrac{KU_Y}{RC}}} = -\frac{R}{R_1}\frac{1}{1+j\dfrac{\omega}{\omega_0}} \tag{3-28}$$

式中，$\omega_0 = \dfrac{K}{RC}U_Y$。

由此得知，通带电压放大倍数为

$$A_{up} = -\frac{R}{R_1} \tag{3-29}$$

通带截止频率为

$$f_p = f_0 = \frac{K}{2\pi RC}U_Y \tag{3-30}$$

可见，调节直流电压 U_Y，便可调节 LPF 的频带。

(2)

$$|A_{up}| = \frac{R}{R_1} = \frac{10}{2} = 5 \tag{3-31}$$

$$f_p = \frac{K}{2\pi RC}U_Y = \frac{0.1}{2\pi\times10\times10^3\times1000\times10^{-12}}\times0.1 = 159(\text{Hz}) \tag{3-32}$$

4. 高阶 LPF

为了使 LPF 的幅频特性更接近理想情况，可采用高阶 LPF。构成高阶 LPF 有两种方法。

(1) 多个二阶或一阶 LPF 串联法。例如，将两个二阶压控电压源 LPF 串联起来，就是四阶 LPF。其幅频特性的衰减斜率是−80dB/十倍频程。

(2) RC 网络与集成运放直接连接法。该方法节省元件，但设计和计算较复杂。

3.1.3　带通滤波器的设计

1. BPF 的构成方法

BPF 构成的总原则是 LPF 与 HPF 相串联。条件是 LPF 的通带截止频率 f_{p1} 高于 HPF 的通带截止频率 f_{p2}，$f > f_{p1}$ 的信号被 LPF 滤掉；$f < f_{p2}$ 的信号被 HPF 滤掉，只有 $f_{p2} < f < f_{p1}$ 的信号才能顺利通过。BPF 的示意图如图 3-9 所示。

LPF 与 HPF 串联有两种情况。

(1) 将有源 LPF 与有源 HPF 两级直接串联。用这种方法构成的 BPF 通带宽，而且通带截止频率易调整，但所用元器件多。

(2) 将两节电路直接相连，其优点是电路简单。

2. 二阶压控电压源 BPF

二阶压控电压源 BPF 电路示于图 3-10。

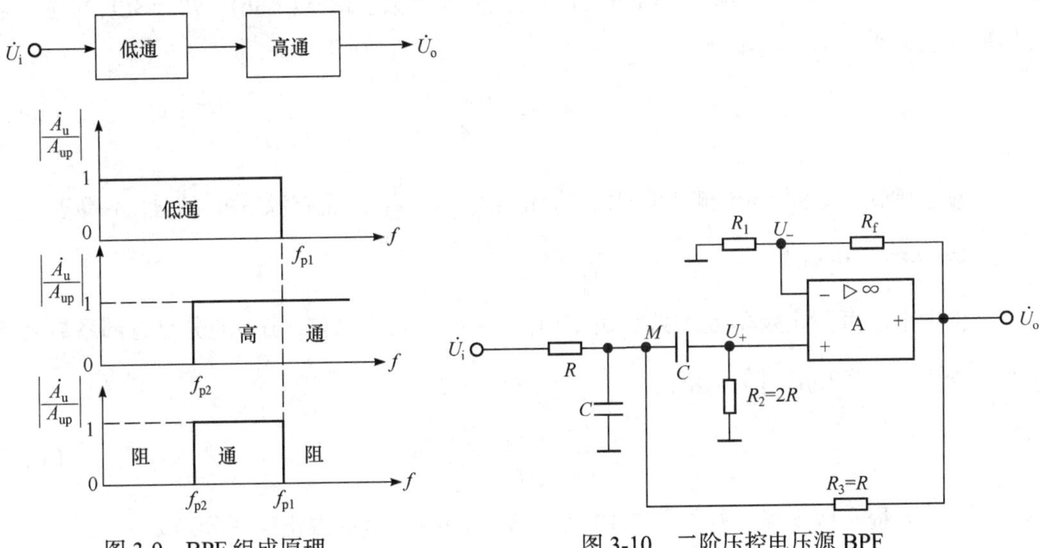

图 3-9　BPF 组成原理　　图 3-10　二阶压控电压源 BPF

性能分析如下。

1) 传递函数

由图 3-10 所示电路可列出下面的方程组：

$$\begin{cases} U_o(s) = \left(1 + \dfrac{R_f}{R_1}\right) U_+(s) \\ U_+(s) = \dfrac{sCR_2}{1 + sCR_2} U_M(s) \\ \dfrac{U_i(s) - U_M(s)}{R} - U_M(s)sC - \dfrac{U_M(s)}{\dfrac{1}{sC} + R_2} - \dfrac{U_M(s) - U_o(s)}{R_3} = 0 \end{cases} \tag{3-33}$$

为了计算简便，设 R_2=2R，R_3=R，由上面的方程组可求出它的传递函数：

$$A_u(s)=\frac{sCR}{1+(3-A_{uf})sCR+(sCR)^2}A_{uf} \tag{3-34}$$

式中，A_{uf}是同相比例放大电路的电压放大倍数，即

$$A_{uf}=1+\frac{R_f}{R_1} \tag{3-35}$$

2) 中心频率和通带电压放大倍数

将式(3-34)中的 s 换成 $j\omega$，则得

$$\dot{A}_u=\frac{1}{1+j\frac{1}{3-A_{uf}}\left(\frac{f}{f_0}-\frac{f_0}{f}\right)}\cdot\frac{A_{uf}}{3-A_{uf}} \tag{3-36}$$

式中，$f_0=\frac{1}{2\pi RC}$称为 BPF 的中心频率，因为当f=f_0时$|\dot{A}_u|$最大。

将f=f_0时，$\dot{A}_u$的值称为 BPF 的通带电压放大倍数。由式(3-36)可知，BPF 的通带电压放大倍数是

$$A_{up}=\frac{A_{uf}}{3-A_{up}} \tag{3-37}$$

应注意到，有源 LPF 和有源 HPF 的 A_{up}=A_{uf}=$1+\frac{R_f}{R_1}$，而有源 BPF 的 A_{up}不等于 A_{uf}。

3) 通带截止频率

根据求通带截止频率 f_p 的方法是令$|\dot{A}_u|=\frac{1}{2}A_{up}$，可令式(3-36)中的分母虚部系数之绝对值等于 1，求出f_p，即

$$\left|\frac{1}{3-A_{uf}}\left(\frac{f_p}{f_0}-\frac{f_0}{f_p}\right)\right|=1 \tag{3-38}$$

解该方程，取正根，则得图 3-10 所示 BPF 的两个通带截止频率分别为

$$f_{p1}=\frac{f_0}{2}\left[\sqrt{(3-A_{uf})^2+4}-(3-A_{uf})\right] \tag{3-39}$$

$$f_{p2}=\frac{f_0}{2}\left[\sqrt{(3-A_{uf})^2+4}+(3-A_{uf})\right] \tag{3-40}$$

4) 通带宽度

BPF 的通带宽度 B 是两个通带截止频率之差，即

$$B=f_{p2}-f_{p1}=(3-A_{uf})f_0 \tag{3-41}$$

$$B=\left(2-\frac{R_f}{R_1}\right)f_0 \tag{3-42}$$

式(3-42)表明，改变 R_f或 R_1就可以改变通带宽度，并不影响中心频率。

5) Q 值

BPF 的 Q 值是中心频率与通带宽度之比值。由式(3-41)得

$$Q=\frac{f_0}{B}=\frac{1}{3-A_{\mathrm{uf}}} \tag{3-43}$$

6) 频率特性

根据式(3-36)、式(3-37)和式(3-43)，可得

$$\frac{\dot{A}_{\mathrm{u}}}{A_{\mathrm{up}}}=\frac{1}{1+\mathrm{j}Q\left(\dfrac{f}{f_0}-\dfrac{f_0}{f}\right)} \tag{3-44}$$

由式(3-44)可画出不同 Q 值的二阶 BPF 的幅频特性曲线，如图 3-11 所示。可以看出，Q 值越大，BPF 的通带宽度越窄，选择性越好。

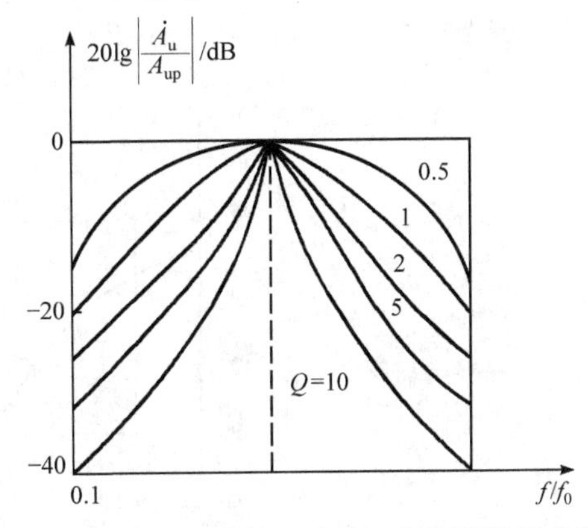

图 3-11　不同 Q 值的二阶 BPF 的幅频特性曲线

3.1.4　全通滤波器的设计

在有的场合需要改变正弦信号的相位，而且希望输出电压幅值与输入电压幅值之比为常数(即不随频率变化而变化)。能够实现上述意图的电路是 APF，又称移相滤波器。图 3-12 所示电路即为一阶 APF。

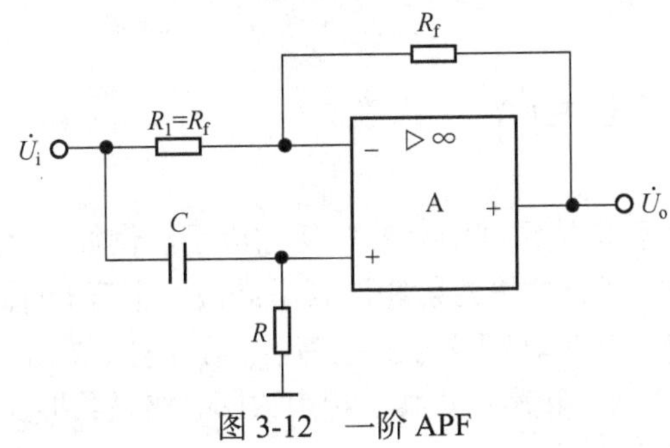

图 3-12　一阶 APF

电路的输入$\dot{U}_{\mathrm{i}}$可视为差动输入方式，则电路输出量$\dot{U}_{\mathrm{o}}$与输入量$\dot{U}_{\mathrm{i}}$的关系为

$$\frac{\dot{U}_{\mathrm{o}}}{\dot{U}_{\mathrm{i}}}=-\frac{R_{\mathrm{f}}}{R_1}+\left(1+\frac{R_{\mathrm{f}}}{R_1}\right)\frac{R}{R+\dfrac{1}{sC}} \tag{3-45}$$

在 $R_1=R_{\mathrm{f}}$ 情况下，有

$$\frac{\dot{U}_{\mathrm{o}}}{\dot{U}_{\mathrm{i}}}=-\frac{1-sCR}{1+sCR} \tag{3-46}$$

将 s 换成 $\mathrm{j}\omega$，并令 $f_0=\dfrac{1}{2\pi RC}$，则式(3-46)为

$$\frac{\dot{U}_{\mathrm{o}}}{\dot{U}_{\mathrm{i}}}=-\frac{1-\mathrm{j}\dfrac{f}{f_0}}{1+\mathrm{j}\dfrac{f}{f_0}} \tag{3-47}$$

因此 $\dot{A}_{\mathrm{u}}$ 的模恒等于 1，其相移是

$$\phi_{\mathrm{F}}(f)=180^\circ-2\arctan\frac{f}{f_0} \tag{3-48}$$

在 $f=f_0$ 处，有

$$\phi_F(f_0) = 90° \tag{3-49}$$

由此，可画出图 3-12 所示电路的相频特性如图 3-13 所示。如果希望进一步提高 APF 的性能，读者可参考有关文献的介绍。

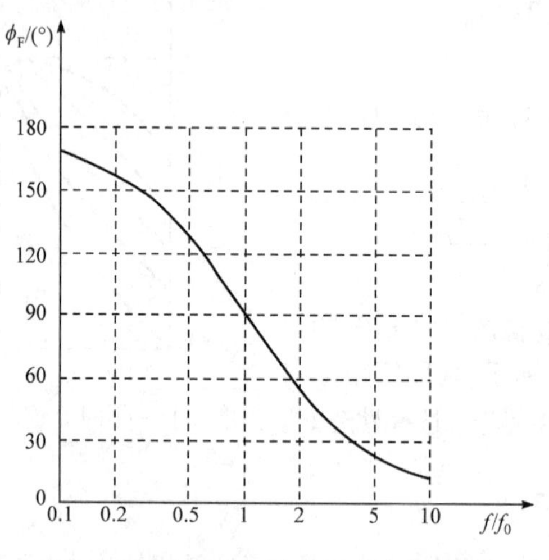

图 3-13 图 3-12 一阶 APF 的相频特性

3.2 信号发生电路

信号发生电路又称振荡电路，在生产实践和科技领域中有着广泛的应用。例如，在通信、广播、电视系统中，都需要射频(高频)发射，这里的射频波就是载波，把音频(低频)、视频信号或脉冲信号运载出去，就需要能够产生高频信号的振荡器。在工业、农业、生物医学等领域内，如高频感应加热、熔炼、淬火、超声波焊接、超声诊断、核磁共振成像等，都需要功率或大或小、频率或高或低的振荡器。

振荡电路按波形分为正弦波和非正弦波振荡器两大类。非正弦信号(方波、矩形波、三角波、锯齿波等)发生器在测量设备、数字系统及自动控制系统中有着广泛应用。

本节首先讨论正弦波振荡的条件、组成及分析方法，具体分析了常用的 RC 正弦波振荡器。之后，又介绍了常见的矩形波和三角波非正弦振荡器。

3.2.1 正弦波信号发生电路

常见的 RC 正弦波振荡电路是 RC 串并联网络正弦波振荡电路，又称文氏桥正弦波振荡电路。

1. 电路原理图

文氏桥振荡电路如图 3-14 所示。它由两部分组成：放大电路 $\dot{A}$ 和选频网络 $\dot{F}$ 。$\dot{A}$ 为由集成运放组成的电压串联负反馈放大电路，取其输入电阻高、输出电阻低的特点。$\dot{F}$ 由 Z_1、Z_2 组成，同时兼作正反馈网络，称为 RC 串并联网络。由图 3-14 可知，Z_1、Z_2 和

R_f、R_3 正好构成一个电桥的四个臂，电桥的对角线顶点接到放大电路的两个输入端，因此得名文氏桥振荡电路。

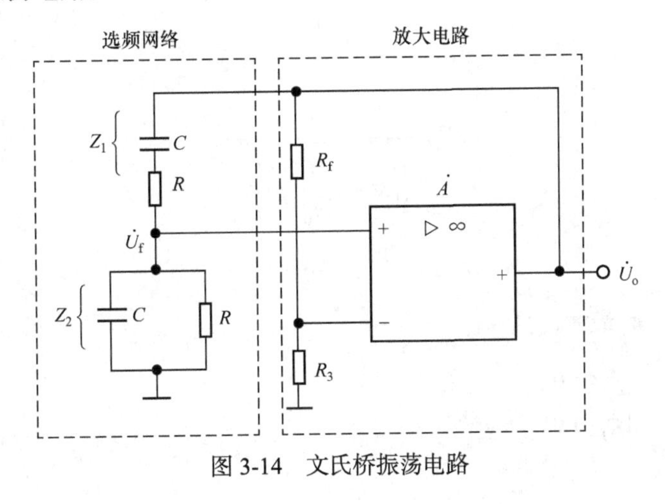

图 3-14　文氏桥振荡电路

2. RC 串并联网络的选频特性

将图 3-14 中的 RC 串并联网络单独画于图 3-15，着重讨论它的选频特性。为了便于调节振荡频率，常取 $R_1=R_2=R$，$C_1=C_2=C$。

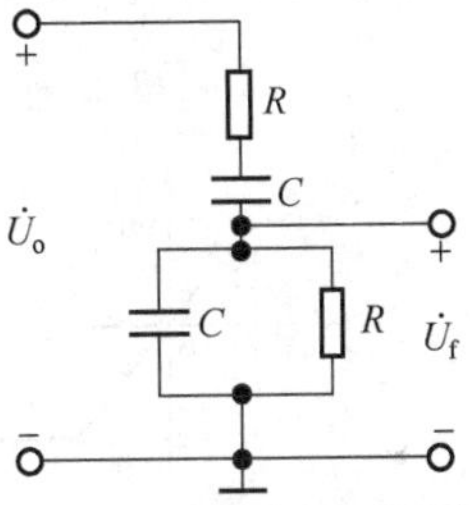

设

$$Z_1 = R + \frac{1}{\mathrm{j}\omega C} \tag{3-50}$$

$$Z_2 = \frac{R \cdot \frac{1}{\mathrm{j}\omega C}}{R + \frac{1}{\mathrm{j}\omega C}} \tag{3-51}$$

图 3-15　RC 串并联网络

反馈系数为

$$\dot{F} = \frac{\dot{U}_f}{\dot{U}_o} = \frac{Z_2}{Z_1 + Z_2} = \frac{1}{3 + \mathrm{j}\left(\omega RC - \frac{1}{\omega RC}\right)} \tag{3-52}$$

令

$$\omega_0 = 2\pi f_0 = \frac{1}{RC} \tag{3-53}$$

所以振荡频率

$$f_0 = \frac{1}{2\pi RC} \tag{3-54}$$

将式(3-53)代入式(3-52)得

$$\dot{F} = \frac{1}{3 + \mathrm{j}\left(\frac{\omega}{\omega_0} - \frac{\omega_0}{\omega}\right)} \tag{3-55}$$

或

$$\dot{F}=\frac{1}{3+\mathrm{j}\left(\frac{f}{f_0}-\frac{f_0}{f}\right)} \tag{3-56}$$

幅值

$$\dot{F}=\frac{1}{\sqrt{3^2+\left(\frac{f}{f_0}-\frac{f_0}{f}\right)^2}} \tag{3-57}$$

1) 幅频特性

当$f=f_0$时，$|\dot{F}|$最大，且$|\dot{F}|_{\max}=\frac{1}{3}$；

当$f\gg f_0$时，$|\dot{F}|\to 0$；

当$f\ll f_0$时，$|\dot{F}|\to 0$。

2) 相频特性

$$\phi_{\mathrm{F}}=-\arctan\frac{\frac{f}{f_0}-\frac{f_0}{f}}{3} \tag{3-58}$$

当$f=f_0$时，$\phi_{\mathrm{F}}=0°$；当$f\gg f_0$时，$\phi_{\mathrm{F}}=-90°$；当$f\ll f_0$时，$\phi_{\mathrm{F}}=90°$。画成曲线如图 3-16 所示。

综上分析，当$f=f_0$时，$|\dot{F}|$幅值最大，$|\dot{F}|_{\max}=1/3$，相移为零，即$\phi_{\mathrm{F}}=0°$。这就是说，当$f=f_0=\frac{1}{2\pi RC}$时，反馈电压$\dot{U}_{\mathrm{f}}$幅值最大，并且是输入电压的$\frac{1}{3}$，同时与输入电压同相位。

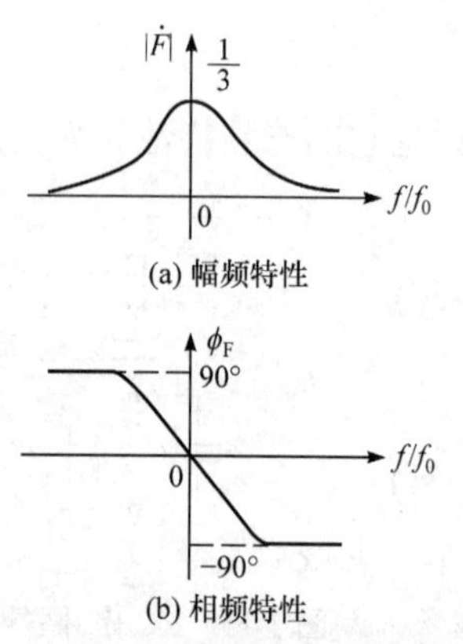

(a) 幅频特性

(b) 相频特性

图 3-16　RC 串并联网络的频率特性

3. RC 桥式正弦波振荡电路分析

1) 相位条件

因为为同相输入运放，$\dot{U}_{\mathrm{o}}$与$\dot{U}_{\mathrm{f}}$同相位，所以$\phi_{\mathrm{A}}=0°$；再由图 3-16(b)可知，当$f=f_0$时，$\phi_{\mathrm{F}}=0°$；总之，$\phi=\phi_{\mathrm{A}}+\phi_{\mathrm{F}}=0°$，满足相位平衡条件。

2) 幅度条件

由$|\dot{A}\dot{F}|\geqslant 1$，$|\dot{F}|=\frac{1}{3}$，得出$|\dot{A}|\geqslant 3$。又由稳幅环节$R_{\mathrm{F}}$与$R_3$构成电压串联负反馈，在深度负反馈条件下，$A_{\mathrm{uf}}\approx 1+\frac{R_{\mathrm{F}}}{R_3}\geqslant 3$，所以

$$R_{\mathrm{F}}\geqslant 2R_3 \tag{3-59}$$

由于电阻的实际值存在误差，常需通过实验调整。

需要注意的是，$A_{\mathrm{uf}}\geqslant 3$是指$A_{\mathrm{uf}}$略大于 3。若$A_{\mathrm{uf}}$远大于 3，则因振幅的增大，放大器件工作在非线性区，输出波形将产生严重的非线性失真。而A_{uf}小于 3 时，则因不满足幅

值条件而不能振荡。

3) 振荡的建立与稳定

由于电路中存在噪声(电阻的热噪声、三极管的噪声等)，它的频谱分布很广，其中包含 $f_0=\dfrac{1}{2\pi RC}$ 这样的频率成分。这个微弱信号经过放大→正反馈选频→放大，开始时由于 $|\dot{A}\dot{F}|>1$，输出幅度逐渐增大，表示电路已经起振，最后受到放大器件非线性特性的限制，振荡幅度自动稳定下来，达到平衡状态，$|\dot{A}\dot{F}|=1$，并在 f_0 频率上稳定地工作。

4) 估算振荡频率

因为图 3-14 所示电路中的放大电路是集成运放组成的，它的输出电阻可视为零，输入电阻很大，可忽略对选频网络的影响。因此，振荡频率即为 RC 串并联网络的 $f_0=\dfrac{1}{2\pi RC}$。调节 R 和 C 就可以改变振荡频率。

5) 稳幅措施

为了进一步改善输出电压幅度的稳定性，可以在负反馈回路中采用非线性元件，自动调整反馈的强弱，以更好地维持输出电压幅度稳定。例如，在图 3-14 中用一个温度系数为负的热敏电阻代替反馈电阻 R_f。当输出电压 $|\dot{U}_o|$ 增加时，通过负反馈支路的电流 $|\dot{I}_f|$ 也随之增加，结果使热敏电阻的阻值减小，负反馈增强，放大倍数下降，从而使 $|\dot{U}_o|$ 下降。反之，当 $|\dot{U}_o|$ 下降时，由于热敏电阻的自动调节作用，将使 $|\dot{U}_o|$ 增大。因此，可维持输出电压 $|\dot{U}_o|$ 基本稳定。

非线性电阻稳定输出电压幅值的另一种方案是采用具有正温度系数的电阻来代替 R_3，读者可以自行分析其稳定过程。稳幅的方法有很多，读者可以参阅其他有关文献。

除了 RC 串并联桥式正弦波振荡电路外，还有移相式和双 T 网络式等 RC 正弦波振荡电路。只要在满足相位平衡条件的前提下，放大电路有足够的放大倍数来满足幅度平衡条件，并有适当的稳幅措施，就能产生较好的正弦波振荡。

因为 RC 正弦波振荡电路的振荡频率 f_0 和 RC 乘积成反比，如果需要较高的振荡频率，势必要求 R 或 C 值较小，这将给电路带来不利影响。因此，这种电路一般用来产生几赫兹至几百千赫兹的低频信号。若需产生更高频率的信号，则应采用 LC 正弦波振荡电路。

【例 3-3】　图 3-17 所示为 RC 桥式正弦波振荡电路，已知 A 为运放 741，其最大输出电压为±14V。

(1) 图中用二极管 D_1、D_2 作为自动稳幅元件，试分析它的稳幅原理；

(2) 试定性说明因不慎使 R_2 短路时，输出电压 U_o 的波形；

(3) 试定性画出当 R_2 开路时，输出电压 U_o 的波形(并标明振幅)。

解　(1)稳幅原理。

图 3-17 中 D_1、D_2 的作用是，当 U_o 幅值很小时，二极管 D_1、D_2 接近开路，由 D_1、D_2 和 R_3 组成的并联支路的等效电阻近似为 $R_3=2.7\text{k}\Omega$，$A_u=(R_2+R_3+R_1)/R_1\approx3.3>3$，有利于起振；反之，当 U_o 的幅值较大时，D_1 或 D_2 导通，由 R_3、D_1、D_2 组成的并联支路的等效电阻减小，A_u 随之下降，U_o 幅值趋于稳定。

(2) 当 $R_2=0$，$A_u<3$ 时，电路停振，U_o 为一条与时间轴重合的直线。

(3) 当 $R_2\to\infty$，$A_u\to\infty$时，理想情况下，U_o 为方波，但由于受到实际运放 741 转换速率 S_R、开环电压增益 A_{od} 等因素的限制，输出电压 U_o 的波形将近似如图 3-18 所示。

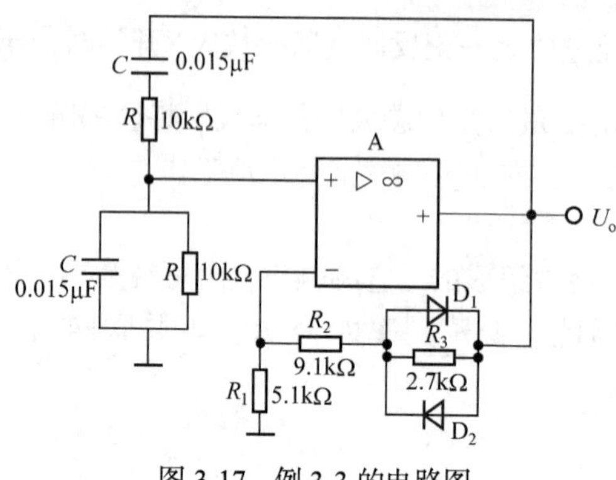

图 3-17 例 3-3 的电路图

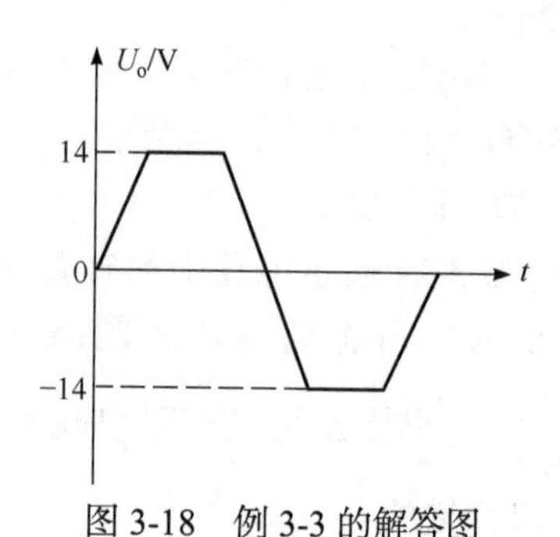

图 3-18 例 3-3 的解答图

3.2.2 非正弦波信号发生电路

1. 矩形波信号发生电路

1) 矩形波的定义

如图 3-19 所示的波形，T_1 为高电平的持续时间；T_2 为低电平的持续时间；T 为周期，即

$$T = T_1 + T_2 \tag{3-60}$$

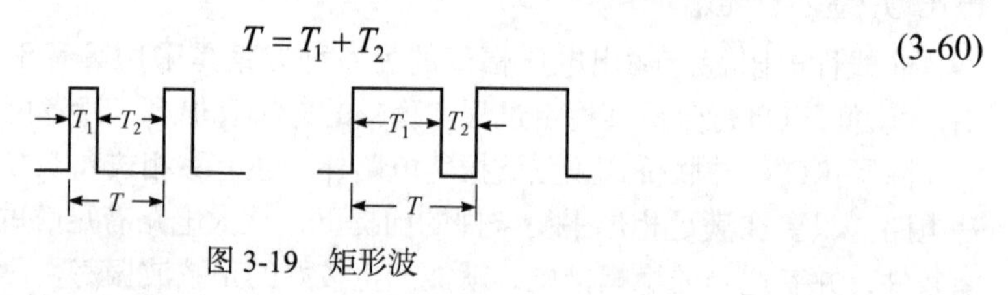

图 3-19 矩形波

将高电平的时间与周期的比值定义为占空比，记为 q，有

$$q = \frac{T_1}{T} \tag{3-61}$$

占空比为 0.1～0.9 的波形定义为矩形波。其中占空比为 0.5 的矩形波又称方波，是矩形波的特例。

2) 占空比可调的矩形波发生电路

图 3-20(a)所示为一个矩形波发生电路。它基本上是由滞回比较器与 RC 积分电路构成的。为了使占空比可调，只需使 $T_1\neq T_2$，为此加了两个二极管与一个电位器，将 RC 充放电通路分开，并实现占空比可调。限幅器由两个稳压管构成，起钳位作用，其限幅值为 $\pm U_Z$，提供矩形波的幅值。根据求阈值的方法可求得滞回比较器的阈值为$\pm R_1U_Z/(R_1+R_2)$，传输特性如图 3-20(b)所示。

设 D_1、D_2 的内阻分别为 r_{d1}、r_{d2}，并且 $r_{d1}=r_{d2}$。当 $U_o=U_Z$ 时，D_1 导通，D_2 截止，使电容 C 充电，充电时间常数 $\tau_{充} = (R + r_{d1} + R'_W)\cdot C$ ；U_C 由小到大不断上升，极性上正下

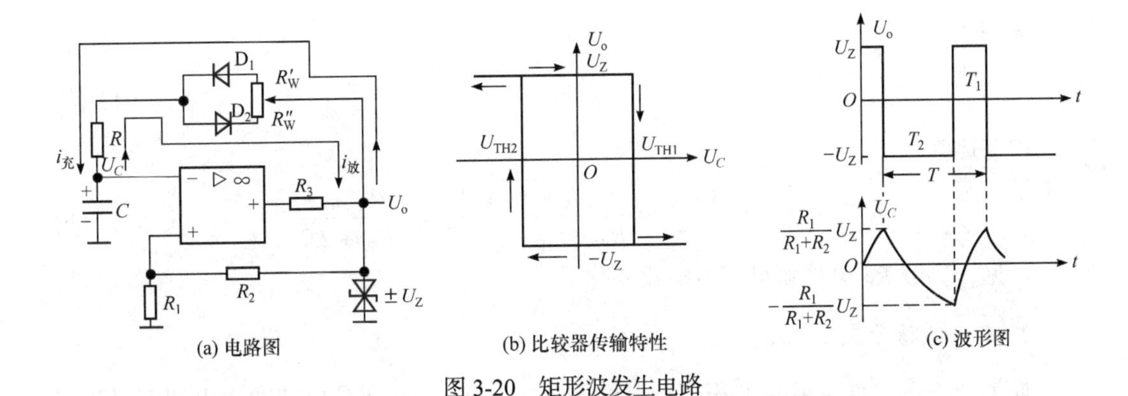

图 3-20 矩形波发生电路

负，当 U_C 升到 $U_{TH1}=R_1U_Z/(R_1+R_2)$时，比较器发生负跳变，U_o 由$+U_Z$变为$-U_Z$；当 $U_o=-U_Z$ 时，D_1 截止，D_2 导通，又使电容 C 放电，其放电时间常数 $\tau_{放}=(R+R''_W+r_{d2})\cdot C$，$U_C$不断下降至 $U_{TH2}=-R_1U_Z/(R_1+R_2)$时，比较器发生正跳变，$U_o$ 由$-U_Z$ 变为$+U_Z$。上述过程重复进行，于是发生振荡。

调节 R_W，只要 $R'_W\neq R''_W$，就能产生矩形波。当 $R'_W<R''_W$ 时，则 $\tau_{充}<\tau_{放}$，U_o 波形中的 $T_1<T_2$，同时在电容器 C 两端产生线性不好的锯齿波形。图 3-20(c)示出了 U_o 与 U_C 的波形，可见，矩形波的幅值由限幅值$\pm U_Z$ 决定，而锯齿波的幅值由比较器的阈值$\pm R_1U_Z/(R_1+R_2)$决定；当 $R'_W>R''_W$ 时，$\tau_{充}>\tau_{放}$，$T_1>T_2$，U_o 的波形也是矩形波，波形与图 3-20(c)中相反；当 $R'_W=R''_W$ 时，$\tau_{充}=\tau_{放}$，$T_1=T_2$，占空比 $T_1/T=0.5$，U_o 波形为方波。

用数字集成电路或集成定时器(如 5G555)也能构成矩形波发生电路。

3) 振荡周期与频率

根据充放电理论，由图 3-20(b)看出，设 $U_C=-R_1U_Z/(R_1+R_2)$(即 U_{TH2})，在 $U_{OH}=+U_Z$ 的作用下，电容 C 充电的关系式为

$$U_C=U_{OH}-(U_{OH}-U_{TH2})e^{\frac{-t}{\tau}} \tag{3-62}$$

U_C 由 $U_{TH2}=-R_1U_Z/(R_1+R_2)$上升到 $U_{TH1}=R_1U_Z/(R_1+R_2)$的时间为 T_1，由此得

$$U_{TH1}=U_{OH}-(U_{OH}-U_{TH2})e^{\frac{-T_1}{\tau}} \tag{3-63}$$

解得

$$T_1=\tau_{充}\ln\left(1+\frac{2R_1}{R_2}\right) \tag{3-64}$$

同理得

$$T_2=\tau_{放}\ln\left(1+\frac{2R_1}{R_2}\right) \tag{3-65}$$

矩形波的振荡周期是

$$T=T_1+T_2=(\tau_{充}+\tau_{放})\ln\left(1+\frac{2R_1}{R_2}\right) \tag{3-66}$$

振荡频率为

$$f = \frac{1}{T} \tag{3-67}$$

占空比为

$$q = \frac{T_1}{T} = \frac{\tau_{充}}{\tau_{充} + \tau_{放}} = \frac{R'_W + r_{d1} + R}{R_W + r_{d1} + r_{d2} + 2R} \approx \frac{R'_W + R}{R_W + 2R} \tag{3-68}$$

可见，调节 R_W 电位器可使占空比变化。

2. 三角波信号发生电路

如果把一个方波信号接到积分电路的输入端，那么，在积分电路的输出端可得到三角波信号；而比较器输入三角波信号，其输出端可获得方波信号。根据这一原则，采用抗干扰能力强的同相滞回比较器和反相积分器互相级联，构成三角波信号发生电路，如图 3-21(a)所示，图 3-21(b)是它的波形图。

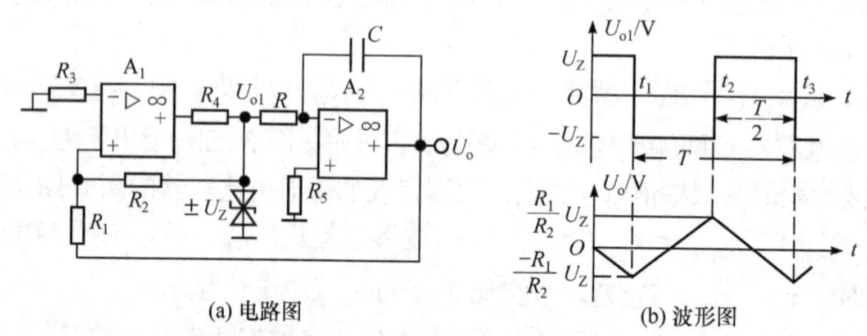

(a) 电路图　　(b) 波形图

图 3-21　三角波信号发生电路

滞回比较器起开关作用，使 U_o 形成对称方波作为积分器的输入信号，U_o 作为 A_1 的同相输入信号。反相积分器起延迟作用，或线性上升或线性下降，使 U_o 形成线性度高的三角波；由 U_o 至 R_1 连线的作用是使 U_o 三角形的幅值不受 U_{o1} 方波频率的影响，可由下面的三角波幅值 U_{om} 表达式(3-71)看出。

当 $t = 0$ 时，$U_{o1}=+U_Z$，电容器初始值 $U_C(0)=0$，$U_o=0$；当 $t = 0\sim t_1$ 时，$U_{o1}=+U_Z$，电容 C 充电，经反相积分，U_o 线性下降；当 $t = t_1$ 时，比较器状态翻转，U_o 达到负的最大值；当 $t = t_1\sim t_2$ 时，$U_{o1}=-U_Z$，电容 C 放电，$\tau_{放} = RC$，经反相积分，U_o 线性上升到 t_2 时，比较器状态又翻转，U_o 达到正幅值。

以上过程反复进行，于是电路发生振荡。由于 $\tau_{充} = \tau_{放} = RC$，所以 U_o 形成三角波。

由上述分析中得知，方波的幅值由限幅值 $\pm U_Z$ 决定，而由波形图可知，U_{o1} 发生翻转的时刻对应的输出电压就是 U_{om}，所以三角波的幅值就是比较器的阈值。由叠加原理求出：

$$\frac{R_1}{R_1 + R_2}(\pm U_Z) + \frac{R_2}{R_1 + R_2}U_o = 0 \tag{3-69}$$

解出

$$U_o = \pm\frac{R_1}{R_2}U_Z \tag{3-70}$$

所以

$$U_{om} = U_{TH} = \pm \frac{R_1}{R_2} U_Z \tag{3-71}$$

可见，只要 R_1、R_2、U_Z 稳定不变，则 U_{om} 就是一个稳定不变的值，而与 U_{o1} 方波的频率无关。

三角波的周期可由波形图 3-21(b)求出，从图中可知 $t_2-t_1=T/2$，幅度对应 $2U_{om}$，而且这一段正式反相积分器的输出，可以利用反相积分器的输出表达式得出 $-\frac{-U_Z}{RC}(t_2-t_1)=2U_{om}$，即

$$\frac{U_Z}{RC} \cdot \frac{T}{2} = 2 \cdot \frac{R_1}{R_2} U_Z \tag{3-72}$$

解出

$$T = \frac{4RC \cdot R_1}{R_2} \tag{3-73}$$

振荡频率为

$$f = \frac{1}{T} = \frac{R_2}{4RC \cdot R_1} \tag{3-74}$$

可见，先固定 R_1、R_2，使满足 U_{om} 不变，再粗调电容 C，细调电阻 R，使满足振荡频率 f_0，调幅与调频互不影响。

3.3　集成运放的其他应用

3.3.1　数据放大器

为了对基本型差动比例电路的性能进行全面改进，可采用图 3-22 所示的同相并联型差动比例电路，通常称为仪器仪表放大器电路或数据放大器电路。图中，A_1 和 A_2 构成差动输入差动输出级，A_3 为基本型差动比例电路。总的电压增益 A_u 等于两级增益之积。调节第一级的电位器 R_W 的阻值，能改变其电压增益。由于第一级采用同相输入，有较高的输入电阻，电路的平衡对称结构使共模抑制比、失调及温度等产生的输出误差电压具有抵消作用。第二级差动比例电路将双端输入变成单端输出，适应接地负载的需要。

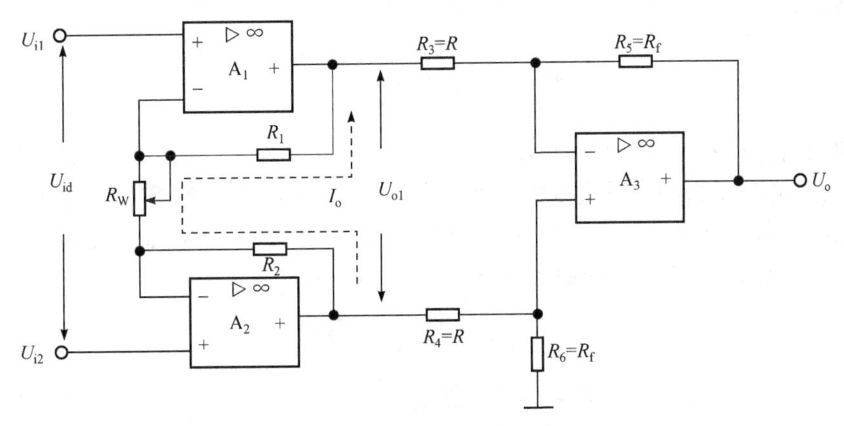

图 3-22　数据放大器电路

把两级电路级联后，它们相互取长补短，使组合后的电路具有输入电阻高、电压增益调节方便、共模抑制比高和漂移相互抵消等一系列优点。因而，它在多点数据采集、工业自动控制和无线电测量等技术领域中，对来自传感器的缓慢变化的信号起缓冲和放大作用，而数据放大器质量的优劣常常是决定整个系统精度的关键。在满足电阻匹配条件下，即 $R_1=R_2$，$R_3=R_4=R$，$R_5=R_6=R_f$，可列写出下列方程组：

$$\begin{cases} U_o = \dfrac{R_f}{R} U_{o1} \\ U_{o1} = I_o(R_1 + R_2 + R_W) = I_o(2R_1 + R_W) \\ I_o = \dfrac{U_{i2} - U_{i1}}{R_W} \end{cases} \tag{3-75}$$

解出

$$A_u = \frac{U_o}{U_{i2} - U_{i1}} = \left(1 + \frac{2R_1}{R_W}\right) \frac{R_f}{R} \tag{3-76}$$

或

$$A_u = \frac{U_o}{U_{i1} - U_{i2}} = -\left(1 + \frac{2R_1}{R_W}\right) \frac{R_f}{R} \tag{3-77}$$

计算 A_u 的另外一种方法是，分别求出各级增益，然后相乘就是电路总增益。

第一级为同相比例放大电路。当加上差模信号 U_{i1} 及 U_{i2} 时；由于 $R_1=R_2$，则 R_W 中点将为交流地电位，A_1 及 A_2 反相输入端对地的电阻分别视为 $R_W/2$。于是，第一级电压增益为

$$A_{u1} = \frac{U_{o1}}{U_{i2} - U_{i1}} = 1 + \frac{2R_1}{R_W} \tag{3-78}$$

第二级为基本型差动比例电路，因电路对称，$R_3=R_4=R$，$R_5=R_6=R_f$，其电压增益为

$$A_{u2} = \frac{U_o}{U_{o1}} = \frac{R_f}{R} \tag{3-79}$$

总增益为

$$A_u = A_{u1} A_{u2} = \left(1 + \frac{2R_1}{R_W}\right) \frac{R_f}{R} \tag{3-80}$$

必须指出，从差分输入的特点出发，R_3、R_4、R_5、R_6 四个电阻必须采用高精密度电阻，并要精确匹配，否则不仅给放大倍数带来误差，而且将降低电路的共模抑制比，目前这种仪用放大器已有多种型号的单片集成电路，如 LH0036，它只需外接电阻即可。

当 R_W 开路时，A_1 和 A_2 分别为电压跟随器，此时

$$A_u = \frac{U_o}{U_{i2} - U_{i1}} = \frac{R_f}{R} \tag{3-81}$$

若 R_W 开路，而且 $R_3=R_4=R_5=R_6=R$，则 $A_u=1$。

值得注意，在图 3-22 中，当 U_{i1} 和 U_{i2} 不是差模信号，或 $R_1 \neq R_2$ 时，就不能把 R_W 的

中点视为交流地电位。若基本型差动比例电路电阻不匹配，即 $R_3 \neq R_4$ 或 $R_5 \neq R_6$，那么，$A_{u2} \neq R_f/R$。遇到这种情况，要根据集成运放工作在线性区的有关概念及叠加原理等知识进行具体分析计算。

前面介绍的数据放大器是由三个运放组成的：前端两个平行的跟随器接后级的减法器。其实，数据放大器远不止此一类。为了实现各种不同的特点，各个集成电路生产厂家开发了多种类型的仪表放大器，它们具有完全不同的结构，但常用的还是三运放组成的，下面介绍一个 ADI 公司的三运放集成数据放大器 AD8224。

图 3-23 是其简化结构图，可以分 A_1/A_2、J_1/J_2、Q_1/Q_2 组成的前级放大器，以及 A_3 组成的减法器。其中，前级放大器是对称的。AD8224 具有以下特点。

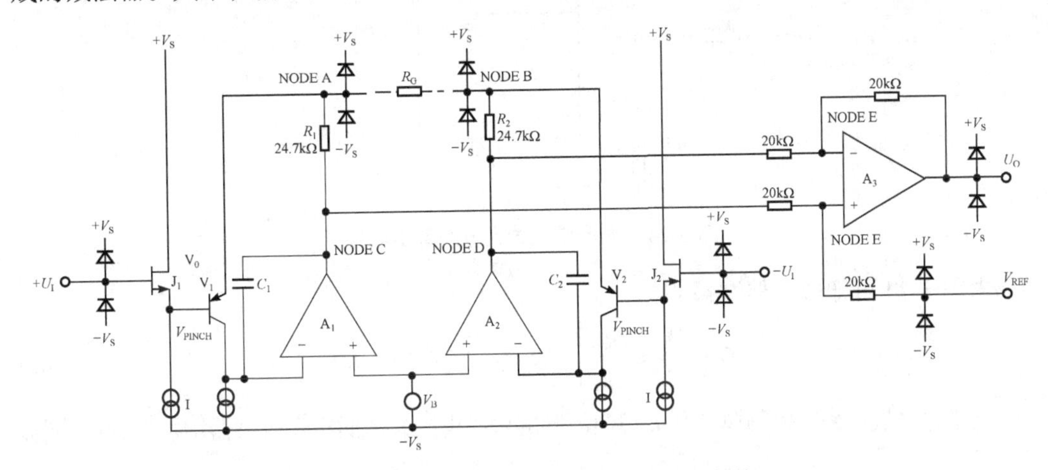

图 3-23　数据放大器 AD8224 内部简化结构

(1) 低噪声和低失真，能够提供高质量的信号放大和处理。有高共模抑制比和差模增益，能够有效地抑制共模干扰并放大差分信号。

(2) 能够处理传感器产生的微弱电流信号，并提供高精度的放大和处理，适于各种传感器接口应用。

(3) 由于其高精度和低失真特性，AD8224 常被用于测试和测量设备，如数据采集系统和示波器等。

AD8224 是数据放大器的一个典型代表，其他数据放大器都有类似特性，所以数据放大器常用于科学仪器、医疗设备和测试测量等领域，用于放大微弱信号并提高测量精度，以满足对精准度要求较高的应用。

3.3.2　程控增益放大电路

程控增益放大电路(programmable gain amplifier，PGA)是一种可以调整增益的模拟信号放大器。它允许用户通过外部控制来改变放大器的增益。程控增益放大电路广泛应用于各种电子设备中，如传感器接口、数据采集系统、音频设备等，可以适应不同的信号强度和动态范围。

1. 基本原理

基本程控增益放大电路是由标准运算放大器和模拟开关控制的电阻网络组成的，其基本原理如图 3-24 所示。模拟开关由数字编码控制。数字编码可用数字硬件电路实现，也可用计算机硬件根据需要来控制。

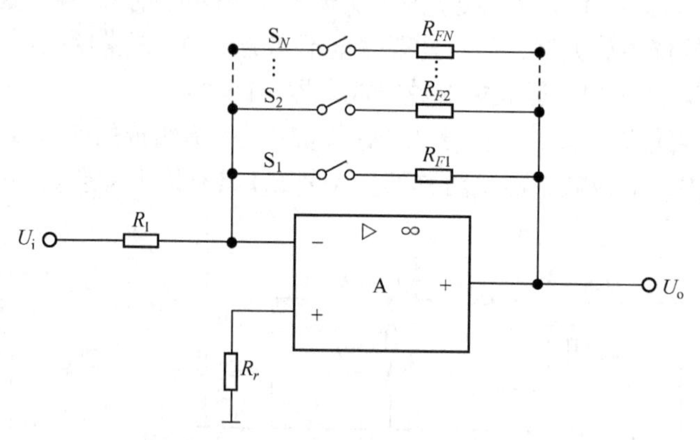

图 3-24　程控增益放大电路基本原理

由图 3-24 可知放大器增益 G：

$$G = \frac{U_o}{U_i} \approx \left| \frac{R_{Fi}}{R_I} \right| \quad (R_{Fi} \to i = 1, 2, \cdots, N) \tag{3-82}$$

电路通过数字编码控制模拟开关切换不同的增益电阻，从而实现放大器增益的软件控制。

2. 几种程控实现方式

根据程控增益放大电路的基本原理，它有多种实现方法。

1) 由模拟开关、运算放大器和电阻网络实现的 PGA

图 3-25 是由 4 路模拟开关 MAX313、标准运放和电阻网络构成的实用精密程控增益放大电路，通过控制系统对模拟开关 4 个通道的切换与组合来选择电阻网络电阻 R_{F1}～R_{F4} 和电阻 R_I 的阻值，可得到 15 个不同的放大/衰减增益。该电路的特点是可通过选用精

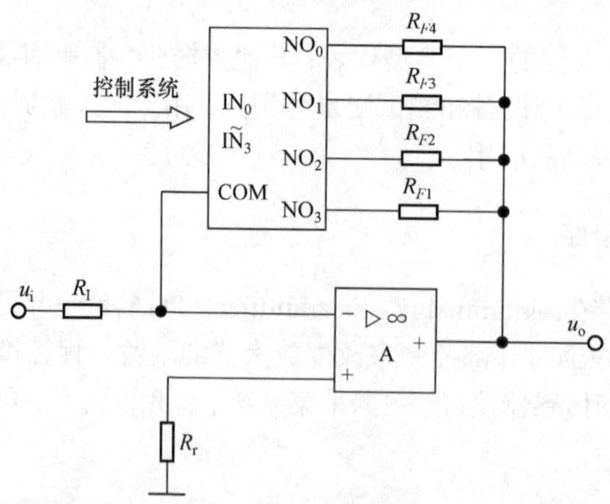

图 3-25　模拟开关、运算放大器和电阻网络组成的程控增益放大电路

密测量电阻和高性能模拟开关组成精密程控增益放大器，但缺点是漂移较大，输入阻抗不高，电路线路比较复杂。

2) 由 D/A 转换器和运算放大器实现的 PGA

D/A 转换器内部有一组模拟开关的电阻网络，可用它代替运放反馈部件，与运算放大器一起就可以组成程控增益放大电路。再配合控制系统对 D/A 转换器的控制就可实现对输入信号的准确放大。

图 3-26 是用两片 D/A 转换器和运算放大器组成的程控增益放大电路。把程控增益放大电路的输入、输出信号分别作为两片 D/A 转换器的参考电压信号，假设两片 D/A 转换器为 8 位 DAC，其数字量输入分别为 D 和 D'，则根据数模转换器内部结构分析可知：

$$I_{\mathrm{O}}=\frac{U_{\mathrm{i}}}{R_1}\cdot\frac{D}{256} \tag{3-83}$$

$$I'_{\mathrm{O}}=\frac{U_{\mathrm{o}}}{R_2}\cdot\frac{D'}{256} \tag{3-84}$$

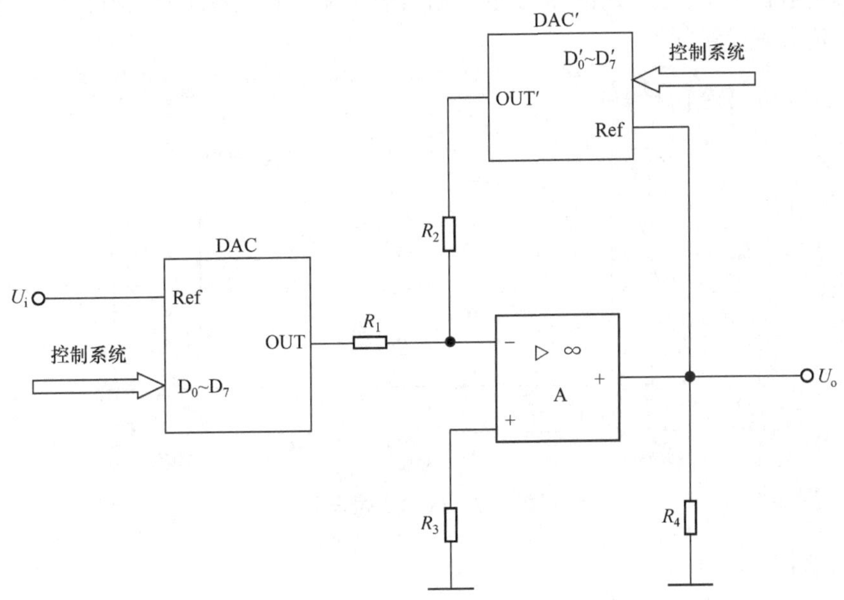

图 3-26　D/A 转换器和运算放大器组成的程控增益放大电路

从图 3-26 可得电路放大增益为

$$|G|=\left|\frac{U_{\mathrm{o}}}{U_{\mathrm{i}}}\right|=\frac{D}{D'}\cdot\frac{R_2}{R_1} \tag{3-85}$$

通过对 D 和 D'的设置，可以实现电路放大增益的程序控制。根据上述原理构成的程控增益放大电路，不仅能实现程控增益量程的多级变化，而且具有比较宽的通频带。

3) 由集成程控运算放大器直接实现

随着半导体集成电路的发展，目前许多半导体器件厂家将模拟电路与数字电路集成在一起，已推出了多种单片集成数字程控的增益放大器，如 ADI 公司的 PGAXXX 系列产品 PGA103、PGA204、PGA112 等。它们具有低漂移、低非线性、高共模抑制比和宽通频带等优点，使用简单方便，但一般其增益量程有限，只能实现特定的几种增益切换。

3.3.3 自动增益控制放大电路

自动增益控制(automatic gain control，AGC)是一种自动控制方法。它通过检测输出信号幅度，自动控制信号链路的增益，使整个放大电路在输入信号幅度发生变化时，维持输出信号幅度不变。自动增益控制放大电路可以理解为“自动稳幅控制”。它可以保证输入信号幅度在一定范围内变化时，输出信号将保持恒定不变的幅度。

以录音笔为例，如果不使用 AGC 功能，就是一个固定增益放大电路，将声音信号转变成电信号并完成录音。一旦开启录音笔的 AGC 功能，它可以在短时间内完成输出幅度检测。当幅度较大时，自动降低增益；当幅度较小时，自动增加增益。最终保证输出信号幅度基本维持一个合适的值，达到最佳的录音效果。

1. 参量定义

自动增益控制中，输入信号幅度值和输出信号幅度值关系曲线如图 3-27 所示。针对此曲线，定义其参量如下。

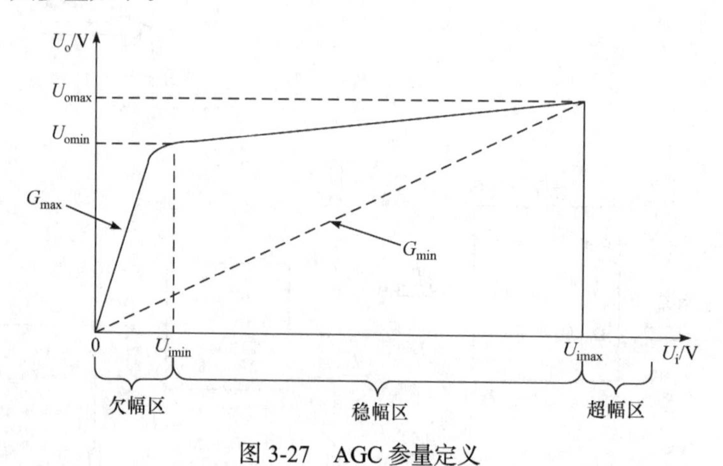

图 3-27 AGC 参量定义

1) 欠幅区

当输入信号过小时，压控增益放大器即便达到最大增益 G_{max}，其输出信号也达不到 AGC 设定的稳幅电压，此时随着输入信号幅度的增加，输出信号幅度也随之明显增加，输入输出之间的增益为 G_{max}。这段区域，称为欠幅区。

2) 稳幅区

当输入信号增大到一定值后，随着输入信号的增加，输出信号几乎维持不变，这个区域称为稳幅区。在此区间内，压控增益放大器的实际增益介于 G_{min}～G_{max}，整个 AGC 处于有效调控状态，且随着输入信号的不断增大，压控增益放大器实际增益逐渐逼近 G_{min}。稳幅区的左边界输入电压定义为稳幅最小输入电压 U_{imin}。稳幅区的右边界输入电压定义为稳幅最大输入电压 U_{imax}。同时定义稳幅动态范围为

$$DR_{AGC} = 20\lg\frac{U_{imax}}{U_{imin}} \tag{3-86}$$

3) 超幅区

随着输入信号继续增大，有几种可能使得 AGC 电路离开稳幅区进入超幅区。

第一，压控增益放大器的实际增益开始接近甚至达到 G_{min}。此时，随着输入信号的进一步增大，压控增益放大器已经无力通过降低增益来降低输出信号，只能任由输出信号也随之上升。

第二，输入信号开始超过压控增益放大器的输入电压范围，或者输出信号开始超过压控增益放大器的输出最大值。

4) AGC 输出等幅性

在稳幅区内，受稳幅电路影响，一般来说其输出幅度会随着输入信号幅度增大而微弱增加，导致稳幅出现微小的偏差。定义稳幅区内最大输出电压为 U_{omax}，最小输出电压为 U_{omin}，定义输出等幅性为

$$\mathrm{SM}_{\mathrm{AGC}} = 20\lg\frac{U_{\mathrm{omax}}}{U_{\mathrm{omin}}} \tag{3-87}$$

对 AGC 来说，追求的目标是尽量大的稳幅动态范围和尽量小的输出等幅性。

2. 基本结构

自动增益控制放大电路的基本结构如图 3-28 所示。核心在于两部分：第一是幅度检测，可以得到一个与输出幅度成正比的直流电压 V_G；第二是压控增益放大器，它的增益受控于 V_G，且一定是负反馈关系，V_G 越大，压控增益放大器的实际增益越小。

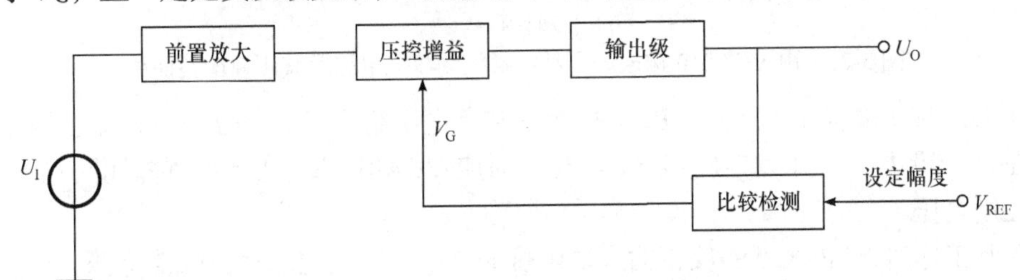

图 3-28　自动增益控制放大电路结构

在实际应用中，更多采用输出信号与设定直流电压 V_{REF} 做比较，当输出幅度大于 V_{REF} 时，V_G 将持续变化以减小增益，进而减小输出幅度；当输出幅度小于 V_{REF} 时，V_G 将持续变化以增大增益，进而增大输出幅度，最终维持输出幅度与设定幅度基本相等。

3. 由 VCA810 构成的 AGC 放大电路

由 TI 公司 VCA810 构成的自动增益控制放大电路如图 3-29(a)所示。图 3-29(b)为 VCA810 的压控增益曲线。

VCA810 是一款输入直接耦合的压控增益放大器，当控制电压为 0～2V 时，它的增益从–40dB 线性增加到 40dB。电路为差分输入、单端输出结构，控制电压为单端输入。随着控制电压的增加，增益减小，属于负反馈控制。

OPA820 为一款高速运放，在工作中表现为一个比较器。图 3-29(a)中的 R_4 和 C_C 是为了提高 OPA820 的稳定性而增加的，图中两个芯片的供电电压均为±5V。

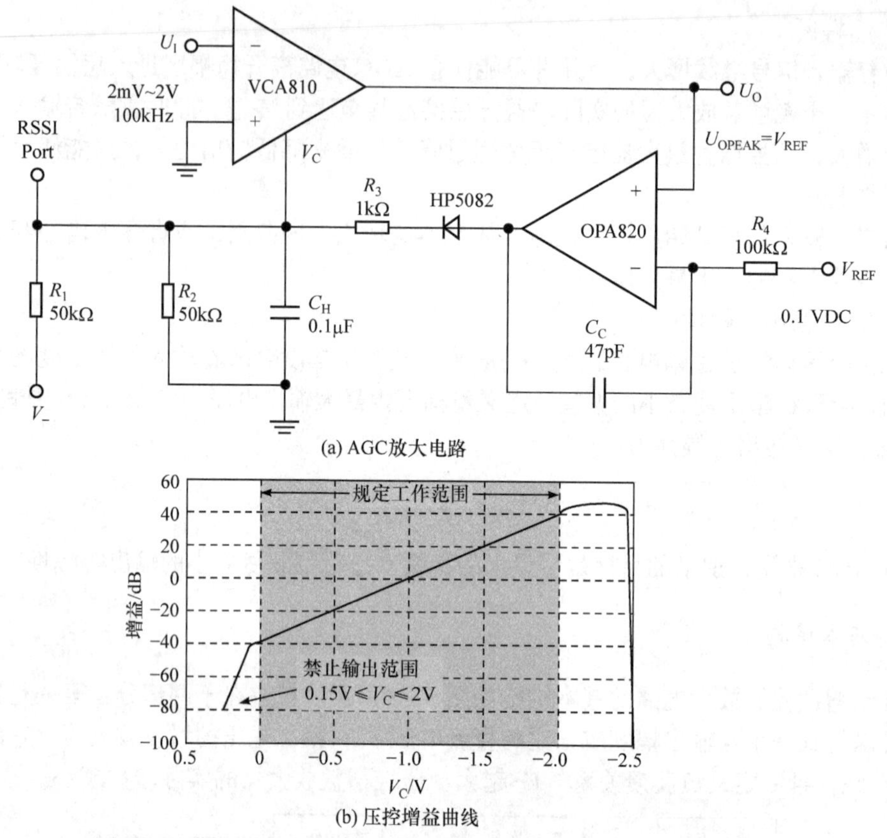

(a) AGC放大电路

(b) 压控增益曲线

图 3-29　由 VCA810 构成的自动增益控制放大电路及其压控增益曲线

在 OPA820 没有介入之前，R_1、R_2、C_H 和负电源组成了一个分压并且储能的保持电路，在 V_C 端形成了一个稳定的–2.5V 电位。对应 VCA810 增益曲线，它提供一个较大的增益控制电压。

正常工作时，OPA820 的反相输入端电位为 V_{REF}，即设定的输出峰值电压。当输出信号幅度超过设定幅度 V_{REF} 时，OPA820 的同相输入端会高于反相输入端电位，导致 OPA820 输出正电源电压。此电压通过高速二极管 HP5082 以及 R_3，给电容 C_H 充电，导致 V_C 电位上升，迫使 VCA810 的实际增益下降。当输出信号幅度低于设定幅度 V_{REF} 时，OPA820 的同相输入端电位会低于反相输入端电位，导致 OPA820 输出负电源电压。由于二极管的阻断作用，电容 C_H 将失去右侧电路的充电，导致 V_C 电位向原先的分压电位回归，即电位下降，迫使 VCA810 的实际增益上升。

当输出信号幅度恰好比 V_{REF} 高一点点时，OPA820 的输出将在波形峰值处有一个正电压，完成给电容短暂的充电动作。其余时刻，OPA820 都将无法给电容充电，电容处于缓慢地放电回归状态。在一个周期内，这个充电动作带来的电量增加，恰好与放电动作带来的电量减少相等，V_C 将保持稳定，从而实现自动增益的控制。

3.3.4　全差分运算放大电路

全差分运算放大器(fully differential amplifier，FDA)是一种特殊的运算放大电器，简称全差分运放，它能够处理差分信号并提供差分输出。差分信号具有的高抗干扰能力使它在高速系统中有了越来越广泛的应用。与标准运算放大器相比，全差分运算放大器有两个输出端，可以直接输出放大后的差分信号，为差分信号的传输和处理提供了极大便利。

1. 基本结构

全差分运放具有两个输入端，两个输出端，一个设定输出共模的输入端 U_{OCM}，以及两个电源端。图 3-30 是它的引脚结构图。

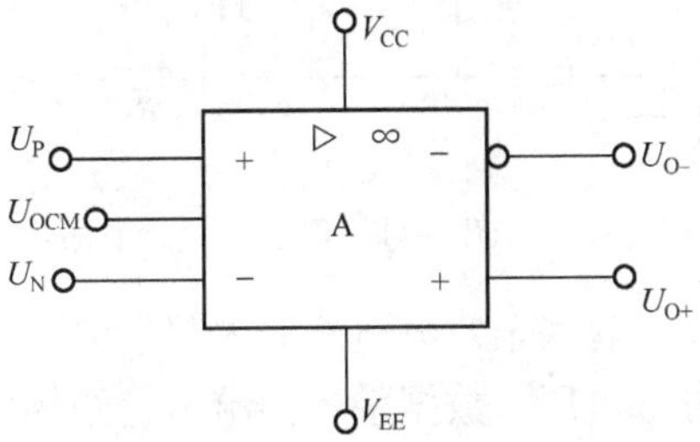

全差分运放具有特殊的内部结构，决定了它在正常工作情况下具有如下特性。

(1) 输出约束特性：

$$\frac{U_{O+}+U_{O-}}{2}=U_{OCM} \tag{3-88}$$

图 3-30　全差分运算放大器引脚结构图

两个输出端的平均值始终等于 U_{OCM}。这意味着当一个输出端电压大于 U_{OCM} 时，另一个一定小于 U_{OCM}。换句话说，当输出端发生变化时，两个输出端是以 U_{OCM} 为基准，同时做镜像摆幅的。

(2) 高增益导致的虚短特性：

$$U_{OD}=U_{O+}-U_{O-}=A_{OD}(U_P-U_N) \tag{3-89}$$

全差分运算放大器对两个输入端之间的差值进行开环高增益放大，这与传统运放完全相同，区别仅在于，放大后的结果表现在两个输出端的差值上。A_{OD} 一般大于 60dB，因此 U_P 约等于 U_N，即虚短。

(3) 两个输入端电流的虚断特性：

$$I_P=I_N=0$$

因此，只要合理使用虚短、虚断，对全差分运算放大器的分析方法与一般运算放大器几乎完全相同。

2. 基本应用电路

与标准运算放大器应用最大的不同是，全差分运算放大器需要两条完全对称的反馈通路。单端信号转差分信号的典型电路如图 3-31 所示，利用 $U_P=U_N$ 和 $U_{OD}=U_{O+}-U_{O-}$，可以得到

$$U_{OD}=\frac{R_2}{R_1}U_i \tag{3-90}$$

电路的共模输出为零，U_{O+} 和 U_{O-} 以 0V 为基准，在时变信号 U_i 的作用下产生互逆的变化。

全差分运放也可以在单电源下工作，如图 3-32 所示。由于信号源有内阻 R_{si}，所以为保持电路对称，必须使 $R_3=R_1+R_{si}$。

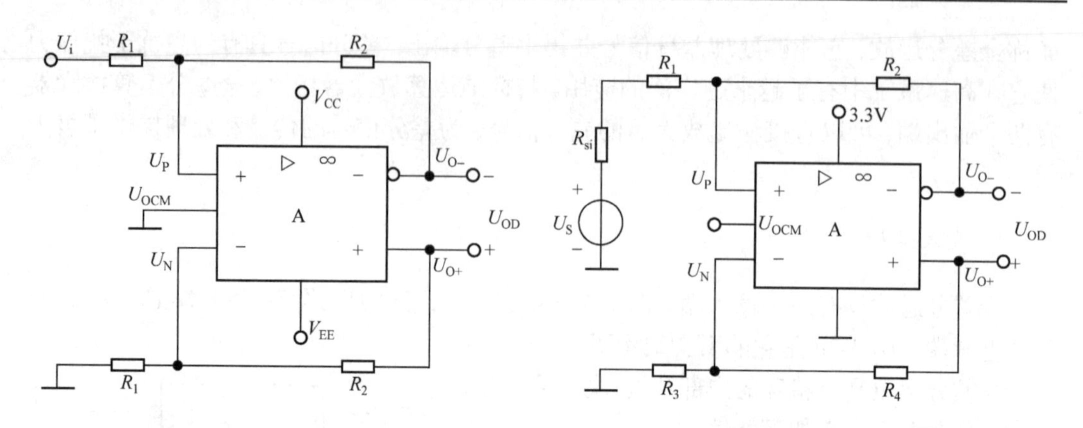

图 3-31　单端转差分电路　　　　图 3-32　单电源工作电路

有些全差分运放的内部电路预设了 U_{OCM}。使用这种运放时，U_{OCM} 引脚可不接任何外部电压，数据手册会给出它的相关信息。假设图 3-32 所示电路中的运放内部将 U_{OCM} 预设在了正负电源电压的中间值上，其单电源工作时 U_{OCM} 引脚悬空(实际应用时经常在该引脚到地之间接入一个电容以消除噪声干扰)，相当于将共模输出电压设置在了电源电压的 1/2 处，即 $U_{OCM}=U_{OCM}=3.3V/2=1.65V$。

全差分运算放大器主要用于以下场合：

(1) 全差分信号链中。也就是说，在传感器是差分输出、ADC 是差分输入的情况下，整个信号链都使用差分信号传递的情况。

(2) 单端信号转差分输出时。当前级信号为单端输出，而后级的电路(如差分 ADC)需要差分输入的情况。

(3) 差分转单端时。当前级为差分输出，而后级需要单端输入时的情况。

使用全差分放大电路，与单端电路相比的好处有：

(1) 相同电源电压下，能够获得 2 倍于单端方式的动态范围。

(2) 能够抑制共模干扰。

(3) 能够减少信号中的偶次谐波失真。

(4) 适合于平衡输入的 ADC。

习　题

3-1 什么是无源滤波电路？什么是有源滤波电路？各有哪些优缺点？

3-2 HPF 与 LPF 有哪些对偶关系？

3-3 设一阶 LPF 和二阶 LPF 的通带电压放大倍数相同，即 $A_{up}=2$。它们的通带截止频率也相同，即 $f_p=100kHz$。试在同一图上画出它们的幅频特性，并估算 $f=1Hz$ 和 $f=10kHz$ 时的电压放大倍数的模。

3-4 分别从 LPF、HPF、BPF 和 BEF 中选择一词填空。

(1) ____的直流电压放大倍数就是它的通带电压放大倍数。

(2) ____在 $f=0$ 与 $f=\infty$(即频率足够高)时的电压放大倍数约等于零。

(3) 在理想情况下，____在 $f=\infty$ 时的电压放大倍数就是它的通带电压放大倍数。

(4) 在理想情况下，____在 $f=0$ 与 $f=\infty$ 时的电压放大倍数相等，且不等于零。

3-5 正弦波振荡电路由哪几部分组成？其振荡条件是什么？它与负反馈放大电路的自激条件有何异同点？

3-6 说明判断满足正弦波振荡电路相位平衡条件的方法和步骤。

3-7 试判断下列说法是否正确。用√或×表示在括号内。

(1) 只要满足相位平衡条件，且 $|\dot{A}\dot{F}|>1$，就可产生自激振荡。(　　)

(2) 对于正弦波振荡电路而言，只要不满足相位平衡条件，即使放大电路的放大倍数很大，它也不可能产生正弦波振荡。(　　)

(3) 只要具有正反馈，就能产生自激振荡。(　　)

3-8 试分析下列各种情况下，应采用哪种类型的正弦波振荡电路。

(1) 振荡频率在 100Hz～1kHz 范围内可调。

(2) 振荡频率在 10～20MHz 范围内可调。

(3) 产生 100kHz 的正弦波，要求振荡频率的稳定度高。

3-9 文氏桥正弦波振荡电路如图 3-14 所示。

(1) 分析电路中的反馈支路和类型。

(2) 若 R=10kΩ，C=0.062μF，求电路振荡频率 f_0?

(3) 电路起振条件是什么?

3-10 占空比可调的矩形波电路如图题 3-10 所示，二极管的导通电阻可忽略不计。

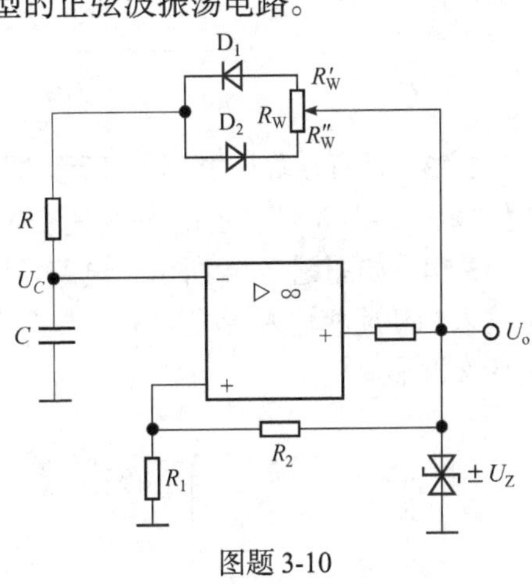

图题 3-10

(1) 导出电路振荡周期 T 的表达式。

(2) 导出占空比 q 的表达式。

(3) 在 R=5kΩ，R_W=2kΩ 的情况下，求电路占空比的调节范围。

3-11 波形发生电路如图题 3-11 所示。

(1) 电路为何种波形发生电路?

(2) 运放 A_1 组成何种电路？求出 A_1 切换输出状态时的 U_o?

(3) 定性画出 U_{o1}、U_{o2}、U_o 的波形。

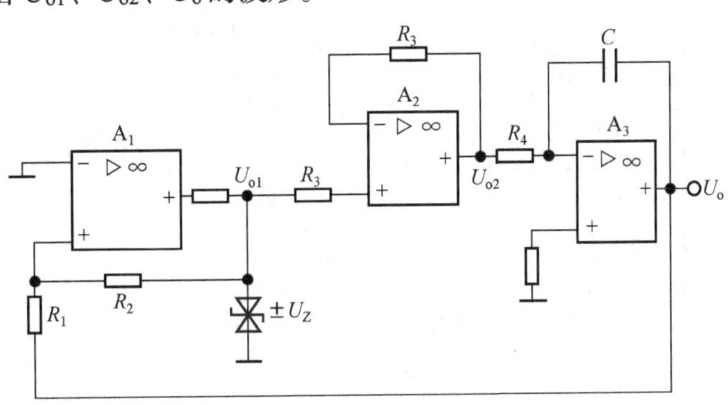

图题 3-11

3-12　三角波发生电路如图题 3-12 所示。已知运放输出的最大值$\pm U_{om}>\pm U_Z$，$R_1<R_2$，分别画出 $U_R=0$、$U_R>0$ 和 $U_R<0$ 时的 U_o 和 U_{o1} 的波形。

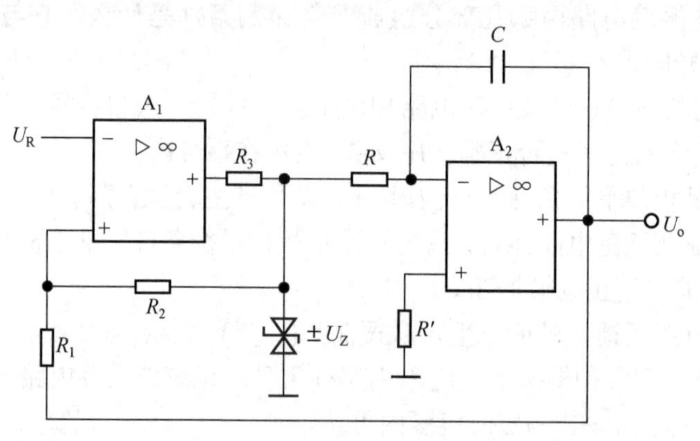

图题 3-12

3-13　试标出如图题 3-13 所示方波发生电路中集成运放的同相输入端和反相输入端(用“+”“−”符号表示)，使之能产生方波，并求它的振荡频率。

3-14　如图题 3-14 所示，电路可同时产生方波和三角波，试标出图中集成运放的同相输入端和反相输入端(用“+”“−”符号表示)，使之能正常工作，并指出 U_{o1} 和 U_{o2} 各是什么波形。

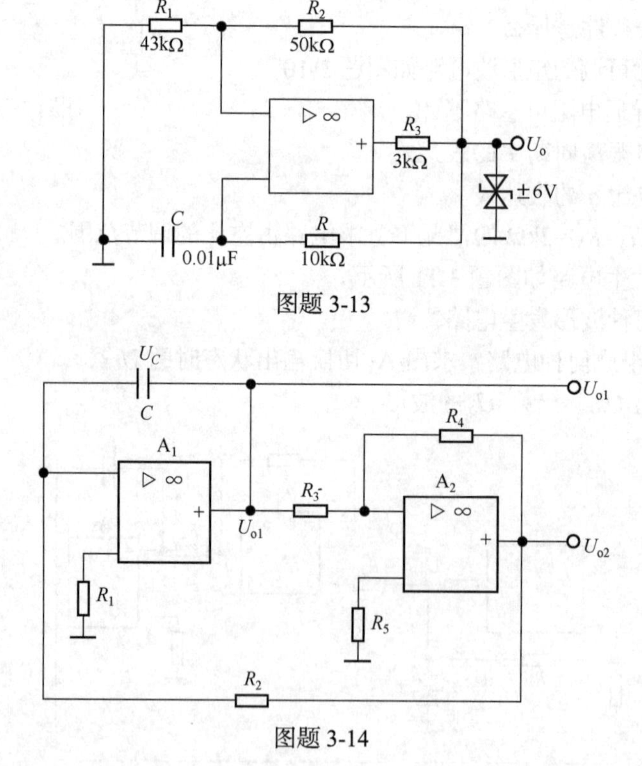

图题 3-13

图题 3-14

第 4 章　硬件描述语言

4.1　FPGA 基本特性

FPGA 即现场可编程门阵列，它是在可编程阵列逻辑(programable array logic，PAL)、通用阵列逻辑(generic array logic，GAL)、复杂可编程逻辑器件(complex programming logic device，CPLD)等可编程器件的基础上进一步发展的产物。它是作为专用集成电路(application specific integrated circuit，ASIC)领域中的一种半定制电路而出现的，既弥补了定制电路的不足，又克服了原有可编程器件门电路数有限的缺点。

FPGA 采用了逻辑单元阵列(logic cell array，LCA)这样一个新概念，内部包括可配置逻辑模块(configurable logic block，CLB)、输出输入模块(input output block，IOB)和内部连线(interconnect)三个部分。FPGA 的基本特点主要有：

(1) 采用 FPGA 设计 ASIC 电路，用户不需要投片生产，就能得到合用的芯片；

(2) FPGA 可做其他全定制或半定制 ASIC 电路中的试样片；

(3) FPGA 内部有丰富的触发器和 I/O 引脚；

(4) FPGA 是 ASIC 电路中设计周期最短、开发成本最低、风险最小的器件之一；

(5) FPGA 采用互补高速金属氧化物半导体(complementary high-speed metal oxide semiconductor，CHMOS)工艺，功耗低，可以与互补金属氧化物半导体(complementary metal oxide semiconductor，CMOS)、晶体管-晶体管逻辑(transistor-transistor logic，TTL)电平兼容。

可以说，FPGA 芯片是小批量系统提高系统集成度、可靠性的最佳选择之一。

FPGA 是由存放在片内 RAM 中的程序来设置其工作状态的，因此，工作时需要对片内的 RAM 进行编程。用户可以根据不同的配置模式，采用不同的编程方式。加电时，FPGA 芯片将可擦编程只读存储器(erasable programmable read only memory，EPROM)中数据读入片内编程 RAM 中，配置完成后，FPGA 进入工作状态。掉电后，FPGA 恢复成白片，内部逻辑关系消失，因此，FPGA 能够反复使用。同一片 FPGA，不同的编程数据，可以产生不同的电路功能。因此，FPGA 的使用非常灵活。

4.2　Verilog HDL 基础

Verilog HDL 最初是在 1983 年，由 Gateway Design Automation 公司为其模拟器产品开发的硬件建模语言。那时它只是一种专用语言。由于该公司的模拟、仿真器软件应用比较广泛，Verilog HDL 因为其实用性为越来越多的设计者所青睐。Verilog HDL 于 1990 年被推向公众领域。Open Verilog International (OVI)是促进 Verilog 发展的国际性组织。1992 年，OVI 决定致力于推广 Verilog OVI 标准成为 IEEE 标准。这一努力最后获得成功，Verilog 语言于 1995 年成为 IEEE 标准，称为 IEEE Std 1364—1995。完整的标准在

Verilog 硬件描述语言参考手册中有详细描述。

4.2.1 Verilog HDL 模块的基本结构

Verilog HDL 模块结构完全嵌在 module 和 endmodule 关键字之间。一个完整的 Verilog HDL 设计模块包括模块声明、端口定义、信号类型声明、逻辑功能定义等四个部分。例如：

```
module FA_Seq (A,B,Cin,Sum,Cout);      //模块声明
input A,B,Cin;                         //输入端口定义
output Sum,Cout;                       //输出端口定义
reg Sum,Cout;                          //信号类型声明
reg T1,T2,T3;
always@ ( A or B or C in )                       //逻辑功能定义
   begin
      Sum=(A^B)^Cin;
      T1=A&Cin;
      T2=B&Cin;
      T3=A&B;
      Cout=(T1|T2)|T3;
   end
endmodule
```

1. 模块声明

模块声明部分包括模块名字以及模块所有输入/输出端口列表，格式为

module 模块名(端口 1,端口 2,…);

例：`module module_name(port1,port2,…);`

2. 端口定义

Verilog HDL 端口的类型有三种：input(输入)、output(输出)和 inout(双向)。在模块名后的端口都应在此处说明其 I/O 类型。说明的格式为

端口类型 端口名;

例：
```
input   a,b,c;
output  x,y;
```

3. 信号类型声明

Verilog 支持的数据类型有连线型(wire)、寄存器型(reg)、整型(integer)、实型(real)和时间型(time)等。系统默认的变量类型为 1 位 wire 类型。信号类型声明格式为

数据类型 端口名;

例：
```
wire a,b,c;
reg[3:0] count;
```

4. 逻辑功能定义

模块中最重要的部分是逻辑功能定义。有 3 种方法可以在模块中描述逻辑，分别如下所述。

(1) 用 assign 持续赋值语句建模。

这种方法的句法很简单，只需在 assign 后加一个方程式即可。assign 语句一般适合于对组合逻辑进行赋值，称为连续赋值方式。

持续赋值

例：`assign Y=A&B;`

(2) 用元件例化(instantiate)方式建模。

Verilog 提供了一些基本的逻辑门。被调用的元件即为例化元件，用户也可以调用自己定义的模块，被调用的模块称为例化模块。格式为

例化建模

门类型关键字 <例化名>(<端口列表>);

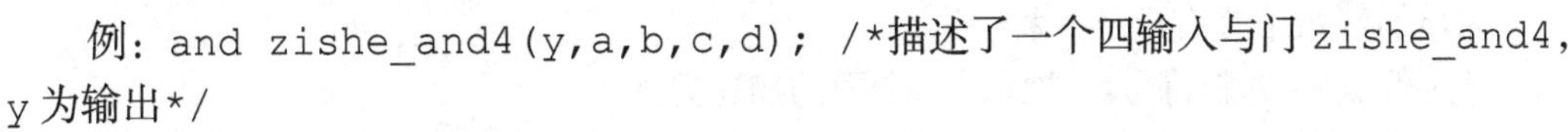
例：`and zishe_and4(y,a,b,c,d);` `/*描述了一个四输入与门 zishe_and4，y 为输出*/`

(3) 用 always 块语句建模。

always 块可用于产生各种逻辑，常用于描述时序逻辑。格式为

块语句建模

always @(敏感信号或表达式);

当敏感信号或表达式的值发生变化时，执行 always 块内的语句。

例：
```
always @(posedge cp)
    begin
      Y=a&b;
    end
```

上述语句描述的功能是：当时钟的上升沿到达时，输入信号 a 和 b 运算后将结果送给 Y。posedge 为一个关键字，表明该时序逻辑电路是上升沿触发的，下降沿触发的时序逻辑电路用 negedge 表示。

4.2.2 Verilog HDL 的词法

Verilog HDL 的源文本文件是由一串词法符号构成的，这些词法符号包括空白符、注释符、常数、字符串、标识符、关键字和操作符等。

1. 空白符和注释符

空白符主要有空格、TAB 键、换行符、换页符。其主要用于分隔其他字符，合理使用空白符可以加强程序的条理性与可读性。空白符在编译时是可以忽略的，但是在字符串中空格和 TAB 键会被认为是有意义的字符。

Verilog HDL 有两种注释形式：行注释和段注释。行注释只能注释单行，以“//”起始，以新一行结束；段注释可注释一段程序，以“/*”起始，以“*/”结束。段注释不能嵌套，且段注释中单行注释标识符无特殊意义。

2. 常数

Verilog HDL 有下列四种基本的值。

0：低电平、逻辑 0 或假状态；

1：高电平、逻辑 1 或真状态；

x：不确定或未知的逻辑状态；

z：高阻态。

x 和 z 都是不分大小写的，z 也可以写成“?”，Verilog HDL 中的常量是由以上这四类基本值组成的。

1) 整数

在 Verilog HDL 中，整数有以下四种进制表示形式：b 或 B(表示二进制整数)、o 或 O (表示八进制整数)、d 或 D(表示十进制整数)、h 或 H (表示十六进制整数)。

完整的整数格式有以下三种。

(1) <位宽>'<进制符号> <数值>：全面的描述方式。

(2) '<进制符号> <数值>：采用默认位宽，默认 32 位。

(3) <数值>：默认进制为十进制。

例：
```
4'b010z          //4 位二进制数，最低位为高阻态
'h85             //十六进制数 85
25               //十进制数 25
```
若要表示负数，在位宽表达式前加一负号。

例：
```
-8'd2            //用八位二进制数表示十进制数 2 的补码
```
下画线可分隔数值表达式以提高程序可读性，但不可以用在位宽和进制处。

例：
```
12'b1010_1011_1111
```
2) 实数

(1) 十进制表示，由数字和小数点组成。

例：
```
53.2
```
(2) 科学记数法表示，由数字与字符 e 组成，且字符 e 的前面必须有数字，后面必须有整数，e 不分大小写。

例：
```
82_1.1e1         //其值为 8211，忽略下画线
4.7E3            //其值为 4700.0
5e-4             //其值为 0.0005
```

3. 字符串

字符串常量是由一对双引号括起来的字符序列，但不能分多行书写。

例：
```
"Come Here"
```
可用反斜线(\)来说明特殊字符。

例：
```
\n               //换行符
\t               //制表符
\\               //字符"\"本身
```

```
\"          //字符"
\206        //八进制数 206 对应的 ASCII 字符
```

4. 标识符

标识符是赋给对象的唯一的名字，标识符可以是字母、数字、$符和下画线的任意组合。标识符的开头必须是大小写不限的字母或是下画线，不能是数字或$符。

例：`Clk_50M    //正确的标识符`
`183input   //错误的标识符`

5. 关键字

与 VHDL 一样，Verilog HDL 也保留了一系列关键字，但只有小写的关键字才是保留字，因此在实际开发中，建议将不确定是否是保留字的标志符首字母大写。例如，标志符 if(关键字)与标志符 IF 是不同的。

Verilog HDL 中的关键字如下(注意只有小写时为关键字)：

always	and	assign	begin	buf
bufif0	bufif1	case	casex	casez
cmos	deassign	default	defparam	disable
edge	else	end	endcase	endmodule
endfunction	endprimitive	endspecify	endtable	endtask
event	for	force	forever	fork
function	highz0	highz1	if	ifnone
initial	inout	input	integer	join
large	macromodule	medium	module	nand
negedge	nmos	nor	not	notif0
notif1	or	output	parameter	pmos
posedge	primitive	pull0	pull1	pullup
pulldown	rcmos	real	realtime	reg
release	repeat	rnmos	rpmos	rtran
rtranif0	rtranif1	scalared	small	specify
specparam	strong0	strong1	supply0	supply1
table	task	time	tran	tranif0
tranif1	tri	tri0	tri1	triand
trio	trireg	vectored	wait	wand
weak0	weak1	while	wire	wor
xnor	xor			

6. 操作符

操作符也称作运算符，Verilog HDL 中的操作符可以分为下述类型。

1) 算术操作符

算术操作符有+(加)、—(减)、*(乘)、/(除)、%(求余)。其中除法只取整数部分。

例：8/5　　　　　　　　//结果为1

求余操作求出与第一个操作符符号相同的余数。

例：8%5　　　　　　　　//结果为3

　　-8%5　　　　　　　　//结果为-3

如果算术操作符中的任意操作数是x或z，那么整个结果为x。

例：A='b00x1; B='b1101; A+B='bxxxx　　　　//结果为不确定数

2) 逻辑操作符

逻辑操作符有&&(与)、||(或)、！(非)。对于位操作，与数字电子技术中的与、或、非操作完全一样；对于向量操作，0向量作为0处理，非0向量作为1处理。

例：A='b0000; B='b0100;

则A||B结果为1；A&&B结果为0。

3) 位运算操作符

位运算操作符有～(按位取反)、&(按位与)、|(按位或)、^(按位异或)、～ ^或^ ～(按位同或，～ ^与^ ～是等价的)。位运算操作使原向量在对应位上按位操作，产生结果向量。若两向量长度不相等，长度较短的在最左侧添0补位。

例：A='b1101;B='b10000;

　　A='b01101;B='b10000;　　　　//A|B结果均为'b11101

4) 关系操作符

关系操作符有>(大于)、<(小于)、>=(大于等于)、<=(小于等于)。关系操作符的结果为真(1)或假(0)。如果待比较数中有一位为x或z，那么结果为x。

例：63<23　　　　　　　//结果为假(0)

　　63>4'b11x1　　　　　//结果为真(x)

若两向量长度不相等，长度较短的在最左侧添0补位。

例：A='b1001;B='b00110;

　　A='b01001;B='b00110;　　　　//A>=B结果为真(1)

5) 等值操作符

等值操作符有==(等于)、!=(不等于)、===(全等)、!==(不全等)。操作符的结果为真(1)或假(0)。在等于操作符使用中，如果待比较数中有一位为x或z，那么结果为x。在全等操作符使用中，值x和z严格按位比较。

例：A='b0zx0; B='b0zx0;　　　　//A= =B结果为x; A= = =B结果为1

若两向量长度不相等，长度较短的在最左侧添0补位。

例：A='b1001;B='b01001;

　　A='b01001;B='b01001;　　　　//A==B结果均为真(1)

6) 缩减操作符

缩减操作符有&(与)、～&(与非)、|(或)、～|(或非)、^(异或)、～ ^(同或)。缩减操作符在单一操作数的所有位上操作，并产生1位结果。如果操作符中的任意操作数是x

或 z，那么整个结果为 x。

例：A='b0110;　　　//|A==1

　　B='b01x0;　　　//^B==x

7) 转移操作符

移位操作符有<< (左移)、>> (右移)。移位操作是进行逻辑移位，移位操作符左侧是操作数，右侧是移位的位数。移位所产生的空闲位由 0 来填补。如果操作符右侧的值为 x 或 z，移位操作的结果为 x。

例：A='b0110;　　　//A>>2 结果是 A='b0001

8) 条件操作符

条件操作符有？：，其使用格式为

操作数=条件？ 表达式 1：表达式 2;

当条件为真(1)时，操作数=表达式 1；当条件为假(0)时，操作数=表达式 2。

例：y=a?b:c;　　　//当 a=1 时，y=b；当 a=0 时,y=c

9) 并接操作符

并接操作符为{}，其使用格式为

{操作数 1 的某些位，操作数 2 的某些位，…，操作数 n 的某些位};

例：{cout,sum}=ina+inb+inc;　　/*ina,inb,inc 三数相加;数组中 cout 为高位,sum 为低位*/

10) 操作符的优先级

Verilog HDL 中的操作符及其优先级顺序如表 4-1 所示。

表 4-1　操作符的优先级

优先级序号	操作符	操作符名称
1	!、~	逻辑非、按位取反
2	*、/、%	乘、除、求余
3	+、-	加、减
4	<<、>>	左移、右移
5	<、<=、>、>=	小于、小于等于、大于、大于等于
6	==、!=、===、!==	等于、不等于、全等、不全等
7	&、~&	缩减与、缩减与非
8	^、~^	缩减异或、缩减同或
9	|、~|	缩减或、缩减或非
10	&&	逻辑与
11	||	逻辑或
12	？：	条件操作符

为了提高程序的可读性，明确表达各运算符间的优先关系，建议使用圆括号。

7. Verilog HDL 的数据对象

数据对象是用来表示数字电路中的数据存储和传送单元的，Verilog HDL 的数据对象包括常量和变量。

1) 常量

在 Verilog HDL 中，用 parameter 语句来定义常量。其定义格式为

parameter 常量名 1=表达式，常量名 2=表达式，…；

例：parameter a=5,b=8'hc0; /*定义 a 为常数 5(十进制)，b 为常数 c0 (十六进制)*/

2) 变量

(1) 连线型。

连线型指输出始终根据输入的变化而更新其值的变量，它一般指的是硬件电路中的各种物理连接。Verilog HDL 中提供了多种连线型变量，具体见表 4-2。

表 4-2 常用的连线型变量及说明

类型	功能说明
wire,tri	连线型(wire 和 tri 功能完全相同)
wor,trior	具有线或特性的连线(两者功能一致)
wand,triand	具有线与特性的连线(两者功能一致)
tri1,tri0	分别为上拉电阻和下拉电阻
supply1,supply0	分别为电源(逻辑 1)和地(逻辑 0)

wire 型变量是连线型变量中最常见的一种。wire 型变量常用来表示 assign 语句赋值的组合逻辑信号。Verilog HDL 模块中信号默认为 wire 型。

wire 型变量格式如下。

① 定义宽度为 1 位的变量：

wire 数据名 1，数据名 2，…，数据名 n;

例：wire a,b; //定义了两个宽度为 1 位的 wire 型变量 a,b

② 定义宽度位 n 位的向量(vectors)：

wire[n−1:0] 数据名 1，数据名 2，…，数据名 n;

wire[n:1] 数据名 1，数据名 2，…，数据名 n;

例：wire[7:0] a; wire[8:1] b; //均定义一个 8 位 wire 型向量

若只使用其中某几位，可直接指明，注意宽度要一致。例如：

```
wire[7:0] a;
wire[3:0] b;
assign a[6:3]=b;                    //a 向量的第 6 位到第 3 位与 b 向量相等
```

(2) 寄存器型。

寄存器型变量对应的是具有状态保持作用的电路元件，如触发器、寄存器等。寄存器型变量与连线型变量的根本区别在于，寄存器型变量被赋值后，且在被重新赋值前一

直保持原值。寄存器型变量必须放在过程块语句(initial、always)中，通过过程赋值语句赋值。过程块内被赋值的每一个信号都必须定义成寄存器型。

Verilog HDL 中，有 4 种寄存器型变量，见表 4-3。

表 4-3　常用的寄存器型变量及功能说明

类型	功能说明
reg	常用的寄存器型变量
integer	32 位带符号整数型变量
real	64 位带符号整数型变量
time	无符号时间变量

integer、real、time 等 3 种寄存器型变量都是纯数学的抽象描述，不对应任何具体的硬件电路。reg 型变量是最常用的一种寄存器型变量，下面介绍 reg 型变量。

reg 型寄存器变量格式为

reg 数据名 1，数据名 2，…，数据名 n;

例：`reg a,b;`　　　　　　//定义两个宽度为 1 位的 reg 型变量 a,b

向量 reg 型寄存器变量格式为

reg[n–1:0]　　数据名 1，数据名 2，…，数据名 n;

reg[n:1]　　　数据名 1，数据名 2，…，数据名 n;

例：`reg[7:0] a;reg[8:1] b;` //均定义一个 8 位 reg 型向量

3) 数组

若干个相同宽度的向量构成数组，reg 型数组变量即为 memory 型变量，即可定义存储器型数据。

例：`reg[7:0] mymem[1023:0];`

上面的语句定义了一个宽度为 8 位、1024 个存储单元的存储器。

通常，存储器采用如下方式定义：

```
parameter wordwidth=8, memsize=1024;
reg[wordwidth-1:0] mymem[memsize-1:0];
```

上面的语句定义了一个宽度为 8 位、1024 个存储单元的存储器，该存储器的名字是 mymem，若对该存储器中的某一单元赋值，则采用如下方式：

`mymem[8]=1;`　　　　　//mymem 存储器中的第 8 个单元赋值为 1

4.2.3　Verilog HDL 语句

Verilog HDL 语句包括过程语句、块语句、赋值语句、条件语句、循环语句等。

1. 过程语句

过程语句一般有四种形式，分别为 initial 语句、always 语句、task 语句和 function 语句。一段程序可以有多条 initial 语句、always 语句、task 语句和 function 语句。

1) initial 语句

一条 initial 语句沿时间轴只执行一次，在执行完一次后，不再执行。若程序中有两条 initial 语句，则同时开始并行执行。其格式为

```
initial
  begin
     语句 1;
     语句 2;
      ⋮
  end
```

例：

```
initial
     begin
        a='b000000;              //初始时刻 a 为 0
        #10 a='b000001;          //经 10 个时间单位 a 为 1
        #10 a='b000010;          //经 20 个时间单位 a 为 2
        #10 a='b000011;          //经 30 个时间单位 a 为 3
        #10 a='b000100;          //经 40 个时间单位 a 为 4
     end
```

2) always 语句

always 语句只要敏感信号被触发就可以一直重复执行，语句中的敏感条件可以有多个并且用“or”连接。其格式为

```
always @ (敏感信号表)
   begin
      语句 1;
      语句 2;
       ⋮
   end
```

敏感信号分为两种：电平型和边沿型。电平型通常是指高低电平的变化，而边沿型是指检测上升沿(posedge)、下降沿(negedge)。最好不要将这两种敏感信号用在一条 always 语句中。

例：

```
always @(a or b or c )         //电平型敏感信号
     begin
        f=a&b&c;
     end
```

例：

```
always @(posedge clk)          //边沿型敏感信号
     begin
     counter=counter+1;
     end
```

3) task 语句

task 语句是包含多个语句的子程序，使用 task 语句可以简化程序结构，增加程序的可读性。task 语句可以接收参数，但不向表达式返回值。格式为

task 任务名；
　端口声明；
　信号类型声明；
　语句 1；
　语句 2；
　⋮
endtask

例：
```
task add4;
      input[3..0] a,b;
      output[3..0] sum;
      input ci;
      output co;
      {co, sum}=a+b+ci;
   endtask
```

task、function 语句

4) function 语句

函数的目的是返回一个用于表达式的值。函数的定义格式为

function <返回值位宽或类型说明> 函数名；
　端口声明；
　信号类型声明；
　其他语句；
endfunction

<返回值位宽或类型说明>这一项是可选项，如不特别声明，默认返回值为 1 位寄存器类型数据。

例：
```
function[7:0] gefun;
      input[7:0] x;
      reg[7:0] count;
      integer i;
          begin
             count=0;
             for(i=0;i<=7;i=i+1)
                 if(x[i]=1'b0) count=count+1;
             gefun=count;
          end
   endfunction
```

2. 块语句

块语句为多个语句的组合，它在格式上类似一条语句。有两种类型的块语句：一种是 begin-end 语句，通常用来表示顺序执行语句，用它来标识的块称为顺序块；另一种是 fork-join 语句，通常用来表示并行执行语句，用它来标识的块称为并行块。

1) 顺序块

顺序块有以下特点。

(1) 块内的语句是按顺序执行的，即只有上面一条语句执行完后，下面的语句才能执行。

(2) 每条语句的延迟时间是相对于前一条语句的仿真时间而言的。

(3) 直到最后一条语句执行完，程序流程控制才跳出该语句块。

顺序块的格式为

```
begin
  语句 1;
  语句 2;
   ⋮
end
```

或

```
begin:块名
  块内声明语句
  语句 1;
  语句 2;
   ⋮
end
```

例：
```
begin
    a=b;
    c=a;   //c 的值为 b
end
```

2) 并行块

并行块有以下四个特点。

(1) 块内语句是同时执行的，即程序流程控制一旦进入该并行块，块内语句就开始同时并行地执行。

(2) 块内每条语句的延迟时间是相对于程序流程控制进入块内时的仿真时间。

(3) 延迟时间是用来给赋值语句提供执行时序的。

(4) 当按时间顺序排在最后的语句执行完后或一个 disable 语句执行时，程序流程控制跳出该程序块。

并行块的格式为

```
fork
  语句 1;
```

```
    语句 2;
     ⋮
  join
```

或

```
  fork:块名
    块内声明语句
    语句 1;
    语句 2;
     ⋮
  join
```

例：
```
fork
    wave=0;                       //初值为 0 应该加以说明为好
    #50          wave=1;          //50 个时间单位后为 1
    #100         wave=0;          //100 个时间单位后为 0
    #150         wave=1;          //150 个时间单位后为 1
    #200         $finish;         //200 个时间单位后结束
join
```

3. 赋值语句

1) 连续赋值语句

连续赋值语句 assign，主要对 wire 型变量进行赋值。格式为

assign 变量=表达式;

例：`assign c=a&b;`

a、b 的任何变化，都实时在 c 中反映出来，因此称为连续赋值方式。

2) 过程赋值语句

过程赋值语句用于对寄存器类型(reg)的变量进行赋值。过程赋值有以下两种方式。

(1) 非阻塞(non_blocking)赋值语句。

赋值符号为<=,如 b<=a;

非阻塞赋值在块结束时才完成赋值操作，即 b 的值并不是立刻就改变的。

例：
```
always @ (posedge clk)
      begin
          m=2;
          n=25;
          n<=m;            //非阻塞赋值方式
          r=n
      end
```

过程赋值语句

此例中 r =25，而不是 2，因为 n<=m；是非阻塞赋值方式，要等到本语句块结束之后，n 的值才能改变，也就是说下一时钟上升沿过后 r =2。

(2) 阻塞(blocking)赋值语句。

赋值号为=，如 b=a;

阻塞赋值在该语句结束时就完成赋值操作，即 b 的值在该赋值语句结束后立刻改变。之所以称为阻塞赋值语句，是因为在一个语句块中，若有多条阻塞赋值语句，前面的赋值语句没有完成时，后面的语句是不能被执行的，就像被阻塞一样。

例：
```
always @(posedge clk)
        begin
            m=2;
            n=25;
            n=m; //阻塞赋值方式
            r=n;
        end
```

此例中 r=2，n=m；是阻塞赋值方式，这条语句结束时 n 的值已经改变了。由此可见，(1)的结果滞后于(2)一个时钟周期。

为避免两种赋值语句的混淆错误，初学者最好只熟练掌握一种。若有 C 语言的基础，可先掌握和 C 语言较类似的阻塞赋值语句“=”。为避免出错，在同一语句块内，不要将输出重新作为输入使用。如要用阻塞赋值语句实现非阻塞赋值功能，可采用两个“always”块来实现。

例：
```
always @(posedge clk)
   begin
       m=2;
       n=25;
   end
always @(posedge clk)
   begin
       n=m;
       r=n;
   end
```

4. 条件语句

条件语句主要包括 case 语句和 if 语句，它们都是顺序语句，应放在 always 块中。

1) if 语句

if 语句用来判定所给定的条件是否满足，根据判定的结果(真或假)决定执行给出的两种操作之一。if 语句主要有三种形式。

(1) if(表达式)
　　语句;

(2) if(表达式)语句 1;
　else 语句 2;

(3) if(表达式)
    语句 1;
  else if(表达式)
    语句 2;
    ⋮
  else 语句 n;

语句可以是单句，也可以是多句，多句时用“begin-end”括起来。如果条件表达式的结果为 x 或 z，按逻辑“假”处理。

例：
```
if(a>b)
  begin
     q1<=a;
     q2<=b;
  end
else
  begin
     q1<=b;
     q2<=a;
  end
```

2) case 语句

if 语句只有两个选择，而 case 语句是一种多分支选择语句。case 语句主要有三种形式：

(1) case(敏感信号表)　　<case 分支项>　　endcase;

(2) casez(敏感信号表)　　<case 分支项>　　endcase;

(3) casex(敏感信号表)　　<case 分支项>　　endcase。

在 case 语句中，敏感信号与值 1～值 n 的比较是一种全等比较，每一位必须全相等。在 casez 语句中，如果敏感信号的某些位为高阻 z，这些高阻位的比较不作考虑，只需关注其他位的比较结果。在 casex 语句中，进一步扩展到对不确定状态 x 的处理，如果比较双方某些位的值是 x 或 z，这些位的比较也不予考虑。此外，还有另外一种标识 x 或 z 的方式，即用表示无关值的“?”来表示。

例：
```
case(a)
    2'b1x: out=1;          //只有 a=1x,才有 out=1
casez(a)
    2'b1x: out=1;          //只有 a=1x、1z,才有 out=1
casex(a)
    2'b1x: out=1;          //有 a=10、11、1x、1z,就有 out=1
```

5. 循环语句

Verilog HDL 中有 4 种循环语句来控制语句的执行次数，分别为 for、repeat、while、forever。

1) for 语句

for 循环语句与 C 语言的 for 循环语句非常相似，只是 Verilog HDL 需要用 n=n+1 的形式，格式为

for (循环变量初值；循环结束条件；循环变量增值) 执行语句；

例：
```
for(n=0; n<8; n=n+1)out=out^a[n];   //8位奇偶校验
```

2) repeat 语句

repeat 语句执行指定循环数，如果循环计数表达式的值不确定，即为 x 或 z 时，那么循环次数按 0 处理，格式为

repeat(循环次数表达式) 语句；

或

repeat(循环次数表达式)
begin
　多条语句；
end

例：
```
repeat (size)
begin
   a=b<<1;   //b左移size位
end
```

3) while 语句

while 语句执行时，首先判断循环执行表达式是否为真，若为真，执行循环体中的语句。然后，判断循环执行条件表达式是否为真，直至条件表达式不为真为止。循环体中语句可以是单句，也可以是多句，多句时用“begin-end”括起来。如果表达式条件在开始不为真(包括假、x 以及 z)，那么过程语句将永远不会被执行，格式为

while(循环执行条件表达式) 语句；

或

while(循环执行条件表达式)
begin
　多条语句；
end

例：
```
while (temp)
begin
   count=count+1;   //加temp次1
end
```

4) forever 语句

forever 语句连续执行过程语句。中止语句与过程语句共同使用可跳出循环。在过程语句中必须使用某种形式的时序控制，否则 forever 循环将永远循环下去。forever 语句必须写在 initial 模块中，用于产生周期性波形，格式为

forever　语句；

或

```
forever
begin
    多条语句;
end
```

例：
```
forever
begin
    f(d)a=b+c;      //d=1时a=b+c,否则a=0
    else
    a=0;
end
```

6. 语句的顺序执行与并行执行

编写 Verilog HDL 程序时，首先要弄清楚哪些操作是并行执行的，哪些操作是顺序执行的。在 always 模块内，语句按照书写顺序执行。always 模块之间是并行执行的。两个或更多个 always 模块、assign 语句、实例元件等都是并行执行的。

下面的例子说明 always 模块内的语句是顺序执行的。

例：
```
module exl(q,a,clk)
output q,a;
input  clk;
reg    q, a;
always @(posedge clk);
  begin
        q=~q;
        a=~q;
  end
endmodule
```

```
module    ex2(q,a,clk)
output    q,a;
input     clk;
reg       q,a;
always @(posedge clk);
   begin
        a=~q;
        q=~q;
   end
endmodule
```

exl 中，q 先取反后赋给 q，再次取反后赋给 a，所以 a、q 的结果始终是逻辑反的。ex2 中，q 取反后分别给 q、a，所以 a、q 的结果始终是相同的。

如果将上述两句赋值语句分别放在两个 always 模块中，这两个 always 模块放置的顺序对结果并没有影响，因为这两个模块是并行执行的。

例：
```
module    exl(q,a,clk);
output    q,a;
input     clk;
reg       q,a;
always @(posedge clk)
   begin
        q=~q;
```

```
module    ex2(q,a,clk);
output    q,a;
input     clk;
reg       q,a;
always @(posedge clk)
   begin
        a=~q;
```

```
end
always @(posedge clk)
   begin
        a=~q;
   end
endmodule
```

```
end
always @(posedge clk)
  begin
       q=~q;
  end
endmodule
```

习　题

4-1 设计一个可综合的数据比较器，比较数据 a 与数据 b，如果两个数据相同，则给出结果 1，否则给出结果 0。

4-2 使用 always 块和 @(posedge clk)或 @(negedge clk)的结构来表述时序逻辑。设计一个 1/2 分频器的可综合模型。

4-3 利用 if…else 结构，将 10MHz 的时钟分频为 500kHz 的时钟。

4-4 下面程序分别采用阻塞赋值语句和非阻塞赋值语句设计了两个看上去非常相似的模块 blocking.v 和 noblocking.v，阐明两者的区别。

```
module blocking(
input clk,
input [3:0] a,
output [3:0] b,
c );
reg [3:0] b,c;
always @(posedge clk)
   begin
      b=a;
      c=b;
   end
endmodule
```

```
module noblocking(
input [3:0] a,
output [3:0] b,c,
input clk );

reg [3:0] b,c;
always@(posedge clk)
  begin
     b<=a;
     c<=b;
  end
endmodule
```

4-5 设计一个简单的指令译码电路。通过对指令的判断，对输入数据执行相应的操作，包括加、减、与、或和求反，并且无论是指令作用的数据还是指令本身发生变化，结果都要作出及时的反应。

4-6 设计函数调用程序，采用同步时钟触发运算的执行，实现阶乘运算。并且在测试模块中，通过调用系统任务$display 在时钟的下降沿显示每次计算的结果。

4-7 利用 task 和电平敏感的 always 块设计比较后重组信号的组合逻辑，实现排序功能。

4-8 通过建立有限状态机来进行数字逻辑的设计，检测一个 5 位二进制序列“10010”。考虑到序列重叠的可能，有限状态机共提供 8 种状态。

4-9 利用状态机套用状态机，从而形成树状的控制核心。设计一个简化的 EPROM

的串行写入器。具备以下功能：

(1) 地址的串行写入；

(2) 数据的串行写入；

(3) 给信号源应答，信号源给出下一个操作对象；

(4) 结束写操作，通过移位令并行数据得以一位一位输出。

4-10　通过模块之间的调用实现自顶向下的设计。

现代硬件系统的设计过程与软件系统的开发相似，一个大规模的集成电路往往由模块多层次的引用和组合构成。层次化、结构化的设计过程，能使复杂的系统容易控制和调试。在 Verilog HDL 中，上层模块引用下层模块与 C 语言中程序调用类似，被引用的子模块在综合时作为其父模块的一部分被综合，形成相应的电路结构。在进行模块实例引用时，必须注意的是模块之间对应的端口，即子模块的端口与父模块的内部信号必须明确无误地一一对应，否则容易产生意想不到的后果。

设计模块将并行数据转化为串行数据送交外部电路编码，并将解码后得到的串行数据转化为并行数据交由 CPU 处理。

第5章　数字系统设计

5.1　逻辑电路分析

在数字系统设计中，逻辑电路扮演着基础而关键的角色。它们不仅构成了数字系统的核心，还直接决定了系统的性能和可靠性。本节旨在深入探讨逻辑电路的分析和设计方法，涵盖组合逻辑电路和时序逻辑电路两大类，为设计高效、可靠的数字系统奠定坚实的基础。

5.1.1　组合逻辑电路的分析方法

组合逻辑电路是数字电路的基础之一，它不包含存储元件，其输出完全由当前的输入决定。分析组合逻辑电路是理解和设计数字电路系统的重要步骤。组合逻辑电路的分析是指通过给定电路的逻辑图，找出输入与输出之间逻辑关系的过程。这一过程包括确定电路的逻辑函数，以及通过这些逻辑函数来预测电路在不同输入条件下的输出。此过程对理解电路如何工作及其如何被用于更复杂的系统设计中至关重要。

1. 组合逻辑电路的一般分析步骤

步骤1. 确定逻辑功能。

首先，需要对电路的功能进行描述，明确电路是如何根据输入信号产生输出信号的。这一步骤通常需要对电路图进行仔细地研究，理解各个逻辑门的作用和它们是如何组合在一起的。

步骤2. 提取逻辑表达式。

构建真值表：对于简单的电路，可以通过构建真值表的方式来分析电路的行为。真值表列出了所有可能的输入组合及其对应的输出结果。

逻辑表达式：根据真值表，可以提取出描述电路行为的逻辑表达式。这些表达式使用逻辑运算符来表示输入之间的关系以及它们如何决定输出。

步骤3. 逻辑化简。

为了设计更高效的电路，通常需要对提取的逻辑表达式进行化简。这可以通过代数法(使用逻辑代数的规则)或卡诺图(一种视觉化简方法)来实现。化简的目标是减少表达式中的项数，从而减少实现电路所需的逻辑门数量。

步骤4. 分析电路行为。

通过分析逻辑表达式，可以预测电路在不同输入条件下的输出。预测输出对于验证电路设计是否符合预期功能至关重要。

步骤5. 优化设计。

在分析过程中，还应考虑电路的性能因素，如延迟、功耗和可靠性。理解不同逻辑门如何影响这些性能指标是优化电路设计的关键。

通过上述步骤，可以有效地分析组合逻辑电路的工作原理和性能特点。这不仅有助于理解现有电路的设计，还为自己设计新的电路提供了必要的分析工具和方法。

2. 组合逻辑电路分析实例

分析一个2位加法器项目(图5-1)。首先需要理解每位加法如何独立进行，然后将2位加法的结果合并，包括处理及传递进位。通过上述分析步骤，不仅能够确保电路按照预期工作，还能对电路的性能有深入的理解，从而在必要时进行优化。

【例5-1】 加法器输入两组2位的二进制数，分别为A_1A_0、B_1B_0和一个进位输入CI，输出一个2位的和S_1S_0以及一个进位输出CO。

(1) 识别电路和逻辑功能。

明确加法器的目标是实现两个2位二进制数的加法，包括处理进位。这个电路由两个全加器组成，每个全加器负责1位加法运算，并处理来自低位的进位。

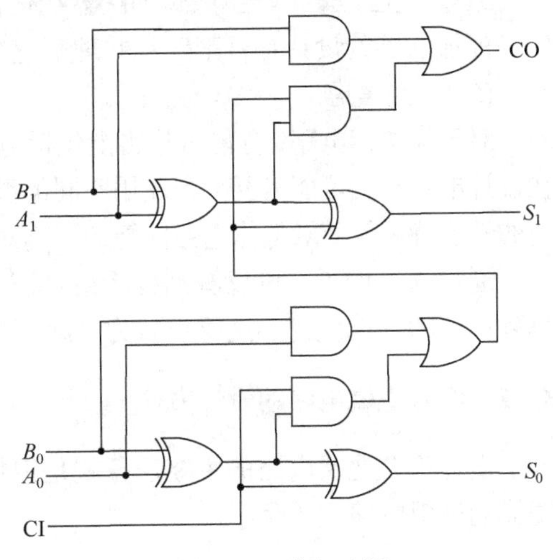

图5-1　2位加法器

(2) 构建真值表。

由于1位全加器有三个输入，即两个加数位和一个进位输入，因此对于每个全加器构建一个真值表，列出所有可能的输入组合及其对应的和位与进位输出。以一个1位全加器为例，其真值表见表5-1。

表5-1　全加器的真值表

输入			输出	
A	*B*	CI	*S*	CO
0	0	0	0	0
0	0	1	1	0
0	1	0	1	0
0	1	1	0	1
1	0	0	1	0
1	0	1	0	1
1	1	0	0	1
1	1	1	1	1

(3) 提取逻辑表达式。

对于1位全加器的真值表，可以提取对应的逻辑表达式。对于和*S*和进位CO的多输

出函数，表达式可以优化为

$$
\begin{aligned}
S &= A \oplus B \oplus \mathrm{CI} \\
\mathrm{CO} &= (A \oplus B) \cdot \mathrm{CI} + AB
\end{aligned} \tag{5-1}
$$

本例中，由于表达式相对简洁，可能不需要进一步化简。但在更复杂的电路中，可以使用逻辑代数规则或卡诺图等工具进行化简，以简化电路设计和减少所需的逻辑门数量。

(4) 分析电路行为。

通过以上步骤，能够预测加法器在任何给定输入组合下的输出，也可以通过仿真软件验证加法器的设计是否正确，并理解它如何在更大的数字系统中发挥作用。

(5) 性能考虑。

对于加法器电路，性能考量可能包括电路的延迟(特别是在处理进位时的延迟)和功耗。在设计电路时，可能需要考虑使用不同类型的逻辑门来优化这些性能指标。理解各个逻辑门的性能特性及其对整体电路性能的影响对于设计高效、可靠的数字系统至关重要。

通过这个例子，可以看到分析组合逻辑电路的过程是如何开展的，从最初的功能理解到最终的性能优化，这些步骤为理解更复杂的电路设计和分析提供了坚实的基础。

5.1.2　组合逻辑电路的设计方法

设计组合逻辑电路的主要任务就是根据给出的实际逻辑问题，设计出实现这一逻辑功能的逻辑电路或源程序。

1. 组合逻辑电路的一般设计步骤

步骤 1. 逻辑抽象。

根据设计需求，确定电路应实现的逻辑功能。

(1) 通常实际逻辑问题是用文字来描述的，需要根据设计要求分析其中的因果关系，确定输入、输出逻辑变量。一般将引起事件的原因(条件)作为输入变量，而将事件的结果作为输出变量。

(2) 定义输入、输出逻辑变量取值所表示的含义。在二值逻辑中，变量只有两种取值，即 0 和 1，分别表示变量的两种逻辑状态。

(3) 根据输入、输出之间的因果关系列出真值表。

步骤 2. 列真值表并写出逻辑表达式。

对于较简单、直观的逻辑问题，可根据因果关系直接写出表达式，但大多数逻辑问题很难做到，只有通过真值表才能写出逻辑表达式。有了表达式就可方便地画出逻辑图或进行逻辑化简和逻辑变换。

步骤 3. 选择器件类型。

根据功能需求和工程要求，选择合适的逻辑器件。设计组合逻辑函数，可采用小规模集成门电路、中规模集成的常用组合逻辑器件或大规模可编程逻辑器件(programmable logic device，PLD)来实现。设计者可根据设计要求、设计规模、器件资源等具体情况来确定所采用的器件类型。

步骤 4. 逻辑函数化简或变换。

一般来说，在保证设计的逻辑功能正确并能按规定的速度工作的前提下，应使逻辑电路尽可能简单，以便达到节省资源、降低成本、便于电路故障或错误的排查、提高可靠性等目的。要达到这个目的，需要采用不同的器件、不同的设计输入法，主要通过逻辑代数方法或卡诺图等手段，化简或变换逻辑函数，以减少所需逻辑门的数量，优化电路设计。

(1) 如果采用门电路进行设计，应将表达式化简成最简与或式，即与或表达式中含有的与项最少、每个与项中的因子最少。

如果对所用门电路的种类还有限制，则还需将表达式变换成相应的形式。若用与非门设计，则需变成与非-与非式；而用或非门则应变换成或非-或非式。

当采用计算机辅助设计时，逻辑表达式的化简和变换都可由计算机自动完成。

(2) 如果采用中规模常用组合芯片，应根据芯片的功能和输出表达式，将要设计的逻辑函数表达式变换成适当的形式，以便使电路最简，即所用器件和连线都最少。

(3) 如果采用 PLD 进行设计，且利用电子设计自动化(electronic design automation，EDA)设计软件中的原理图设计输入法，则可借鉴上述两种做法，以便使电路的逻辑清晰、易懂；而利用软件中的硬件描述语言设计输入法，则可根据表达式的具体情况来决定是否需要进行化简或变换，只要满足 HDL 源程序编写的需要即可。

步骤 5. 画逻辑电路图。

根据化简或变换后的逻辑表达式，画出逻辑图或编写出设计源程序。

步骤 6. 逻辑仿真。

完成逻辑设计后，为了经济、快速地验证设计的逻辑功能是否正确，可利用 EDA 设计软件(如 Quartus Ⅱ)进行逻辑功能仿真，如果达不到要求可对设计进行修改，直到符合要求为止。进行仿真时，一定要注意在输入变量所有可能取值组合下，输出状态都与真值表相符，才能说明电路的逻辑功能正确。

步骤 7. 工程要求。

考虑到实际应用中的工程要求，如成本、功耗、速度等，对电路设计进行必要的调整。

2. 组合逻辑电路设计实例

【例 5-2】 设计一个三人表决电路，表决规则是少数服从多数，即当有 2 个或 2 个以上的人表示同意时，决议通过。

解 (1)逻辑抽象。

取三个表决人为输入变量，分别用 A、B、C 表示，并规定同意时为 1，不同意时为 0。取表决结果作为输出，用 F 来表示，并规定决议通过时为 1，决议未通过时为 0。

(2) 列真值表并写出逻辑表达式。

根据逻辑抽象可列出表 5-2 所示的逻辑真值表。

由表 5-2 可写出输出函数的逻辑表达式：

$$F=\overline{A}BC+A\overline{B}C+AB\overline{C}+ABC \tag{5-2}$$

表 5-2　三人表决电路逻辑真值表

输入			输出
A	*B*	*C*	*F*
0	0	0	0
0	0	1	0
0	1	0	0
0	1	1	1
1	0	0	0
1	0	1	1
1	1	0	1
1	1	1	1

(3) 确定器件类型。

选择用小规模集成门电路实现设计。

(4) 逻辑化简。

利用公式或卡诺图将式(5-2)化简得到

$$F = AB + AC + BC \tag{5-3}$$

(5) 画逻辑电路图。

① 如果用与门和或门实现，则根据式(5-3)所示的最简与或式，画出电路如图 5-2 所示。

② 如果用与非门实现，则需将表达式变换成与非-与非式，得到

$$F = \overline{\overline{AB + AC + BC}} = \overline{\overline{AB} \cdot \overline{AC} \cdot \overline{BC}} \tag{5-4}$$

根据式(5-4)可画出用与非门组成的逻辑电路，如图 5-3 所示。

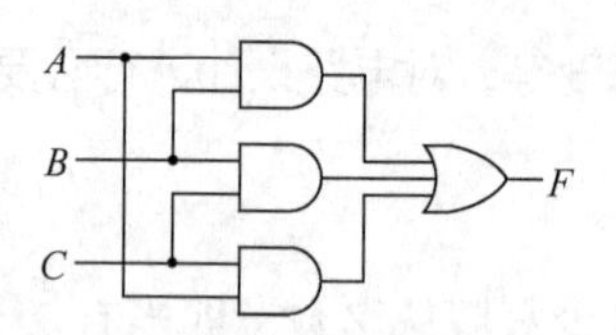

图 5-2　三人表决器的与或式电路

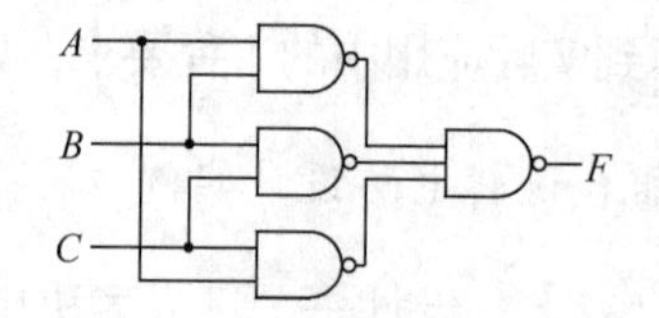

图 5-3　三人表决器的与非式电路

(6) 软件仿真。

利用 EDA 软件对设计的逻辑电路进行功能仿真，观察输入所有取值组合下，输出的逻辑状态是否正确。仿真波形如图 5-4 所示，当输入 A、B、C 中有 2 个或 2 个以上取值为 1 时，输出 F 就为 1，仿真结果与表 5-2 所示的真值表完全相符，逻辑设计正确。

实现例 5-2 逻辑设计的 Verilog HDL 源程序如下。

```
module biaoqueqi_verilog (a,b,c,f);
input a,b,c;
```

```
output f ;
reg  f ;
always @(a,b,c)
  begin
      f=!a&&b&&c||a&&!b&&c||a&&b&&!c||a&&b&&c;
   end
endmodule
```

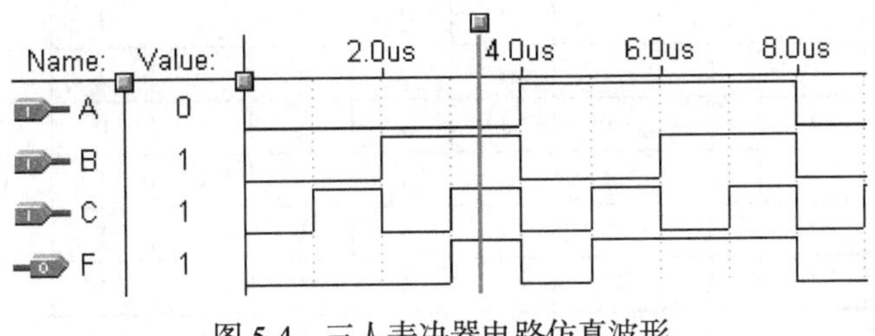

图 5-4　三人表决器电路仿真波形

5.2　常用组合逻辑电路

在各种数字系统中，常用的组合电路有编码器、译码器、数据选择器、数据分配器、数值比较器、加法器、奇偶校验器等。为了使用方便，这些常用电路被制成标准化集成芯片，多数还设置了附加控制端，使器件使用更加灵活、应用更加广泛。本节介绍几种常用组合电路的逻辑功能、使用方法及其应用。

5.2.1　译码器

译码器的逻辑功能是将每个输入的二进制代码译成对应的输出高、低电平信号或另外一个代码，即把输入的二进制代码进行“翻译”。

有 N 个输入变量、2^N 个输出的通用译码器，通常称作 N 位二进制译码器或 N 线-2^N 线译码器，如 2 线-4 线译码器 74139、3 线-8 线译码器 74138 等，它们的每个输出对应一个输入 N 变量组成的最小项。此外，还有 4 线-10 线译码器，又称作二-十进制译码器，如 7442。

译码器不仅可进行译码、功能扩展级联，还可用作数据分配器、顺序脉冲发生器以及实现组合逻辑函数。译码器在数字动态显示、数据分配、存储器寻址以及组合逻辑等电路中被广泛应用。

下面以 3 线-8 线译码器 74138 为例介绍译码器的功能及应用。74138 的图形符号如图 5-5 所示。

74138 译码器的逻辑功能表见表 5-3。

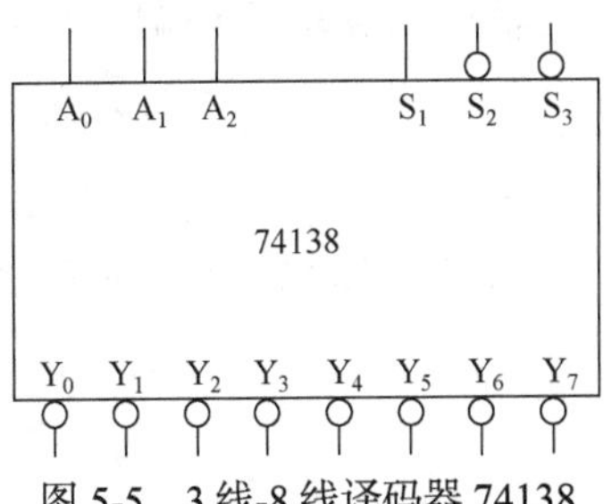

图 5-5　3 线-8 线译码器 74138

表 5-3　74138 的功能表

输入					输出							
S_1	$\overline{S}_2+\overline{S}_3$	A_2	A_1	A_0	$\overline{Y}_0$	$\overline{Y}_1$	$\overline{Y}_2$	$\overline{Y}_3$	$\overline{Y}_4$	$\overline{Y}_5$	$\overline{Y}_6$	$\overline{Y}_7$
×	1	×	×	×	1	1	1	1	1	1	1	1
0	×	×	×	×	1	1	1	1	1	1	1	1
1	0	0	0	0	0	1	1	1	1	1	1	1
1	0	0	0	1	1	0	1	1	1	1	1	1
1	0	0	1	0	1	1	0	1	1	1	1	1
1	0	0	1	1	1	1	1	0	1	1	1	1
1	0	1	0	0	1	1	1	1	0	1	1	1
1	0	1	0	1	1	1	1	1	1	0	1	1
1	0	1	1	0	1	1	1	1	1	1	0	1
1	0	1	1	1	1	1	1	1	1	1	1	0

【例 5-3】　用译码器 74138 和适当的门电路实现一个奇偶判别电路，当输入变量 A、B、C 中有奇数个 1 时，F_1 输出为 1；当输入变量 A、B、C 中有偶数个 1 时，F_2 输出为 1。

解　根据题意列出真值表，如表 5-4 所示。

表 5-4　奇偶判别电路真值表

输入			输出	
A	B	C	F_1	F_2
0	0	0	0	0
0	0	1	1	0
0	1	0	1	0
0	1	1	0	1
1	0	0	1	0
1	0	1	0	1
1	1	0	0	1
1	1	1	1	0

根据真值表写出输出逻辑表达式：

$$F_1=\overline{A}\,\overline{B}C+\overline{A}B\overline{C}+A\overline{B}\,\overline{C}+ABC=m_1+m_2+m_4+m_7 \tag{5-5}$$

$$F_2=\overline{A}BC+A\overline{B}C+AB\overline{C}=m_3+m_5+m_6 \tag{5-6}$$

根据 74138 译码器的功能将表达式的形式进行变换：

$$F_1=\overline{\overline{m_1+m_2+m_4+m_7}}=\overline{\overline{m_1}\cdot\overline{m_2}\cdot\overline{m_4}\cdot\overline{m_7}}=\overline{\overline{Y}_1\cdot\overline{Y}_2\cdot\overline{Y}_4\cdot\overline{Y}_7} \tag{5-7}$$

$$F_2=\overline{\overline{m_3+m_5+m_6}}=\overline{\overline{m_3}\cdot\overline{m_5}\cdot\overline{m_6}}=\overline{\overline{Y}_3\cdot\overline{Y}_5\cdot\overline{Y}_6} \tag{5-8}$$

根据式(5-7)和式(5-8)画出逻辑电路图，如图 5-6 所示。注意译码器的地址与逻辑函数输入变量 A、B、C 的对应关系，高、低位不要接反。

利用软件对图 5-6 的电路进行仿真，仿真波形如图 5-7 所示。由本例可见，用译码器实现多输出组合逻辑函数非常简单、方便。

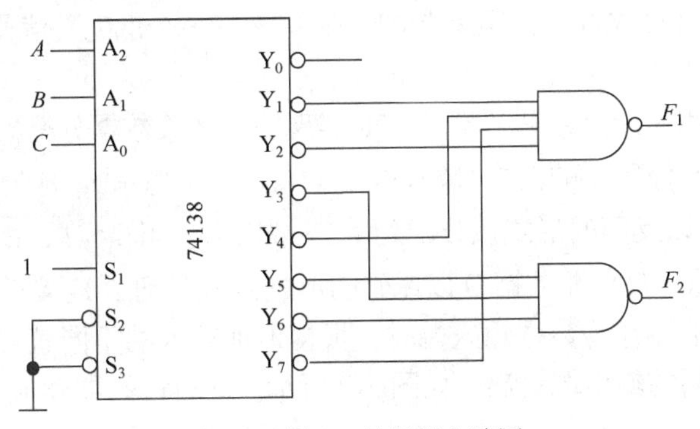

图 5-6　例 5-3 的逻辑电路图

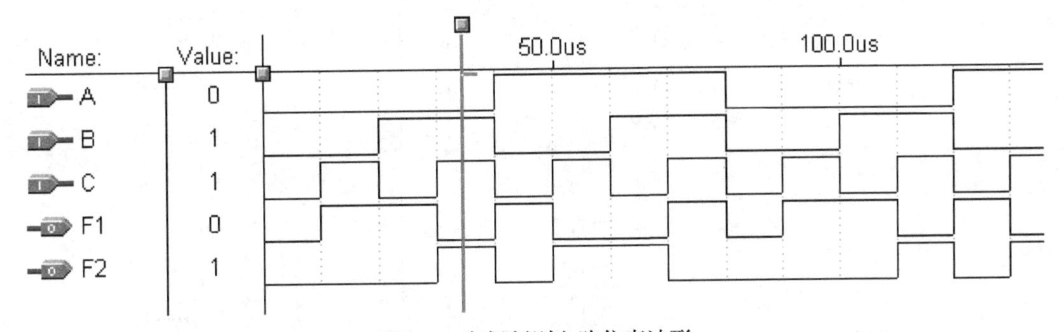

图 5-7　奇偶判别电路仿真波形

【例 5-4】　试用 2 片 3 线-8 线译码器 74138 实现 4 线-16 线译码器。

解　设 4 线-16 线译码器的代码输入为 $D_3D_2D_1D_0$，输出为 $\overline{Y}_0 \sim \overline{Y}_{15}$。

由图 5-5 可知，74138 仅有 3 位地址输入端，要对 4 位二进制进行译码，只能利用使能端作为第 4 位地址输入，以此控制两片译码器分时工作，如图 5-8 所示。

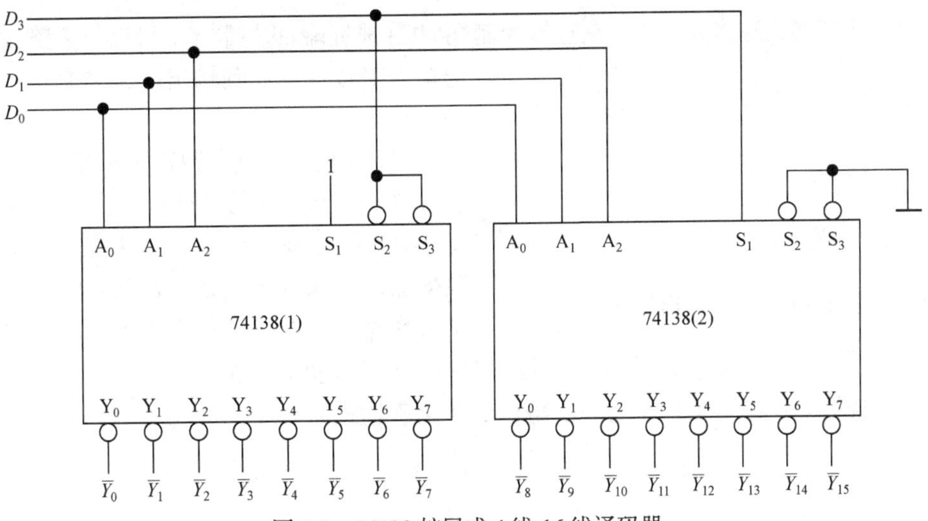

图 5-8　74138 扩展成 4 线-16 线译码器

当 $D_3=0$ 时，译码器(1)片工作而(2)片禁止，将 $D_3D_2D_1D_0=0000$～0111 这 8 个代码译成对应 $\overline{Y}_0$～$\overline{Y}_7$ 的 8 个低电平信号；当 $D_3=1$ 时，译码器(1)片禁止而(2)片工作，将 $D_3D_2D_1D_0=1000$～1111 这 8 个代码译成对应 $\overline{Y}_8$～$\overline{Y}_{15}$ 的 8 个低电平信号，从而实现了 4 线-16 线译码器。

例5-5 数据分配器的实现

【例 5-5】 试用 3 线-8 线译码器 74138 实现一个 8 路数据分配器。

解 根据 74138 译码器的功能可知，当 $S_1=D$，$\overline{S}_2+\overline{S}_3=0$，地址为 $A_2A_1A_0=010$ 时，$\overline{Y}_2=\overline{D}$，即数据 D 以反码的形式被分配到了 $\overline{Y}_2$ 端输出。当 $S_1=1$，$\overline{S}_2+\overline{S}_3=D$，地址为 $A_2A_1A_0=101$ 时，$\overline{Y}_5=D$，即数据 D 以原码的形式被分配到了 $\overline{Y}_5$ 端输出。

当利用某个使能端作为数据输入端时，根据地址输入的不同就可将数据以原码或反码的形式分配到不同的输出端输出，如图 5-9 所示。此时译码器就成为一个数据分配器，又称多路分配器。

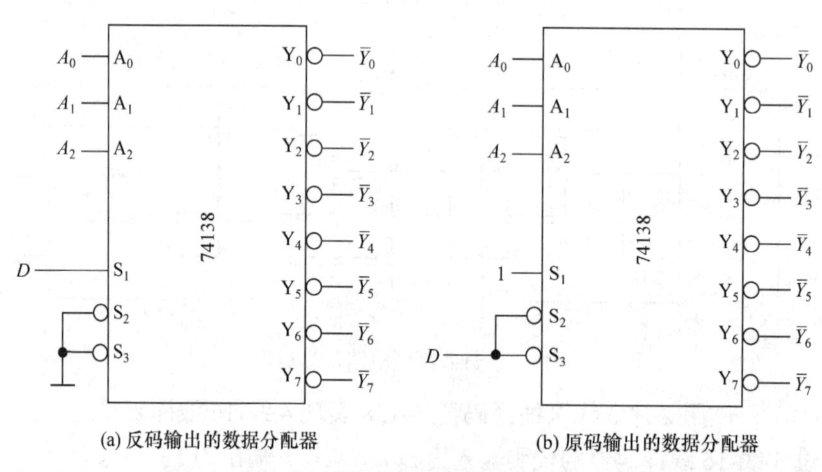

(a) 反码输出的数据分配器　　(b) 原码输出的数据分配器

图 5-9　用译码器实现数据分配器

5.2.2　数据选择器

数据选择器又称多路开关，在选择控制端(也称地址端)的控制下，可以从多路数据中选择一路数据传送到输出端，类似一个单刀多掷转换开关。

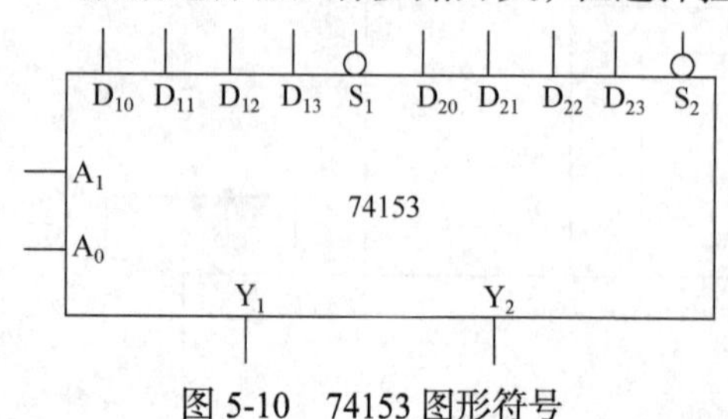

图 5-10　74153 图形符号

74153 是双 4 选 1 数据选择器，即芯片上包含两个完全相同的 4 选 1 数据选择器，如图 5-10 所示。地址输入端 A_1A_0 是公共的，而数据输入端和输出端是各自独立的，两个数据选择器的工作状态分别由各自的附加控制端(使能端) $\overline{S}_1$ 和 $\overline{S}_2$ 控制。其中 4 选 1 数据选择器的功能见表 5-5。

数据选择器在正常工作状态下，输出的逻辑表达式为

$$\begin{aligned}Y&=\overline{A}_1\overline{A}_0D_0+\overline{A}_1A_0D_1+A_1\overline{A}_0D_2+A_1A_0D_3\\&=m_0D_0+m_1D_1+m_2D_2+m_3D_3\end{aligned}\tag{5-9}$$

表 5-5 4 选 1 数据选择器功能表

输入							输出
A_1	A_0	D_0	D_1	D_2	D_3	$\overline{S}$	Y
×	×	×	×	×	×	1	0
0	0	0	×	×	×	0	0
0	0	1	×	×	×	0	1
0	1	×	0	×	×	0	0
0	1	×	1	×	×	0	1
1	0	×	×	0	×	0	0
1	0	×	×	1	×	0	1
1	1	×	×	×	0	0	0
1	1	×	×	×	1	0	1

输出包含 2 位地址变量组成的全部最小项，因此，不需加任何门电路就可实现含有 2 个变量的任何组合逻辑电路。数据选择器除了可以进行数据选择外，还可用来实现多通道数据传输、数据的并-串转换以及逻辑函数发生器等多种功能，应用十分广泛。

【例 5-6】 试用双 4 选 1 数据选择器 74153 实现一个 8 选 1 数据选择器。

解 如图 5-11 所示，1 片 74153 中的两个 4 选 1 数据选择器有 8 个数据输入端，但只有 A_1A_0 两位地址输入端，要构成 8 选 1 还缺少一位地址 A_2，只能利用使能端。用 A_2 和 $\overline{A}_2$ 分别控制数据选择器 S_1 和 S_2 使能端，使其分时工作，用或门将两个输出合为一个输出，即 $Y = Y_1 + Y_2$。

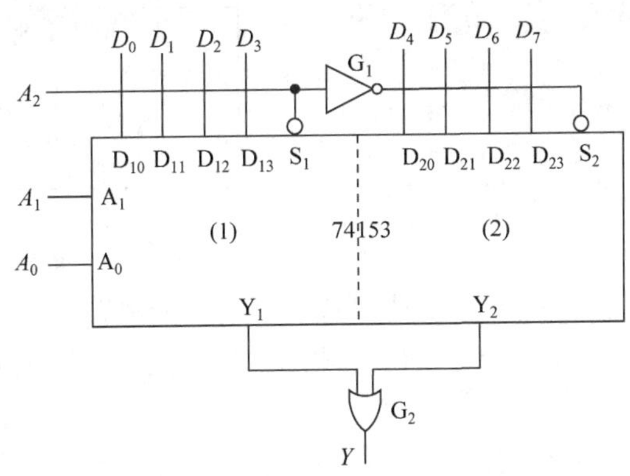

图 5-11 用 74153 扩展成的 8 选 1 数据选择器

当 $A_2 = 0$ 时，(1)工作，(2)禁止，A_1A_0 从 00～11 变化时，依次选择 D_0～D_3 从 Y_1 经或门送到输出端 Y，此时 $Y = Y_1 + Y_2 = Y_1$；而当 $A_2 = 1$ 时，(1)禁止，(2)工作，A_1A_0 从 00～11 变化时，依次选择 D_4～D_7 从 Y_2 经或门送到输出端 Y，即 $Y = Y_2$。可见，图 5-11 完成了 8 选 1 数据选择器的功能，输出与输入之间的逻辑关系为

$$\begin{aligned} Y &= \overline{A}_2(\overline{A}_1\overline{A}_0D_0+\overline{A}_1A_0D_1+A_1\overline{A}_0D_2+A_1A_0D_3) \\ &\quad + A_2(\overline{A}_1\overline{A}_0D_4+\overline{A}_1A_0D_5+A_1\overline{A}_0D_6+A_1A_0D_7) \\ &= m_0D_0+m_1D_1+m_2D_2+m_3D_3+m_4D_4+m_5D_5+m_6D_6+m_7D_7 \end{aligned} \tag{5-10}$$

【例 5-7】 试用数据选择器实现逻辑函数 $F=\overline{A}B\overline{C}+A\overline{B}C+AB\overline{C}+ABC$。

解 (1)用 8 选 1 数据选择器实现逻辑函数。

8 选 1 数据选择器有 3 位地址 A_2、A_1、A_0，逻辑函数 F 含有三个变量 A、B、C，则可令 $A_2=A, A_1=B, A_0=C$，根据式(5-10)可知 8 选 1 数据选择器输出表达式为

$$Y=m_0D_0+m_1D_1+m_2D_2+m_3D_3+m_4D_4+m_5D_5+m_6D_6+m_7D_7 \tag{5-11}$$

而

$$F=\overline{A}B\overline{C}+A\overline{B}C+AB\overline{C}+ABC=m_2+m_5+m_6+m_7 \tag{5-12}$$

将式(5-11)和式(5-12)比较可知，当 $D_2=D_5=D_6=D_7=1, D_0=D_1=D_3=D_4=0$ 时，数据选择器的输出 Y 就是要实现的逻辑函数 F。逻辑电路如图 5-12(a)所示。

(2) 用 4 选 1 数据选择器实现逻辑函数。

用 4 选 1 数据选择器的 2 位地址 A_1、A_0 分别表示 F 式中的 A、B，则将 F 表示为 A、B 组成的最小项形式。

$$F=\overline{A}B\overline{C}+A\overline{B}C+AB\overline{C}+ABC=m_1\overline{C}+m_2C+m_3 \tag{5-13}$$

将式(5-13)和 4 选 1 数据选择器输出表达式(5-9)作比较可知，当 $A_1=A, A_0=B$，$D_0=0, D_1=\overline{C}, D_2=C, D_3=1$ 时，数据选择器的输出 Y 就是要实现的逻辑函数 F，其逻辑电路图如图 5-12(b)所示。

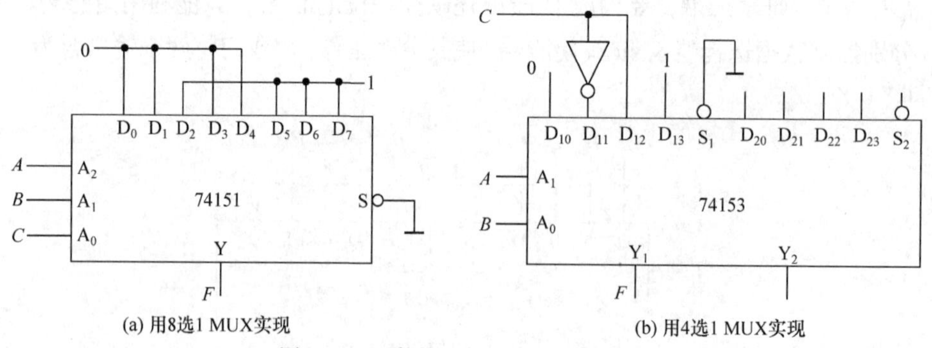

图 5-12 用数据选择器实现逻辑函数

电路仿真波形如图 5-13 所示。从仿真波形中可看出，当输入变量 ABC 取值为 010、

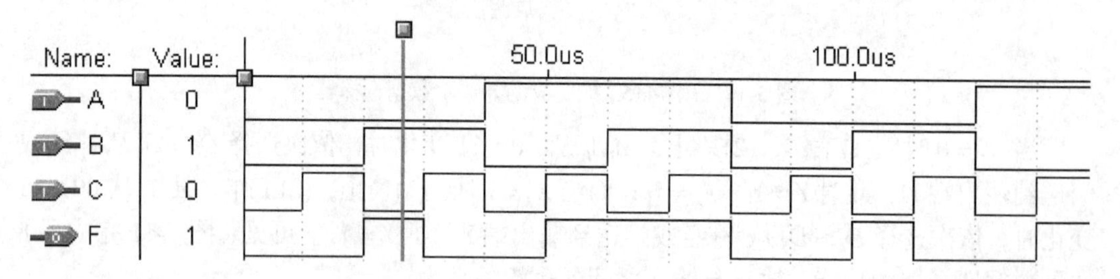

图 5-13 例 5-7 电路仿真波形

101、110 和 111 时，输出逻辑函数 F 为 1，可见与设计要求相符，逻辑设计正确。

5.2.3　加法器

加法器是一种最基本的算术运算电路，其功能是实现两个二进制数的加法运算。常用的集成产品有 1 位全加器 74183 和 4 位二进制全加器 74283 等。

1. 半加器

实现两个 1 位二进制数相加时，若不考虑来自低位的进位，则称为半加器。半加器的真值表见表 5-6。表中 A、B 为加数，S 为本位和输出，CO 为向高位的进位输出。

表 5-6　半加器的真值表

输入		输出	
A	B	CO	S
0	0	0	0
0	1	0	1
1	0	0	1
1	1	1	0

由半加器的真值表可写出表达式：

$$\begin{cases} \mathrm{CO} = AB \\ S = \overline{A}B + A\overline{B} = A \oplus B \end{cases} \tag{5-14}$$

半加器的逻辑电路图和图形符号如图 5-14 所示。

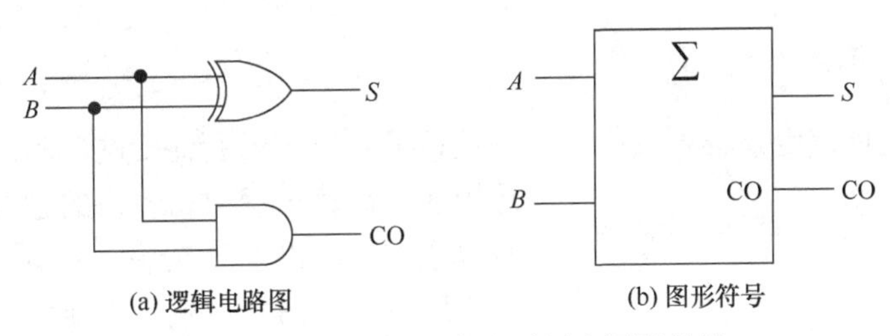

(a) 逻辑电路图　(b) 图形符号

图 5-14　半加器的逻辑电路图和图形符号

2. 全加器

当多位二进制数相加时，除最低位外，其他各位都需要考虑来自低位的进位。这种对两个本位二进制数连同来自低位的进位一起相加的运算电路，称为全加器。1 位全加器的逻辑式见式(5-1)，逻辑电路图和图形符号如图 5-15 所示。

3. 串行进位加法器

多位加法器的实现

当进行多位二进制数相加时，每一位都是带进位相加的，因此必须使用多个全加器，只要依次将低位全加器的进位输出端 CO 接到高位的进位输入端 CI，就可构成多位加法

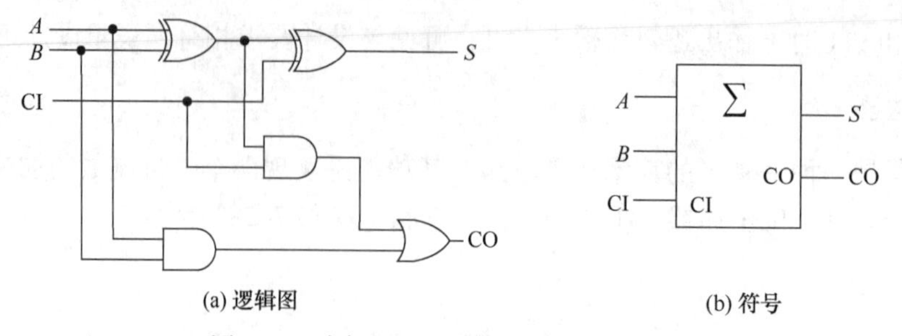

(a) 逻辑图　　(b) 符号

图 5-15　全加器的逻辑电路图和图形符号

器。图 5-16 就是用 4 个 1 位全加器构成的 4 位加法器电路。可见，必须等到低位的进位产生以后，高位才能得到正确的相加结果，因此这种结构的加法器称为串行进位加法器，又称行波进位加法器。

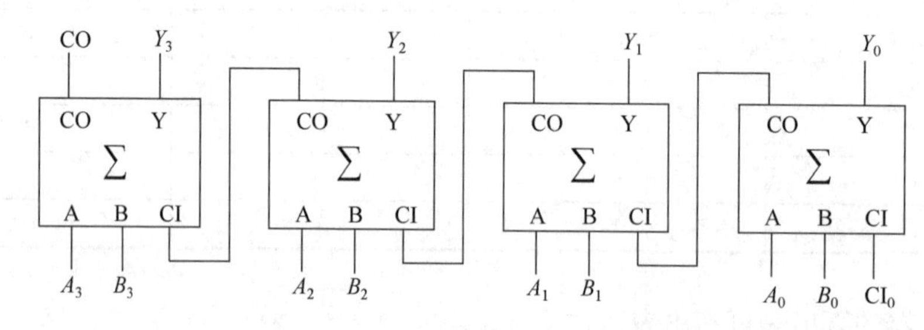

图 5-16　4 位串行进位加法器电路

串行进位加法器结构简单，但速度慢，最高位的运算结果要经过所有加法器的进位传递之后才能形成，位数越多，工作速度越慢，只适用于运算速度要求不高的场合。

4. 超前进位加法器

为了提高运算速度，必须减少由于进位信号逐级传递所耗费的时间。超前进位，就是指加法运算过程中，各级的进位信号同时送到各位全加器的进位输入端。要实现这一点，就是要使所有的输出表达式中不能含有进位这个中间变量，而只含有并行输入变量（$A_3A_2A_1A_0$、$B_3B_2B_1B_0$、CI_0）。常用 4 位集成产品多采用这种结构，如 74LS283，其图形符号如图 5-17 所示。其中，输入 4 位二进制数分别为 $A_3A_2A_1A_0$ 和 $B_3B_2B_1B_0$，CI 为最低位的进位输入，4 位和输出为 $S_3S_2S_1S_0$，CO 为向高位的进位输出。

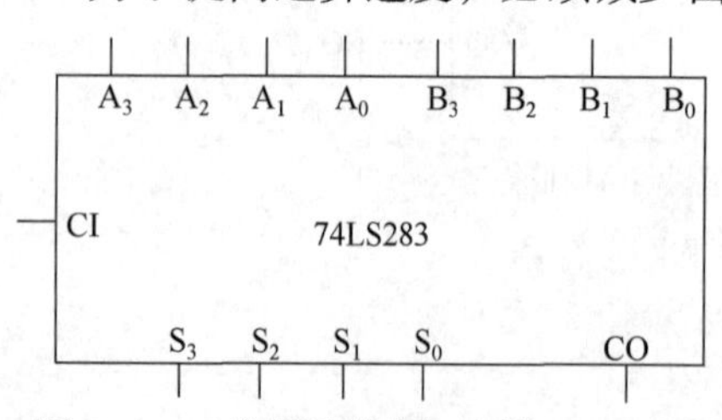

图 5-17　4 位超前进位加法器 74LS283

利用 74283 的进位输入 CI 和进位输出 CO，采用串行进位的方式可将 4 位加法器扩展成 8 位、16 位等位数更多的加法器。

加法器不但可用于加、减、乘、除等各种算术运算电路，还常用于各种代码转换电路，是一种应用较广的组合电路。

【例 5-8】　已知 X 是 3 位二进制数，试用 74283 实现 $Y=3X$ 的乘法运算。

解　在数字电路中，二进制数的乘、除运算是通过移位来实现的。而输出 $Y=3X=2X+X$，只要将输入二进制数 X 向高位移一位，最低位补 0，就可实现 $2X$ 运算，再用加法器将 $2X$ 和 X 相加就完成了 $Y=3X$ 的运算，其逻辑电路如图 5-18 所示。

电路的仿真波形如图 5-19 所示。为方便观察波形，将输入 X 和输出 Y 用数组的形式以十进制显示。从仿真波形中可看出，该电路实现了将输入二进制数 X 乘以 3 的运算。

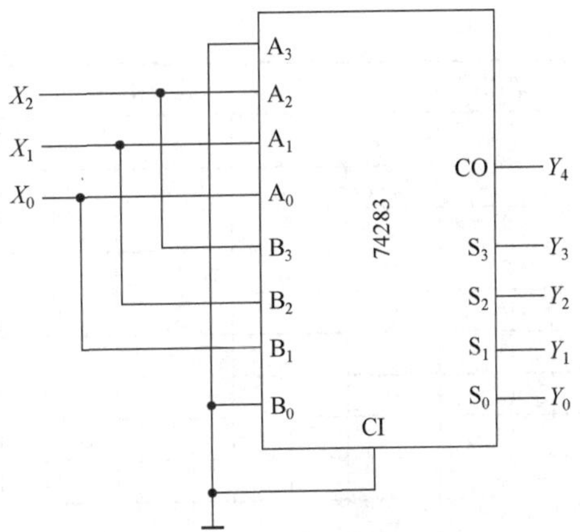

图 5-18　用加法器 74283 实现 $Y=3X$

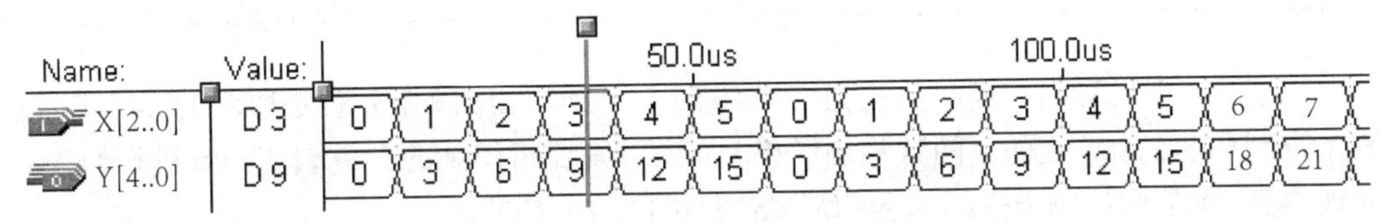

图 5-19　例 5-8 的逻辑电路仿真波形

【例 5-9】　试用 74283 和门电路组成 1 位 8421BCD 码十进制加法电路。

解　二进制数进行加法运算时，进位规则是逢 2 进 1。74283 是一个 4 位二进制数加法器，逢 16 才有进位输出；而十进制数的加法规则是逢 10 进 1。

设相加的两个 8421BCD 码十进制数分别为 $A_3A_2A_1A_0$ 和 $B_3B_2B_1B_0$。若用 4 位二进制加法器 74283 将这两个数相加，加法器的输出是二进制数表示的和，而不是 8421BCD 码。两个 8421BCD 码十进制数相加的和是 0～18，其分别用二进制和十进制表示的值见表 5-7。

表 5-7　十进制数 0～18 的 2 种代码表示

十进制数	二进制代码					8421BCD 码				
N	CO	S_3	S_2	S_1	S_0	CO′	S_3'	S_2'	S_1'	S_0'
	1CO	$1S_3$	$1S_2$	$1S_1$	$1S_0$	2CO	$2S_3$	$2S_2$	$2S_1$	$2S_0$
0	0	0	0	0	0	0	0	0	0	0
1	0	0	0	0	1	0	0	0	0	1
2	0	0	0	1	0	0	0	0	1	0
3	0	0	0	1	1	0	0	0	1	1
4	0	0	1	0	0	0	0	1	0	0
5	0	0	1	0	1	0	0	1	0	1
6	0	0	1	1	0	0	0	1	1	0
7	0	0	1	1	1	0	0	1	1	1

续表

十进制数	二进制代码					8421BCD 码				
N	CO	S_3	S_2	S_1	S_0	CO′	S_3'	S_2'	S_1'	S_0'
	1CO	$1S_3$	$1S_2$	$1S_1$	$1S_0$	2CO	$2S_3$	$2S_2$	$2S_1$	$2S_0$
8	0	1	0	0	0	0	1	0	0	0
9	0	1	0	0	1	0	1	0	0	1
10	0	1	0	1	0	1	0	0	0	0
11	0	1	0	1	1	1	0	0	0	1
12	0	1	1	0	0	1	0	0	1	0
13	0	1	1	0	1	1	0	0	1	1
14	0	1	1	1	0	1	0	1	0	0
15	0	1	1	1	1	1	0	1	0	1
16	1	0	0	0	0	1	0	1	1	0
17	1	0	0	0	1	1	0	1	1	1
18	1	0	0	1	0	1	1	0	0	0

从表 5-7 中可看出，当两数相加结果≤9 时，得到的和 $S_3S_2S_1S_0$ 就是所求的 8421BCD 码十进制和 $S_3'S_2'S_1'S_0'$，而当两数相加结果≥10 时，则要将得到的二进制和加 6 进行修正，才能得到 8421BCD 码十进制的和 $S_3'S_2'S_1'S_0'$ 及进位输出 CO′。

由表 5-7 可知，进位输出 CO′ 的表达式为

$$\mathrm{CO}' = \mathrm{CO} + S_3S_2 + S_3S_1 \tag{5-15}$$

根据上述分析，设计得到 8421BCD 码十进制加法电路，如图 5-20 所示。其中，74283(1)片完成的功能是将两个 1 位 8421BCD 码十进制数相加，74283(2)片完成的是代码转换功能，即将二进制码转换成 8421BCD 码。

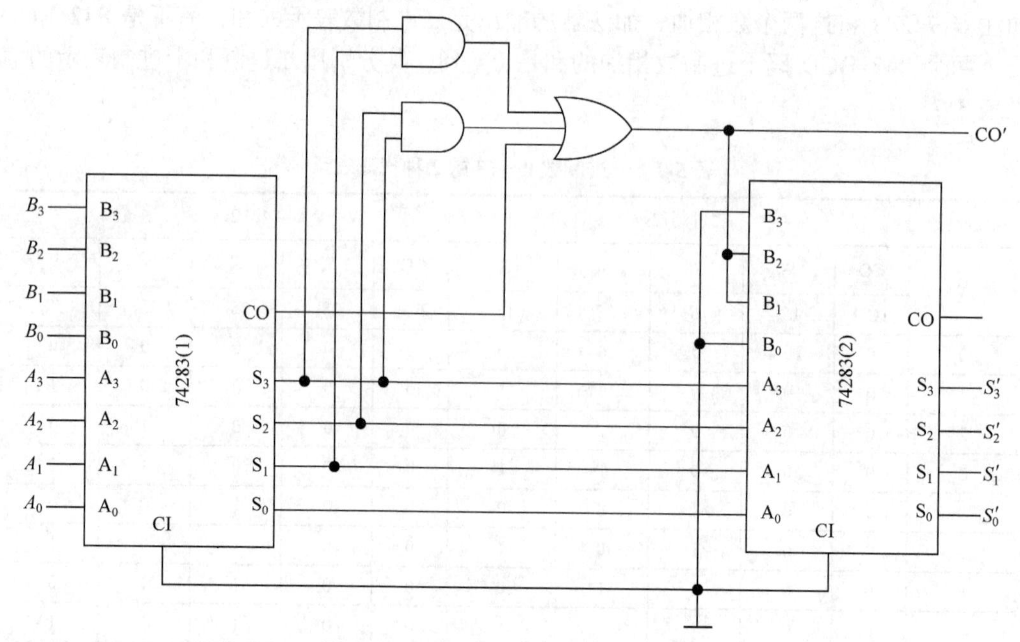

图 5-20　8421BCD 码十进制加法电路

电路的仿真波形如图 5-21 所示。当输入 $A_3A_2A_1A_0=0001$、$B_3B_2B_1B_0=1001$时，将两数相加，输出的结果是和为 $S_3'S_2'S_1'S_0'$=0000、进位 CO′=1，即 9+1=10。观察整个波形可见，该电路符合设计要求，实现了 8421BCD 码十进制加法电路的功能。

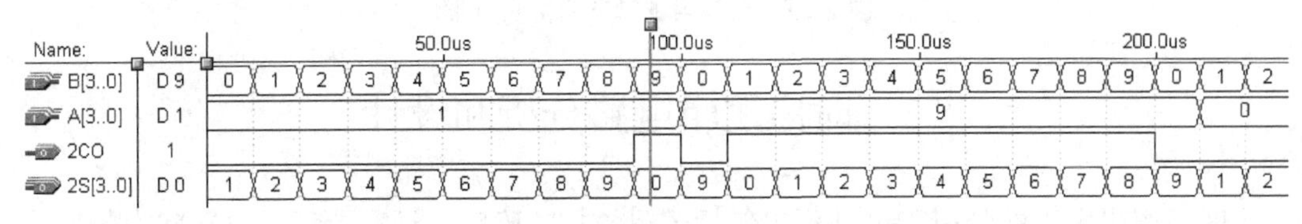

图 5-21　8421BCD 码十进制加法电路仿真波形

【例 5-10】　已知带符号位的 4 位二进制数为 $X_4X_3X_2X_1X_0$，其中最高位 X_4 是符号位。试用 74283 和适当的门电路设计一个求带符号位的 4 位二进制数 $X_4X_3X_2X_1X_0$ 补码的电路。

解　设补码输出为 $Y_4Y_3Y_2Y_1Y_0$，其中为 Y_4 符号位。

当输入二进制数为正数时，$Y_4=X_4=0$，其他各位输出补码与原码相同，即 $Y_3Y_2Y_1Y_0=X_3X_2X_1X_0$；当输入二进制数为负数时，$Y_4=X_4=1$，其他各位输出补码等于原码取反加 1，即 $Y_3Y_2Y_1Y_0=\overline{X}_3\overline{X}_2\overline{X}_1\overline{X}_0+0001$。

根据上述分析和异或运算公式 $A\oplus 0=A$、$A\oplus 1=\overline{A}$，可设计出求补码逻辑电路，如图 5-22 所示。

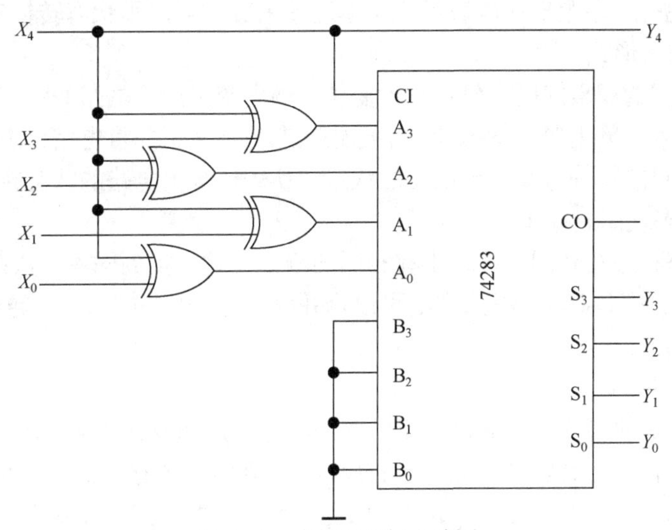

图 5-22　求补码逻辑电路图

其仿真波形如图 5-23 所示。为方便观察波形，将输入 $X_4X_3X_2X_1X_0$、输出 $Y_4Y_3Y_2Y_1Y_0$ 都以二进制数组的形式显示，分别命名为 $X[4..0]$ 和 $Y[4..0]$。从仿真波形中可看出，当输入为正数时，输出与输入相同；当输入为负数时，输出与输入符号位不变、其余各位取反后在最低位加 1，满足了对输入带符号位二进制数求补码的设计要求。

通过本例可知，加法器可用来求补码，而减法运算可以用补码的加法运算来实现，即 $[A-B]_{补}=[A]_{补}+[-B]_{补}$。因此，用加法器既可以完成加法运算，也可以完成减法运算。

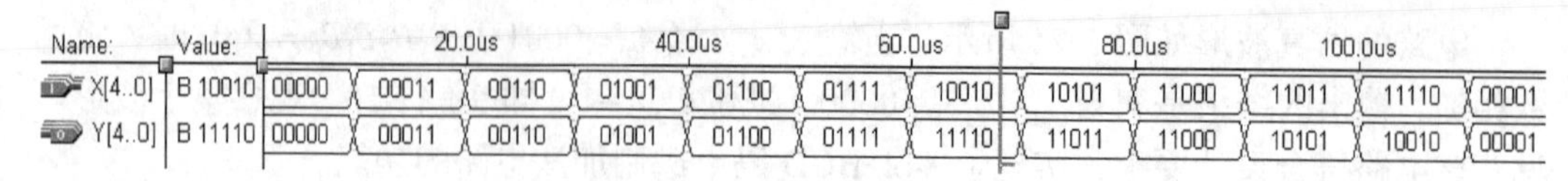

图 5-23　求补码逻辑电路仿真波形

5.3　时序逻辑电路分析和设计

时序逻辑电路的分析和设计不仅包括逻辑函数的确定，还需要考虑电路状态的变化以及这些变化如何受到时钟信号的控制。

设计时序逻辑电路时，需要特别注意状态的管理和时钟信号的作用。同步时序逻辑电路的设计，要确保所有状态变化均在时钟信号的控制下同步发生。异步时序逻辑电路设计时，需注意避免竞争条件和冒险现象。设计电路还要确保在上电或复位后能正确地进入初始状态。

5.3.1　时序逻辑电路的一般设计步骤

设计时序逻辑电路的主要任务就是根据给出的实际逻辑问题，设计出实现这一功能的逻辑电路或源程序。时序逻辑电路的一般设计步骤如下。

步骤 1. 逻辑抽象。

把要求实现的时序逻辑功能表示成时序逻辑函数，可以用状态转换表的形式，也可以用状态转换图的形式。

(1) 分析给定的逻辑问题，确定输入变量、输出变量以及电路的状态数；

(2) 定义输入、输出逻辑状态和每个电路状态的含义，并将电路状态顺序编号；

(3) 按照题目的物理意义列出电路的状态转换表或画出电路的状态转换图。

步骤 2. 状态化简。

若两个电路状态在相同的输入下有相同的输出，并转换到同一个次态，则称这两个状态为等价状态。等价状态是重复的，可以合并为一个。电路的状态数越少，设计出来的电路也越简单。

步骤 3. 状态分配。

状态分配又称状态编码。时序逻辑电路的状态是用触发器(flip-flop，FF)状态的不同组合来表示的。首先，需要确定触发器的数目 n。在时序电路所需状态数 $M<2^n$ 的情况下，从 2^n 个状态中取 M 个状态的组合可以有多种不同的方案，而每个方案中 M 个状态的排列顺序又有许多种。如果编码方案选择得当，设计结果可以很简单。反之，编码方案选得不好，设计出来的电路就会复杂得多。

步骤 4. 选定触发器类型。

因为不同逻辑功能的触发器驱动方式不同，所以用不同类型触发器设计出的电路也不一样。为此，在设计具体的电路前必须选定触发器的类型，并力求减少系统中使用的触发器种类。

根据状态转换图(或状态转换表)和选定的状态编码、触发器的类型，可以写出电路的状态方程、驱动方程和输出方程。

步骤 5. 画出逻辑图。

根据驱动方程、输出方程，可以确定各个触发器之间的连接关系，从而画出电路图。

步骤 6. 检查自启动。

如果电路不能自启动，则需采取措施加以解决。一种解决方法是在电路开始工作时通过预置数将电路的状态置成有效状态循环中的某一种。另一种解决方法是修改逻辑设计。

5.3.2　时序逻辑电路设计实例

【例 5-11】　设计一个带有进位输出端的五进制加法计数器。

解　首先进行逻辑抽象，画出状态转换图与状态转换表。

计数器无输入逻辑信号，只有进位输出信号，属于摩尔型电路。令 CO 为进位信号，CO=1 为有进位输出，CO=0 为无进位输出。五进制加法计数器应有 5 个状态：S_4～S_0。画出状态转换图如图 5-24 所示。

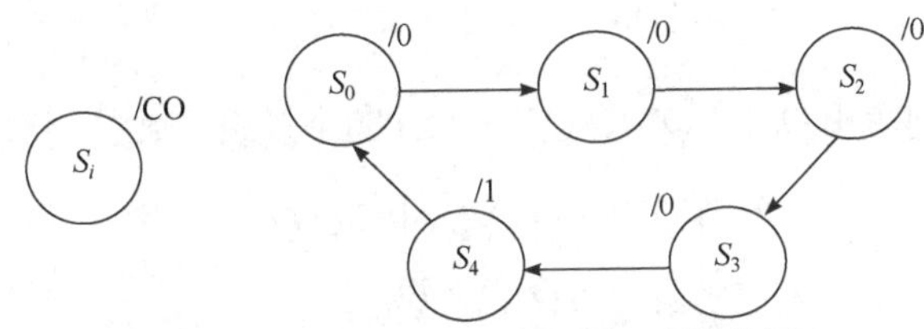

图 5-24　五进制加法计数器状态转换图

五进制加法计数器必须用 5 个不同的状态，不能再化简，故触发器位数 n=3。可以取自然二进制数的 000～100 作为 S_0～S_4 的编码，见表 5-8。

表 5-8　五进制加法计数器状态转换表

状态顺序	状态编码			进位输出 CO	等效十进制数
	Q_2	Q_1	Q_0		
S_0	0	0	0	0	0
S_1	0	0	1	0	1
S_2	0	1	0	0	2
S_3	0	1	1	0	3
S_4	1	0	0	1	4
S_0	0	0	0	0	0

由于电路的次态和进位输出唯一地取决于电路现态的取值，故可根据表 5-8 画出次态 $Q_2^{n+1}Q_1^{n+1}Q_0^{n+1}$ 和进位输出 CO 的卡诺图，如图 5-25 所示。由于计数器正常工作时不会出现 101、110 和 111 三个状态，所以将 $Q_2\overline{Q_1}Q_0$、

Q_2 \ Q_1Q_0	00	01	11	10
0	001/0	010/0	100/0	011/0
1	000/1	×××/×	×××/×	×××/×

图 5-25　五进制加法计数器 $Q_2^{n+1}Q_1^{n+1}Q_0^{n+1}$/CO 的卡诺图

$Q_2Q_1\overline{Q_0}$、$Q_2Q_1Q_0$ 三个最小项作约束项处理，在卡诺图中用“×”表示。

为便于直观写方程，将图 5-25 分解为图 5-26 所示的 4 个卡诺图。

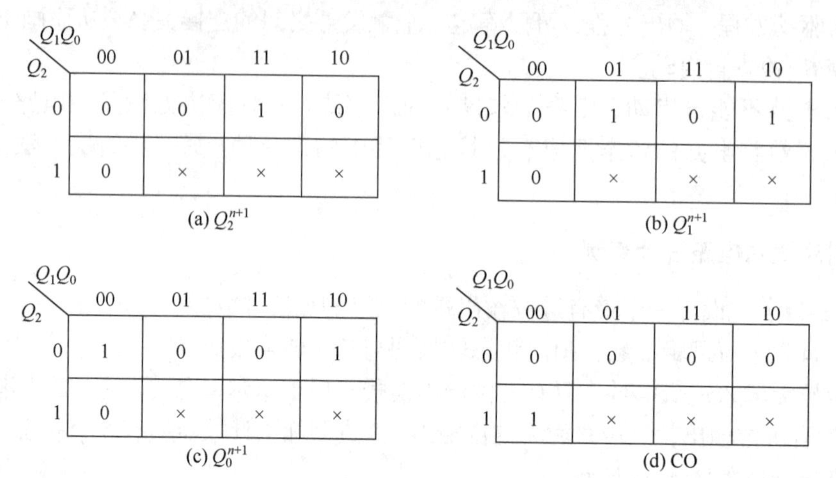

图 5-26　图 5-25 的卡诺图分解

根据图 5-26 分别写出 Q_2^{n+1}、Q_1^{n+1}、Q_0^{n+1}、CO 四个逻辑函数，得到电路的状态方程为

$$\begin{cases} Q_2^{n+1} = Q_1Q_0\overline{Q_2} + Q_1Q_0Q_2 \\ Q_1^{n+1} = Q_0\overline{Q_1} + \overline{Q_0}Q_1 \\ Q_0^{n+1} = \overline{Q_2}\,\overline{Q_0} \end{cases} \tag{5-16}$$

得到电路的输出方程为

$$\mathrm{CO} = Q_2 \tag{5-17}$$

若用 JK 触发器实现这个电路，根据 JK 触发器特性方程 $Q^{n+1} = J\overline{Q} + \overline{K}Q$，写出触发器的驱动方程：

$$\begin{cases} J_2 = Q_1Q_0, \quad K_2 = \overline{Q_1}\,\overline{Q_0} \\ J_1 = Q_0, \quad\quad K_1 = Q_0 \\ J_0 = \overline{Q_2}, \quad\quad K_0 = 1 \end{cases} \tag{5-18}$$

根据式(5-17)和式(5-18)画出计数器的逻辑图如图 5-27 所示。

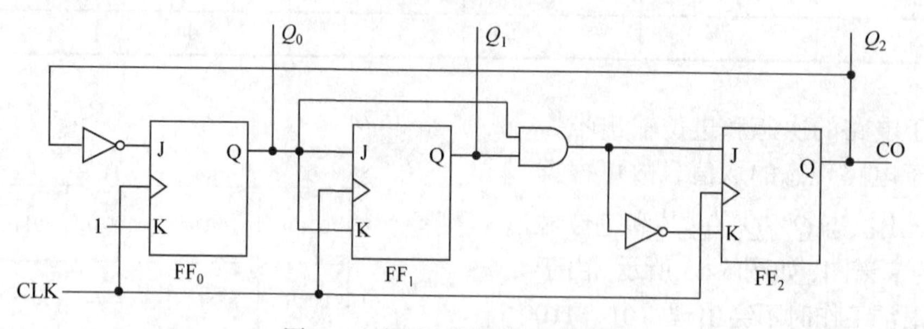

图 5-27　同步五进制加法计数器

仿真波形如图 5-28 所示。

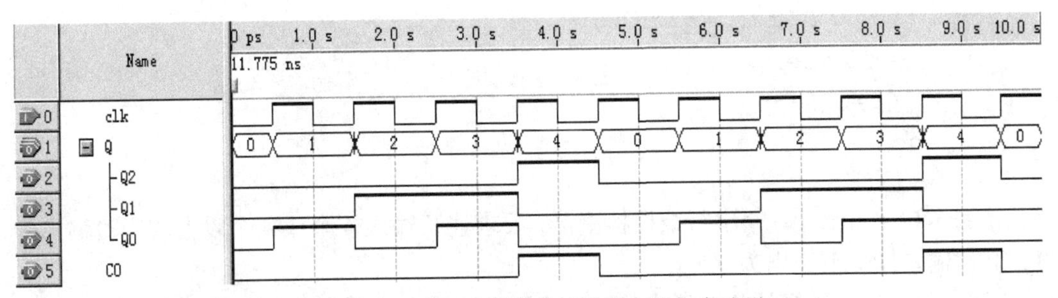

图 5-28　同步五进制加法计数器电路仿真波形

最后验证电路能否自启动，将 3 个无效状态 101、110、111 分别代入式(5-16)，所得次态分别为 010、010、100，故电路能自启动。得出电路的完整的状态转换图，如图 5-29 所示。

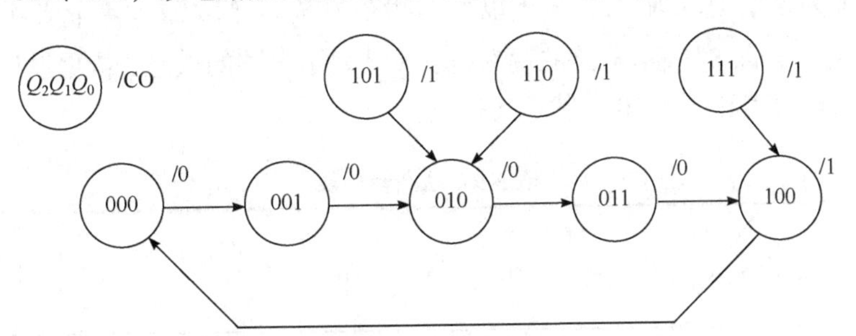

图 5-29　五进制加法计数器状态转换图

完成例 5-11 逻辑设计的 Verilog HDL 源程序如下。

```
module count5 (clk, Q, CO);
input         clk;
output [2:0]  Q;
output        CO;
reg [2:0]     Q;
reg [2:0]     s=0;
reg           CO;
always @ (posedge clk)
    begin
        if(s==4)
            s=0;
        else
            s=s+1'b1;
        case(s)
            3'd0:Q=3'b000;
            3'd1:Q=3'b001;
            3'd2:Q=3'b010;
```

```
            3'd3:Q=3'b011;
            3'd4:Q=3'b100;
        endcase
        CO=Q[2];
    end
endmodule
```

【例 5-12】 设计一个串行数据检测器，要求连续输入 4 个或 4 个以上的 1 时输出为 1，其他输入情况下输出为 0。

解 首先进行逻辑抽象，画出状态转换图。取输入数据为输入变量，用 X 表示；取检测结果为输出变量，以 Y 表示。

设电路在没有输入 1 以前的状态为 S_0，输入一个 1 以后的状态为 S_1，连续输入两个 1 以后的状态为 S_2，连续输入 3 个 1 以后的状态为 S_3，连续输入 4 个或 4 个以上 1 以后的状态为 S_4。若以 S^n 表示电路的现态，以 S^{n+1} 表示电路的次态，依据设计要求可得到表 5-9 的状态转换表和图 5-30 的状态转换图。

表 5-9　状态转换表

X \ S^{n+1}/Y \ S^n	S_0	S_1	S_2	S_3	S_4
0	$S_0/0$	$S_0/0$	$S_0/0$	$S_0/0$	$S_0/0$
1	$S_1/0$	$S_2/0$	$S_3/0$	$S_4/1$	$S_4/1$

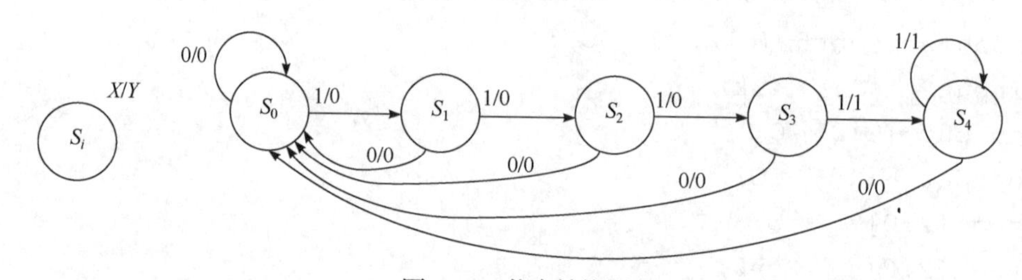

图 5-30　状态转换图

通过观察状态转换表和状态转换图，可以发现 S_3、S_4 两个状态在相同的输入下有着相同的输出，并转换到同样的次态。由此可见，S_3、S_4 是等价状态，可以合并成一个状态。化简后的状态转换图如图 5-31 所示。

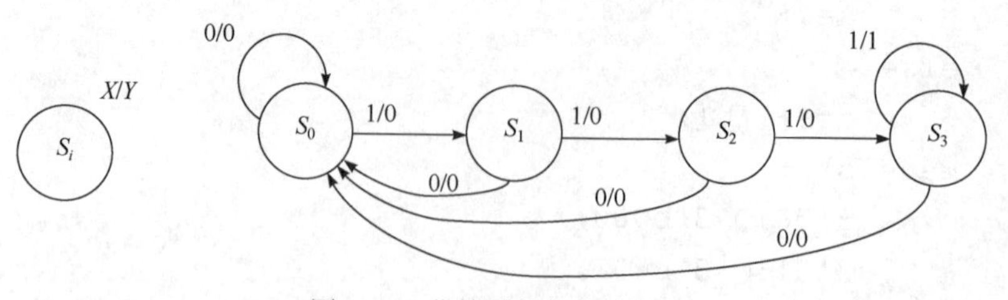

图 5-31　化简后的状态转换图

在电路状态 M=4 的情况下，应取触发器的位数 n=2。

如果取触发器 Q_1Q_0 的 00、01、10、11 四个状态分别代表 S_0、S_1、S_2、S_3，并选定 D 触发器组成这个检测电路，则可从状态转换图画出电路次态/输出的卡诺图，如图 5-32 所示。

将卡诺图分解成分别表示 Q_1^{n+1}、Q_0^{n+1}、Y 的 3 个卡诺图，如图 5-33 所示。

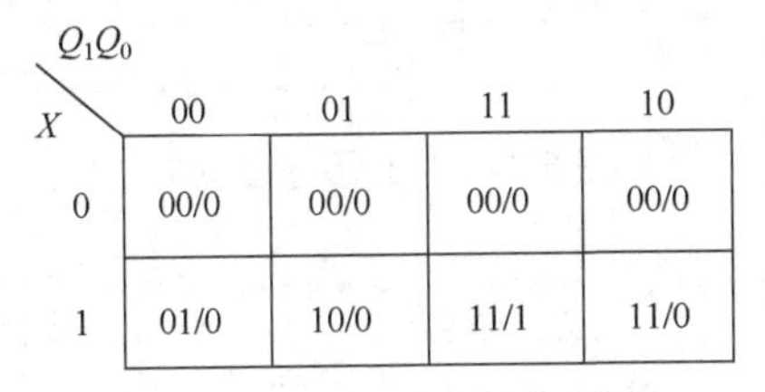

X \ Q_1Q_0	00	01	11	10
0	00/0	00/0	00/0	00/0
1	01/0	10/0	11/1	11/0

图 5-32　次态/输出的卡诺图

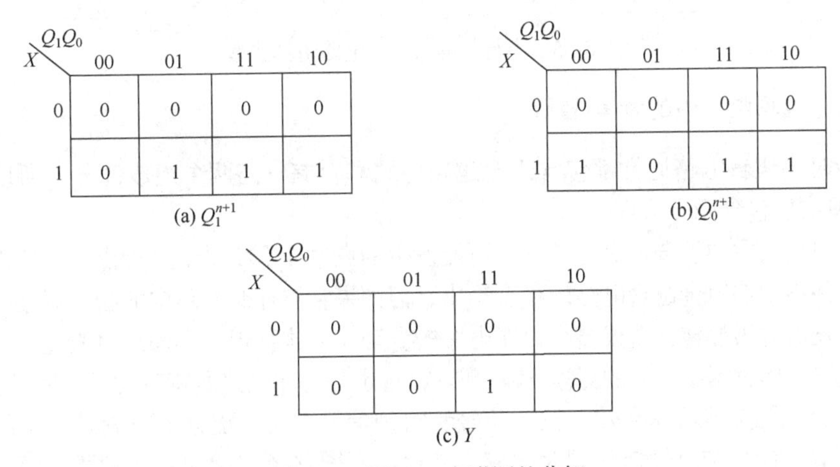

X \ Q_1Q_0	00	01	11	10
0	0	0	0	0
1	0	1	1	1

(a) Q_1^{n+1}

X \ Q_1Q_0	00	01	11	10
0	0	0	0	0
1	1	0	1	1

(b) Q_0^{n+1}

X \ Q_1Q_0	00	01	11	10
0	0	0	0	0
1	0	0	1	0

(c) Y

图 5-33　图 5-32 卡诺图的分解

由图 5-33 化简后得到状态方程为

$$\begin{cases} Q_1^{n+1} = X(Q_1 + Q_0) \\ Q_0^{n+1} = X(Q_1 + \overline{Q_0}) \end{cases} \tag{5-19}$$

由式(5-19)得到驱动方程为

$$\begin{cases} D_1 = X(Q_1 + Q_0) \\ D_0 = X(Q_1 + \overline{Q_0}) \end{cases} \tag{5-20}$$

输出方程为

$$Y = XQ_1Q_0 \tag{5-21}$$

根据式(5-20)、式(5-21)画出电路图如图 5-34 所示，仿真波形图如图 5-35 所示。

由于设计中没有涉及无效状态，因此不用考虑检测电路的自启动问题。通过观察波形图可以确定电路设计符合要求。

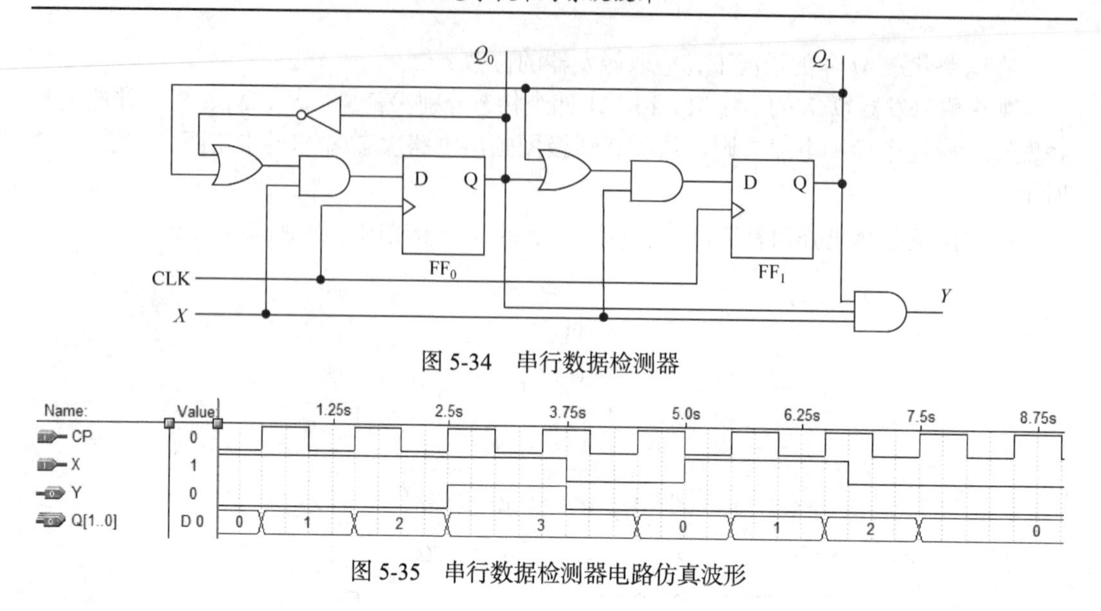

图 5-34　串行数据检测器

图 5-35　串行数据检测器电路仿真波形

5.3.3　时序逻辑电路中的竞争-冒险

因为时序逻辑电路通常都包含组合逻辑电路和存储电路两个组成部分，所以它的竞争-冒险现象也包含两个方面。

一方面是其中的组合逻辑电路部分可能发生的竞争-冒险现象。这种由于竞争而产生的尖峰脉冲并不影响组合逻辑电路的稳态输出，但如果它被存储电路中的触发器接收，就可能引起触发器的误翻转，造成整个时序电路的误动作，这种现象必须绝对避免。另一方面是存储电路工作过程中发生的竞争-冒险现象，这也是时序电路所特有的一个问题。

为了保证触发器可靠翻转，输入信号和时钟信号在时间配合上应满足一定的要求。然而，当输入信号和时钟信号同时改变，而途经不同路径到达同一触发器时便产生了竞争。竞争的结果有可能导致触发器误动作，这种现象称为存储电路的竞争-冒险现象。

产生冒险的根本原因是门电路的延迟和信号间的竞争。判断竞争冒险可以通过逻辑推演、计算机辅助分析或实验检验等方法。消除竞争冒险可以采取接入滤波电容、引入选通脉冲以及修改逻辑设计等措施。

5.4　常用时序逻辑电路

在各种数字系统中，常用的时序电路有寄存器、计数器、顺序脉冲发生器、序列信号发生器。本节介绍几种常用时序电路的逻辑功能、使用方法及其应用。

5.4.1　寄存器

寄存器用于寄存一组二值代码，被广泛地用于各类数字系统和数字计算机中。一个触发器能储存一位二值代码，用 N 个触发器组成的寄存器能储存一组 N 位的二值代码。

对寄存器中的触发器只要求它们具有置 1、置 0 的功能即可，因而无论是用同步结构触发器，还是用主从结构或边沿触发结构的触发器，都可以组成寄存器。常见的寄存器有 7475、74175。7475 是同步 SR 触发器组成的 4 位寄存器，74175 则是用维持阻塞 D 触发器组成的 4 位寄存器。

5.4.2　移位寄存器

移位寄存器除了具有存储代码的功能以外，还具有移位功能。寄存器里存储的代码能在移位脉冲的作用下依次左移或右移。因此，移位寄存器不但可以用来寄存代码，还可以用来实现数据的串行-并行转换、数值的运算以及数据处理等。

移位寄存器按移位功能来分，可分为单向移位寄存器和双向移位寄存器；按输入与输出信息的方式来分有并行输入并行输出、并行输入串行输出、串行输入并行输出、串行输入串行输出及多功能等方式。

74194 为 4 位双向移位寄存器，其图形符号和功能表如图 5-36 所示。该移位寄存器具有左移、右移、并行输入数据、保持及清零等功能。

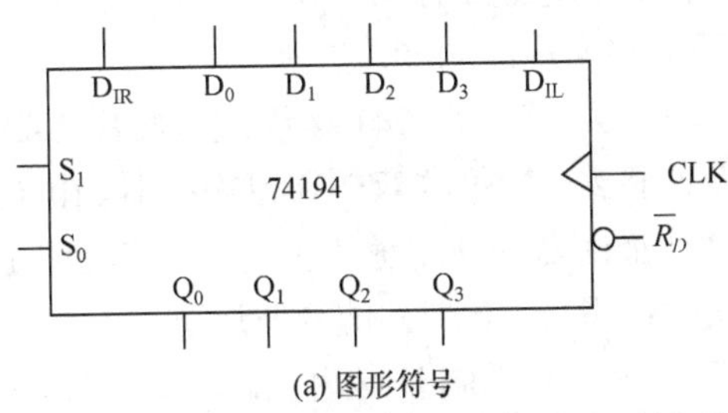

(a) 图形符号

CLK	$\overline{R}_D$	S_1	S_0	工作状态
×	0	×	×	置零
↑	1	0	0	保持
↑	1	0	1	右移
↑	1	1	0	左移
↑	1	1	1	并行输入

(b) 功能表

图 5-36　双向移位寄存器 74194

【例 5-13】　将 2 片 74194 级联成 8 位双向移位寄存器。

例5-13 移位寄存器的级联扩展

解　将 2 片 74194 的工作模式控制端 S_1、S_0，时钟输入 CLK 分别接在一起，做到同步置数、左移、右移。将第 1 片的 D_{IR} 作为整体的右移串行输入，第 1 片的 Q_3 接第 2 片的 D_{IR}，第 2 片的 Q_3 作为整体的右移串行输出；将第 2 片的 D_{IL} 作为整体的左移串行输入，第 2 片的 Q_0 接第 1 片的 D_{IL}，第 2 片的 Q_0 作为整体的左移串行输出。具体接法如图 5-37 所示。

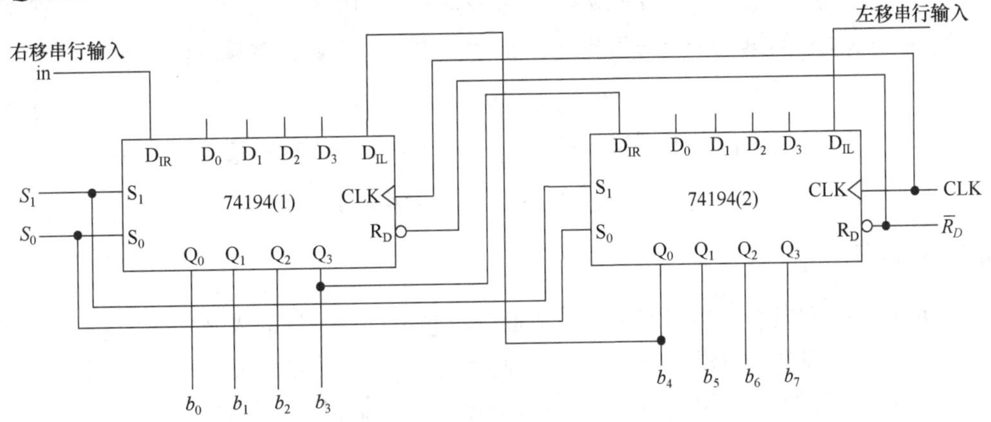

图 5-37　两片 74194 级联成 8 位双向移位寄存器

同时，两片 74194 可以形成一个 8 位串并转换电路。利用 74194 的右移功能，令 S_1S_0=01。第 1 片的 D_{IR} 作为串行数据的输入 in，第 1 片 74194 的输出作为低四位，第 2

片 74194 的输出作为高四位。其仿真波形如图 5-38 所示。

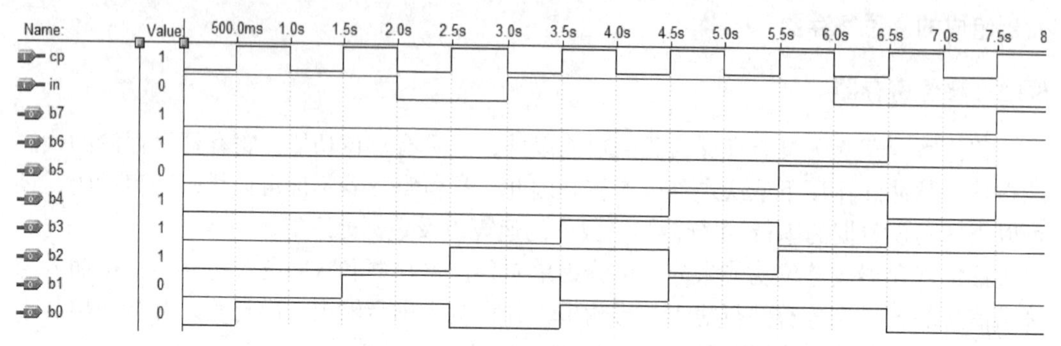

图 5-38　8 位串并转换电路仿真波形

通过观察波形图可知输入 8 位串行数据为 11011100，在 8 个时钟周期之后并行数据输出端 $b_7 \sim b_0$=11011100，由此可见，达到了串并转换的目的。

【例 5-14】　分析图 5-39 所示电路，归纳电路实现的功能。

解　该电路由 2 片 4 位加法器 74283 和 4 片移位寄存器 74194 组成。两片 74283 接成了一个 8 位并行加法器。4 片 74194 分别接成了 2 个 8 位的双向移位寄存器。由于 2 个 8 位双向移位寄存器的输出分别加到了 8 位并行加法器的 2 组输入上，所以该电路是将 2 个 8 位双向移位寄存器里的内容相加的运算电路。图 5-40 是其仿真波形图。

由图 5-40 可知，当 1s 时，CP_1、CP_2 的第一个上升沿同时到达，此时 $S_1 = S_0 = 1$，所以移位寄存器处在数据并行输入工作状态，$M(m_3, m_2, m_1, m_0)$、$N(n_3, n_2, n_1, n_0)$ 的数值被分别存入 2 个 8 位双向移位寄存器中并相加，即

$$G = M + N = 2 + 3 = 5 \tag{5-22}$$

当 3s 时，CP_1、CP_2 的第二个上升沿同时到达，$S_1 = 0$、$S_0 = 1$，M、N 同时右移一位(图中为从下向上移)，相当于两数各乘以 2 再相加，即

$$G = M \times 2 + N \times 2 = 4 + 6 = 10 \tag{5-23}$$

当 5s 时，CP_1 的第三个上升沿到达，$S_1 = 0$、$S_0 = 1$，仅 M 右移一位，即

$$G = M \times 2 \times 2 + N \times 2 = 8 + 6 = 14 \tag{5-24}$$

当 7s 时，CP_1 的第四个上升沿到达，$S_1 = 0$、$S_0 = 1$，仅 M 右移一位，即

$$G = M \times 2 \times 2 \times 2 + N \times 2 = 16 + 6 = 22 \tag{5-25}$$

5.4.3　计数器

计数器是数字系统中必不可少的组成部分。它不仅用来计输入脉冲的个数，还经常用于分频、程序控制、逻辑控制。计数器种类繁多，其分类方式大致有以下三种。

(1) 按计数器的进制不同，通常分为二进制、十进制和 N 进制计数器。

(2) 按计数脉冲输入方式不同，通常分为同步计数器和异步计数器。

同步计数器是指内部的各个触发器在同一时钟脉冲作用下同时翻转，并产生进位信号。计数速度快、工作频率高，译码时不会产生尖峰信号。而异步计数器中的计数脉冲是

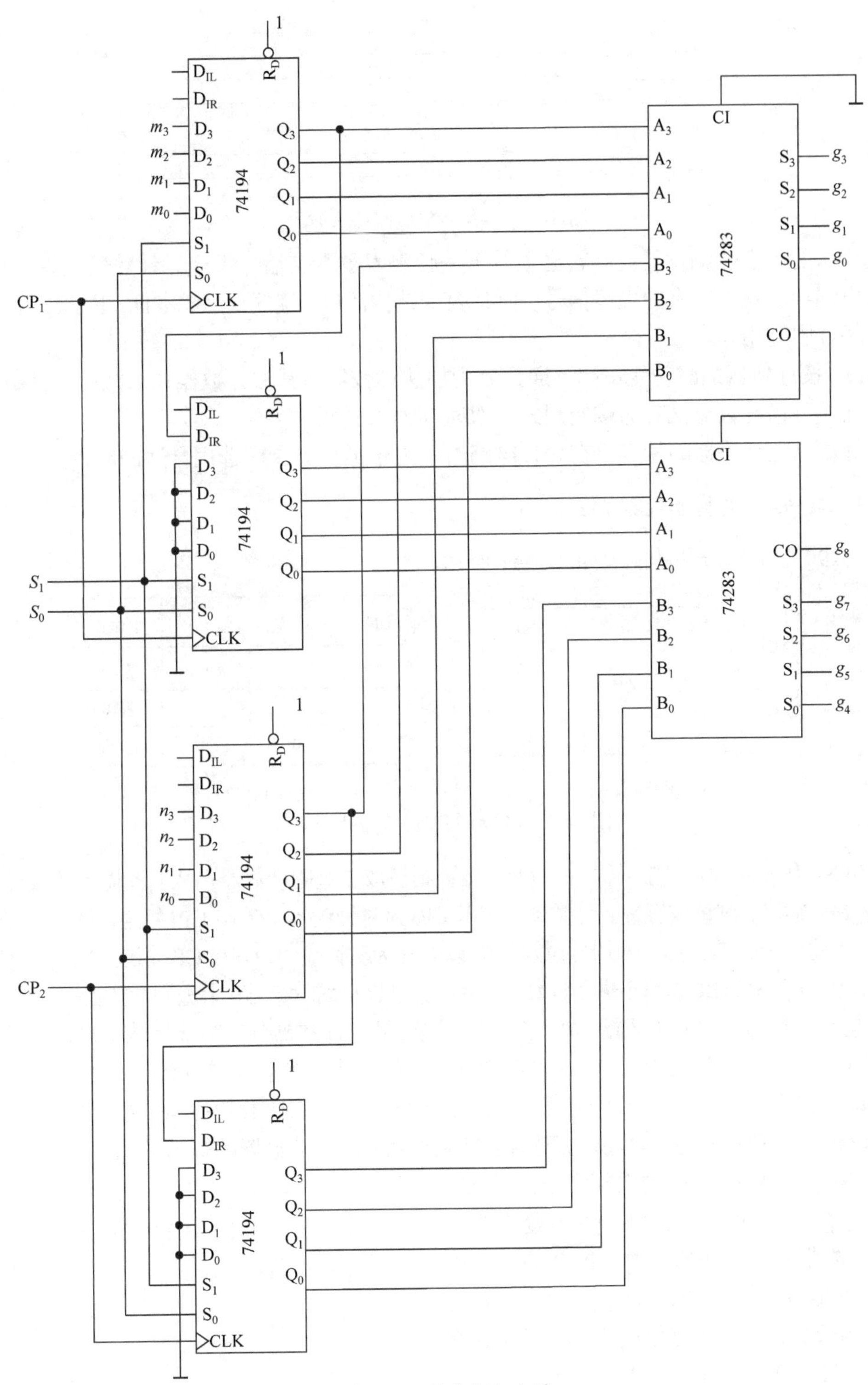
1
D_{IL}
D_{IR}
m_3 D_3
m_2 D_2
m_1 D_1
m_0 D_0
S_1
S_0
CP_1 CLK
74194
R_D
Q_3
Q_2
Q_1
Q_0
S_1
S_0
CP_2
n_3 n_2 n_1 n_0
74283
CI
CO
A_3 A_2 A_1 A_0
B_3 B_2 B_1 B_0
S_3 S_2 S_1 S_0
g_0 g_1 g_2 g_3 g_4 g_5 g_6 g_7 g_8

图 5-39　移位相加电路

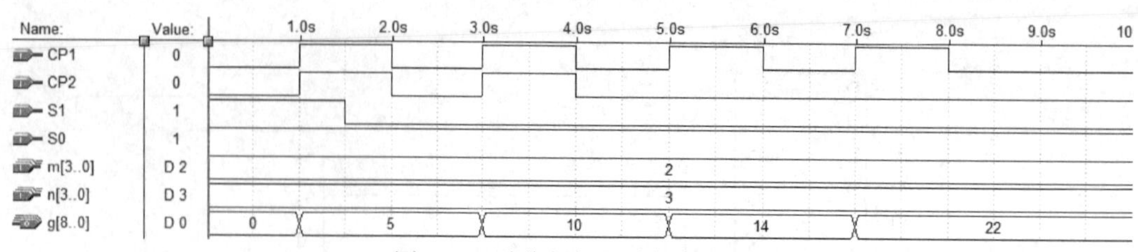

图 5-40　移位相加电路仿真波形

逐级传送的，高位触发器的翻转必须等低一位触发器翻转后才发生。计数速度慢，译码时输出端会出现不应有的尖峰信号，但其内部结构简单、连线少、成本低。因此，在一般低速场合中应用。

(3) 按计数器加减功能不同，通常分为加法计数器、减法计数器和加减可逆计数器。其中加减可逆计数器又有加减控制式、双时钟输入式两种。

针对以上计数器的特点，在设计电路时，可根据任务要求选用合适的器件。

1. 二-五-十进制计数器 74290

74290 图形符号和功能表如图 5-41 所示。

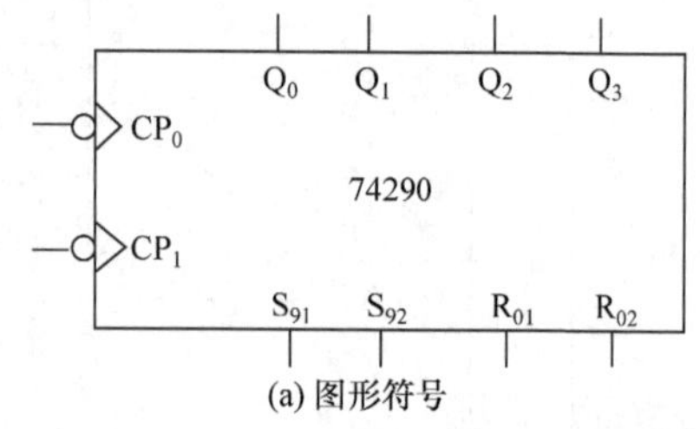

(a) 图形符号

CP	$R_{01} \cdot R_{02}$	$S_{91} \cdot S_{92}$	工作状态
×	1	0	置0000
×	×	1	置1001
↓	0	0	计数

(b) 功能表

图 5-41　74290 的图形符号和功能表

74290 从 CP_0 输入计数时钟、从 Q_0 输出，则组成二进制计数器；从 CP_1 输入计数时钟、从 $Q_3Q_2Q_1$ 输出，则组成五进制计数器。若以 CP_0 为时钟输入，Q_0 与 CP_1 相连，从 $Q_3Q_2Q_1Q_0$ 输出，则构成 8421BCD 码十进制计数器；若以 CP_1 为时钟输入，Q_3 与 CP_0 相连，从 $Q_3Q_2Q_1Q_0$ 输出，则构成 5421BCD 码十进制计数器。因此，74290 称为二-五-十进制计数器。

电路还有两个置 0 输入端、两个置 9 输入端，可将计数器分别异步置成 0000 和 1001。

【例 5-15】　用 74290 设计一个五进制计数器，计数状态分别为 0、1、2、3、9。

解　根据设计要求，3 的下一状态为 9，因此可以应用计数器的异步置 9 功能。首先将 74290 接成可以输出 8421BCD 码的十进制计数器，当计数器的输出 $Q_3Q_2Q_1Q_0$ 为 0100 时，产生异步置 9(1001)的控制信号，由于此时只有 Q_2 为高电平，因此将 Q_2 与置 9 端相连，计数器置 9 后正常计数，即 9 的下一状态为 0(0000)。由于置 9 是异步操作，因此 0100 为暂态，不计入有效循环中，则计数器的计数状态分别为 0，1，2，3，9。

具体实现电路图与仿真波形分别如图 5-42、图 5-43 所示。

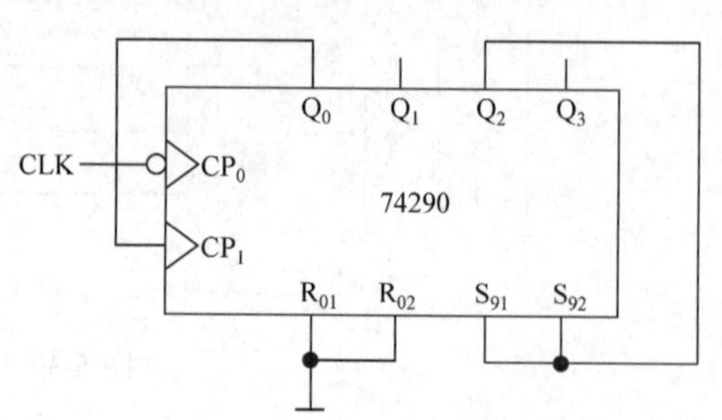

图 5-42　五进制计数器电路图

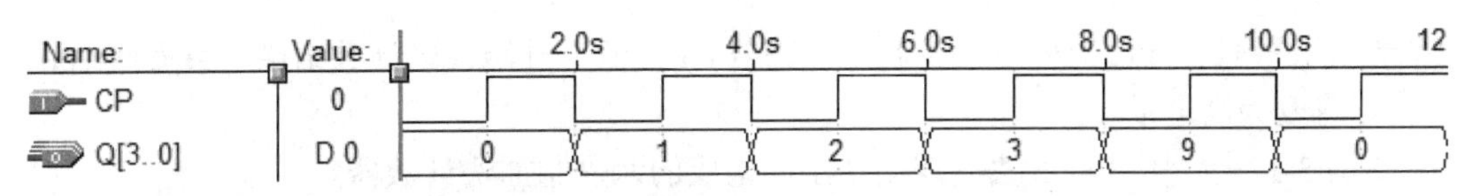

图 5-43　五进制计数器电路仿真波形

【例 5-16】　通过分析图 5-44，归纳电路实现的逻辑功能。

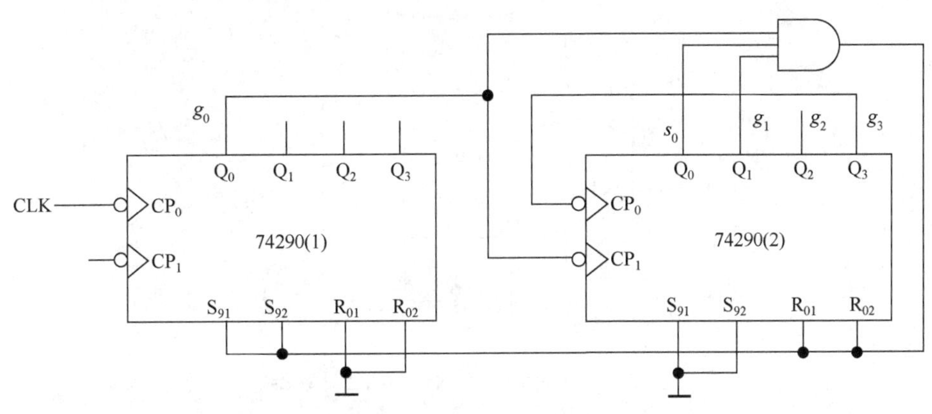

图 5-44　例 5-16 电路图

解　通过观察该电路图，CLK 从第 1 片 74290 的 CP_0 输入，从 Q_0 端输出，并接到第 2 片 74290 的 CP_1 输入端，因此两片计数器构成 8421 码十进制计数器。第 2 片计数器 Q_3 与 CP_0 相连，第 2 片 Q_0 输出构成了二进制计数器。当计数值为 13 时，第 1 片 74290 异步置 9，第 2 片 74290 异步清零，因此构成了一～十二进制计数器。仿真结果如图 5-45 所示。

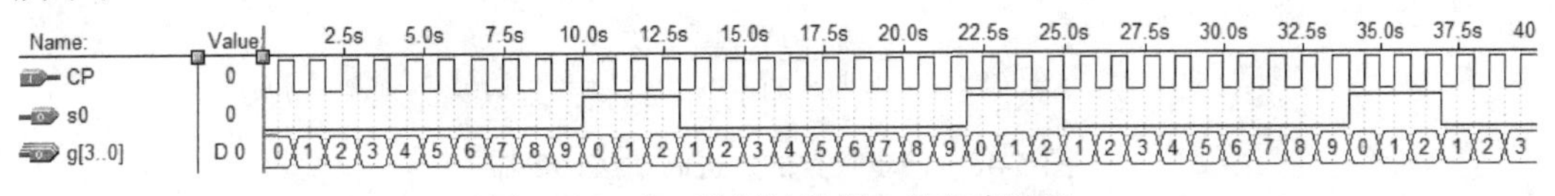

图 5-45　十二进制计数器电路仿真波形

2. 同步计数器 74160

74160 为同步十进制加法计数器，其图形符号和功能表如图 5-46 所示。

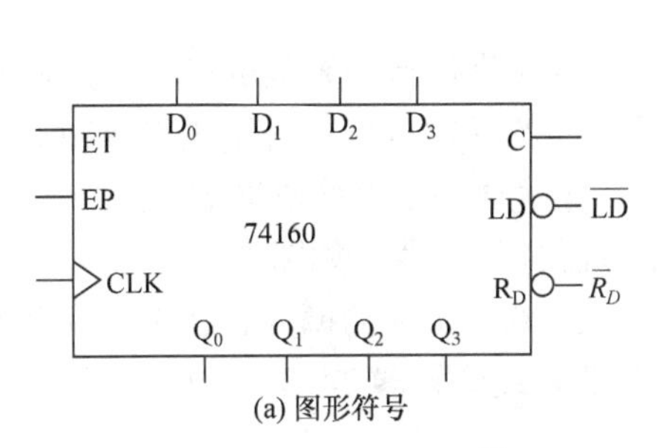

(a) 图形符号

CLK	$\overline{R}_D$	$\overline{\mathrm{LD}}$	EP	ET	工作状态
×	0	×	×	×	置零
↑	1	0	×	×	预置数
×	1	1	0	1	保持
×	1	1	×	0	保持(但C=0)
↑	1	1	1	1	计数

(b) 功能表

图 5-46　74160 的图形符号和功能表

当 $\overline{R}_D$ 为低电平时，计数器异步清零，当 $\overline{\mathrm{LD}}$ 为低电平时，计数器同步置数。当 ET 、

EP 为低电平时，计数器处于保持状态。随着 CLK 的上升沿，当计数结果为最大值 1001 时，C 将变为高电平。

【例 5-17】 用 2 种方法实现用 74160 构成的六进制加法计数器。

解 可以在输出结果 $Q_3Q_2Q_1Q_0$ 为 0110 时异步清零，也可在输出结果 $Q_3Q_2Q_1Q_0$ 为 0101 时同步置数。具体实现电路如图 5-47、图 5-48 所示。

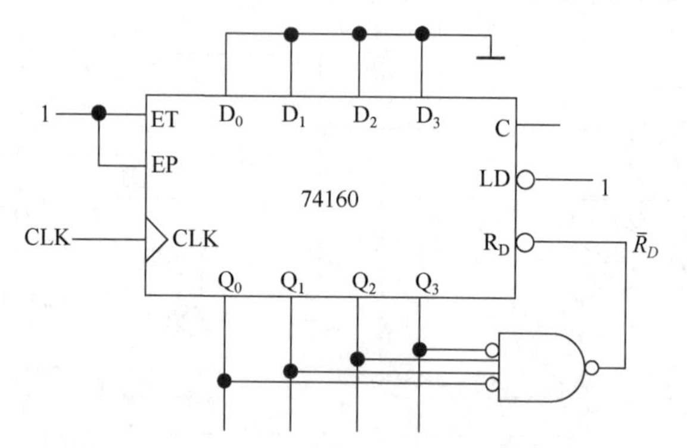

图 5-47　异步清零的六进制加法计数器

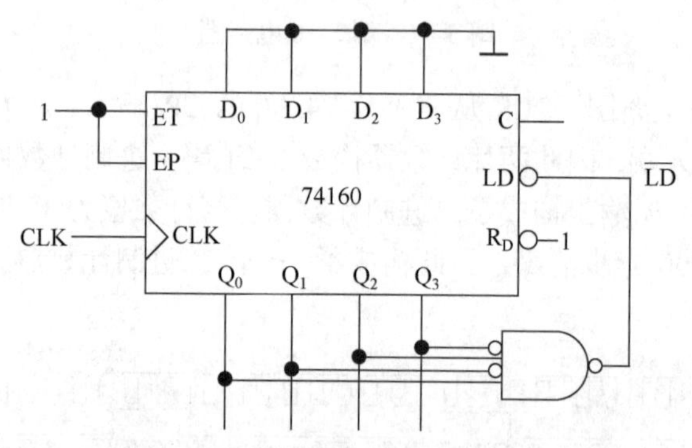

图 5-48　同步置数的六进制加法计数器

5.5　逻辑电路综合设计

5.5.1　顺序脉冲发生器

在一些数字系统中，有时需要系统按照事先规定的顺序进行一系列的操作。这就要求系统的控制部分能给出一组在时间上有一定先后顺序的脉冲信号，再用这组脉冲形成所需要的各种控制信号。顺序脉冲发生器就是用来产生这样一组顺序脉冲的电路。

在设计过程中可以用计数器和译码器组合成顺序脉冲发生器，如图 5-49 所示。

十六进制计数器 74161 的低 3 位 $Q_2Q_1Q_0$ 始终处于 000～111 的循环过程中，可以把其看作八进制加法计数器。用 74161 低 3 位控制 3 线-8 线译码器 74138，这样便可在译码器的输出得到顺序脉冲。

仿真波形图如图 5-50 所示。

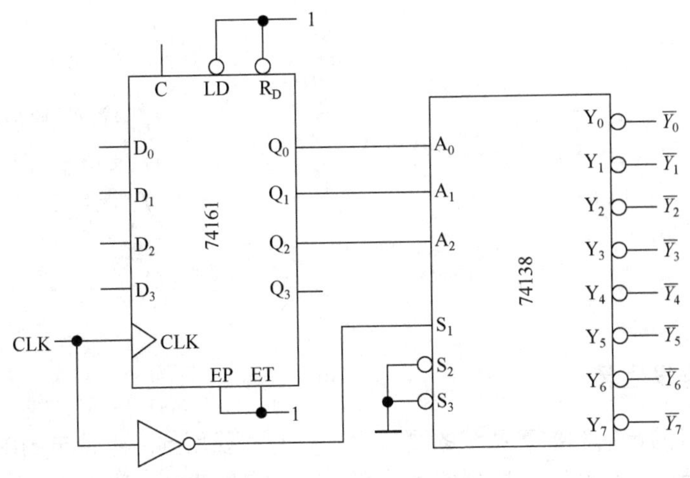

图 5-49　顺序脉冲发生器

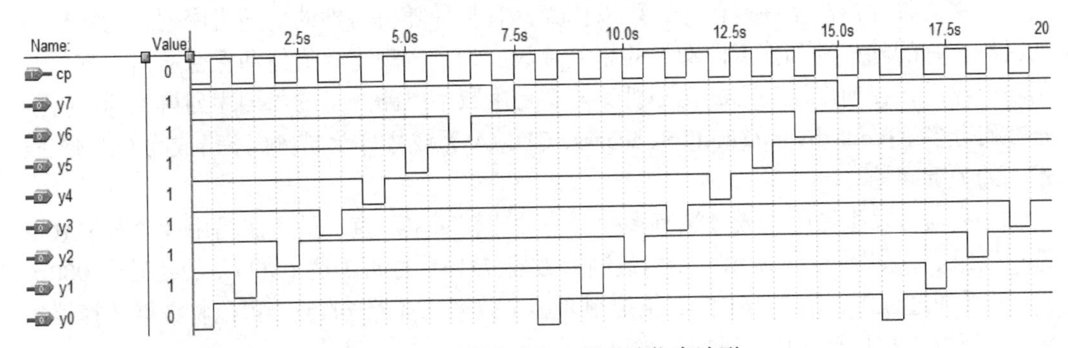

图 5-50　顺序脉冲发生器电路仿真波形

用 Verilog HDL 描述顺序脉冲发生器：

```
module pulsegen (Q,clr,clk);
input      clr;                              // 异步预置数
input      clk;                              // 时钟输入
output[7:0]   Q;                             // 顺序脉冲输出
reg[7:0]      temp;
reg           x;

assign     Q=temp;
always @(posedge clk,posedge clr)
   begin
     if(clr==1)
     begin
       temp<=8'b00000001;                    //寄存器预置
       x=0 ;
     end
```

```
            else
            begin
               x<=temp[7];                              //序列最高位输出
               temp<=temp<<1;                           //temp 左移一位
               temp[0]<=x;                              //循环输出
            end
         end
      endmodule
```

5.5.2　序列信号发生器

在数字信号的传输和数字系统的测试中，有时需要用到一组特定的串行数字信号。通常把这种串行数字信号称为序列信号。产生序列信号的电路称为序列信号发生器。

由移位寄存器产生序列信号，可以作为具有某种随机特性的伪随机序列。伪随机序列具有良好的随机性和接近白噪声的相关函数。为了实现有效通信和保密通信，都要利用随机噪声，目前广泛应用的伪随机噪声都是由数字电路产生的周期序列得到的。特别是在码分多址(code division multiple access，CDMA)系统中作为扩频码，已成为 CDMA 技术中的关键问题。

序列信号发生器的构成方法有多种。一种比较简单、直观的方法是用计数器和数据选择器组成，如图 5-51 所示。十六进制计数器 74161 的低 3 位 $Q_2Q_1Q_0$ 始终处于 000～111 的循环过程中，用 74161 低 3 位控制 8 选 1 数据选择器 74151，可以将数据选择器的 8 位并行输入数据转换成串行数据输出。

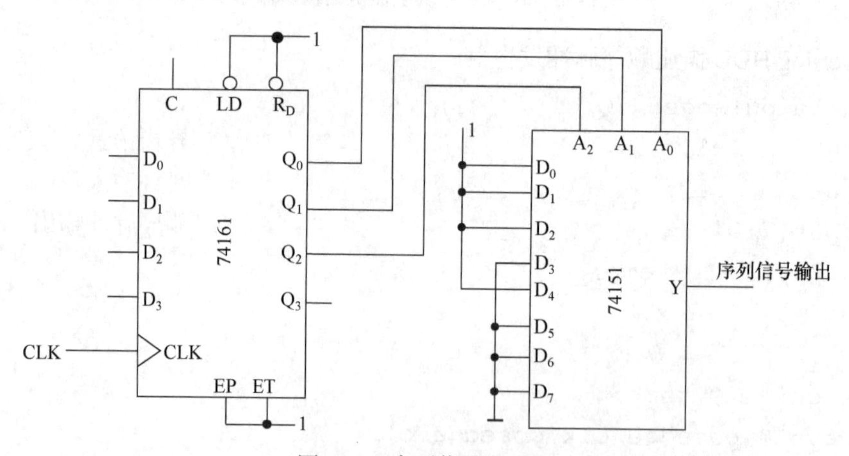

图 5-51　序列信号发生器

状态转换图如图 5-52 所示。由此可见，序列信号发生器可实现并串转换功能。发生的序列为…1110100011101000…。

序列信号的 Verilog HDL 实现：

```
module xlgen (Q,clk,res);
   input      clk;    //时钟输入
```

```
    input      res;                            //异步预置数
    output     Q;                              //序列信号输出
    reg        Q;
    reg[7:0]   Q_r;
always @(posedge clk,posedge res)
    begin
      if(res==1)
           begin
             Q<=1'b0;
             Q_r<=8'b11101000;                 //寄存预定的序列
           end
      else
           begin
             Q<=Q_r[7];                        //序列最高位输出
             Q_r<=Q_r<<1;                      //Q_r 左移一位
             Q_r[0]<=Q;                        //将序列的最高位赋给最低位
           end
    end
endmodule
```

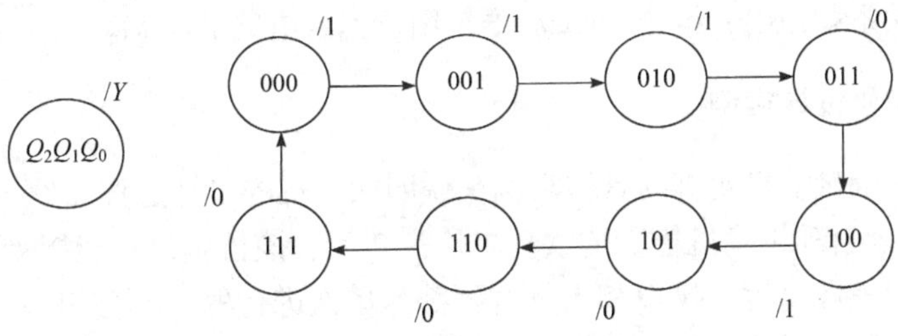

图 5-52　序列信号发生器状态转换图

5.6　状　态　机

5.6.1　有限状态机定义

有限状态机(finite-state machine，FSM)，简称状态机。状态机是一种抽象的数学模型，用于描述系统或对象在不同状态之间的转换和行为。它由一组状态、事件和动作组成，通过定义状态转换规则，实现对系统行为的建模与控制。

时序电路在外部时钟及输入信号作用下在有限个状态之间进行转换，所以时序电路又称为有限状态机。状态机不仅是一种电路的描述工具，也是一种思想方法，在电路设计的系统级和寄存器传输级(register transfer level，RTL)有着广泛的应用。

Verilog HDL 中的状态机主要用于同步时序逻辑的设计，能够在有限个状态之间按一定要求和规律切换时序电路的状态。状态的切换方向不但取决于各个输入值，还取决于当前所在状态。

5.6.2 有限状态机设计方法

有限状态机设计的基本步骤如下。

步骤 1. 定义状态。

确定工作状态是状态机设计的关键。根据设计要求，确定状态机内部的状态数，并定义每个状态的具体含义。

步骤 2. 建立状态转换图。

根据状态的含义和输入信号，画出状态转换图。通常从系统的初始状态、复位状态或者空闲状态开始，标出每个状态的转换方向、转换条件以及相应的输出信号。

步骤 3. 确定状态机进程。

状态机可划分为时序逻辑和组合逻辑两部分。时序逻辑部分用来描述电路状态的转换关系，组合逻辑部分用于确定次态及输出。

Verilog 中用过程语句描述有限状态机。由于次态是现态及输入信号的函数，因此，需要将现态和输入信号作为过程的敏感信号或触发信号，应用 always 过程语句结合 case、if 等高级语言语句及赋值语句实现。

有限状态机常采用三段式描述方式，即采用 3 个 always 语句，两个时序 always 语句分别描述转换关系和输出，组合 always 语句用于确定电路的次态。

5.6.3 有限状态机设计实例

通过设计一个自动售卖机的具体实例来说明状态机的设计过程。

【例 5-18】 自动售卖机售卖的饮料单价为 2 元，该售卖机只能接受 0.5 元、1 元的硬币。要考虑找零和出货，投币和出货过程都是单次进行的，不会出现一次性投入多币或一次性出货多瓶饮料的现象。售卖机接受投币、出货、找零完成后，才能进入新的售卖状态。

自动售卖机的工作状态转移图如图 5-53 所示，包含输入、输出信号状态。其中，coin =1 代表投入了 0.5 元硬币，coin = 2 代表投入了 1 元硬币。

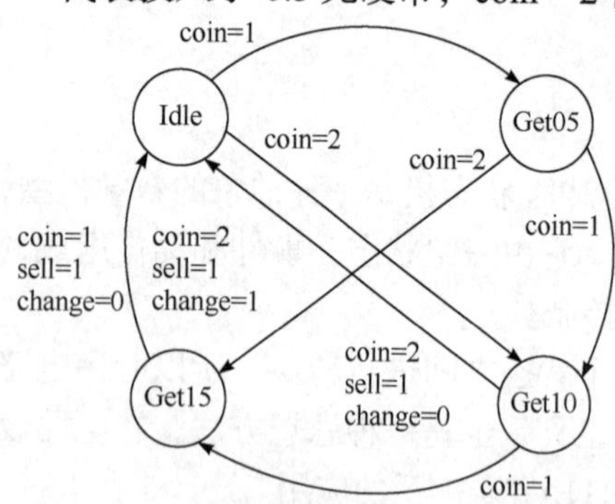

图 5-53 自动售卖机工作状态转移图

自动售卖机根据状态的个数确定状态机编码。利用编码给状态寄存器赋值，代码可读性更好。

(1) 状态机第一段，时序逻辑，非阻塞赋值，传递寄存器的状态；

(2) 状态机第二段，组合逻辑，阻塞赋值，根据当前状态和当前输入，确定下一个状态机的状态；

(3) 状态机第三段，时序逻辑，非阻塞赋值，根据当前状态和当前输入，确定输出信号。

自动售卖机的 Verilog HDL 实现：

```
module  vending_machine  (
    input            clk,
    input            rstn,
    input [1:0]      coin,     // 01 表示投入 0.5 元,10 表示投入 1 元
    output [1:0]     change,   // 找零
    output           sell      // 售出饮料
    );
//状态机编码
    parameter      Idle=2'b00;
    parameter      Get05=2'b01;    // 累计投币 0.5 元
    parameter      Get10=2'b10;    // 累计投币 1 元
    parameter      Get15=2'b11;    // 累计投币 1.5 元
//定义两个状态变量
    reg[1:0]       st_next;
    reg[1:0]       st_cur;
/*********第一段***传递寄存器状态***********/
   always @(posedge clk or negedge rstn)
    begin
        if(!rstn) begin
                st_cur<='b0;
        end
        else begin
                st_cur<=st_next;
        end
    end

/*********第二段***完成投币的各种状态切换***********/
    always @(*) begin
        case(st_cur)
            Idle:
                case(coin)
                    2'b01:       st_next=Get05 ;
                    2'b10:       st_next=Get10 ;
                    default:     st_next=Idle ;
                endcase
            Get05:
```

```
            case(coin)
                2'b01:        st_next=Get10;
                2'b10:        st_next=Get15;
                default:      st_next=Get05;
            endcase
        Get10:
            case(coin)
                2'b01:    st_next=Get15;
                2'b10:    st_next=Idle;
                default:  st_next=Get10;
            endcase
        Get15:
            case(coin)
                2'b01,2'b10:
                          st_next=Idle;
                default:  st_next=Get15;
            endcase
        default:   st_next=Idle;
    endcase
  end

/*********第三段***输出模块*********************/
  reg [1:0]     change_r;
  reg           sell_r;
  always @(posedge clk or negedge rstn) begin
     if(!rstn) begin
        change_r<=2'b0;
        sell_r<=1'b0;
     end
     else if((st_cur==Get15 && coin==2'b01)
              || (st_cur==Get10 && coin==2'b10))
        begin          // 已累计投币 2 元，出货，不找零
           change_r<=2'b0;
           sell_r<=1'b1;
        end
     else if(st_cur==Get15 && coin==2'b10)
        begin          // 已累计投币 2.5 元，出货，并找零
           change_r <= 2'b1;
```

```
                sell_r<=1'b1;
            end
        else
            begin           // 已累计投入其他数额时，不找零，不出货
                change_r<=2'b0;
                sell_r<=1'b0;
            end
    end
    assign      sell=sell_r;        // 输出
    assign      change=change_r;

endmodule
```

状态机模型是一种强大而实用的设计模式，在软件开发中有广泛的应用。本节简单介绍了状态机模型的概念、原理和使用方法。通过学习和理解状态机模型，开发人员可以更好地设计和实现复杂系统，提高代码的可读性和可维护性。

习　　题

5-1　用或非门设计四变量的多数表决电路。当输入变量 A、B、C、D 有 3 个或 3 个以上为 1 时，输出为 1，输入为其他状态时，输出为 0。

5-2　某医院有一号、二号、三号、四号病室 4 间，每室设有呼叫按钮，同时在护士值班室内对应装有一号、二号、三号、四号 4 个指示灯。

现要求当一号病室的按钮按下时，无论其他病室的按钮是否按下，只有一号灯亮。当一号病室的按钮没有按下而二号病室的按钮按下时，无论三号、四号病室的按钮是否按下，只有二号灯亮。当一号、二号病室的按钮没有按下而三号病室的按钮按下时，无论四号病室的按钮是否按下，只有三号灯亮。只有在一号、二号、三号病室的按钮均未按下而四号病室的按钮按下时，四号灯才亮。试用优先编码器 74LS148 和门电路设计满足以上控制要求的逻辑电路，给出控制四个指示灯状态的高、低电平信号。

5-3　试画出用 3 线-8 线译码器 74LS138 和门电路产生如下多输出逻辑函数的逻辑图。

$$\begin{cases} Y_1 = \overline{A}\,\overline{B}\,\overline{C}D + \overline{A}\,\overline{B}C\overline{D} + A\overline{B}\,\overline{C}\,\overline{D} + \overline{A}B\overline{C}\,\overline{D} \\ Y_2 = \overline{A}BCD + A\overline{B}CD + AB\overline{C}D + ABC\overline{D} \\ Y_3 = \overline{A}B \end{cases}$$

5-4　试用 4 选 1 数据选择器产生逻辑函数：

$$Y = A\overline{B}\,\overline{C} + \overline{A}\,\overline{C} + BC$$

5-5　用 8 选 1 数据选择器 74151 产生逻辑函数：

$$Y = A\overline{C}D + \overline{A}\,\overline{B}CD + BC + B\overline{C}D$$

5-6　试利用两片 4 位二进制并行加法器 74283 和必要的门电路组成 1 个二-十进制加法器电路(提示: 根据 BCD 码中 8421 码的加法运算原则，当两数之和小于等于 9(1001)时，相加的结果和按二进制数相加所得到的结果一样。当两数之和大于 9(即等于 1010～1111)时，应在按二进制数相加所得到的结果上加 6(0110)，这样就可以给出进位信号，同时得到一个小于 9 的和)。

5-7　用 74138 接成的电路如图题 5-7 所示，列出电路的真值表，写出输入输出的表达式，并分析电路的逻辑功能。

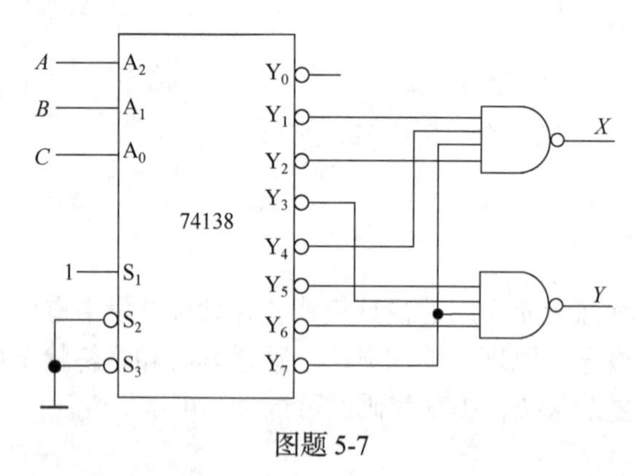

图题 5-7

5-8　试设计一个组合逻辑电路，其功能是将 8421BCD 码转换成 5421BCD 码。

5-9　用两片 4 位加法器 74283 和适量门电路设计三个 4 位二进制数相加电路，实现

$$S(s_5s_4s_3s_2s_1s_0)=A(a_3a_2a_1a_0)+B(b_3b_2b_1b_0)+C(c_3c_2c_1c_0)$$

5-10　由两片 4 位加法器 74283 接成的电路如图题 5-10 所示，输入两个数 $X_3X_2X_1X_0$、$Y_3Y_2Y_1Y_0$是 8421BCD 码，讨论电路实现的逻辑功能。

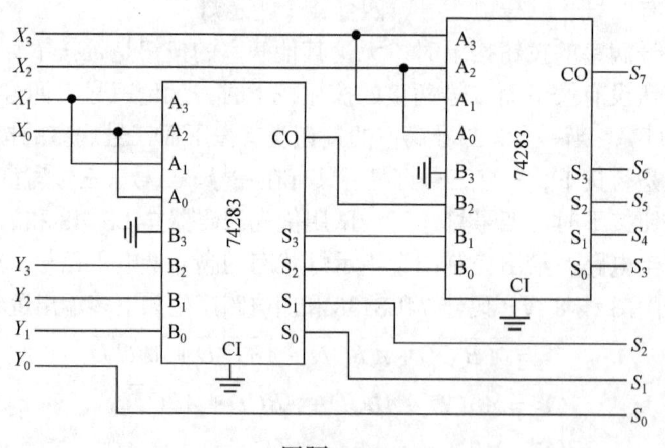

图题 5-10

5-11　JK-FF 组成图题 5-11 所示的电路。分析该电路为几进制计数器？画出电路的状态转换图。

5-12　试用 JK-FF 设计一个同步八进制循环码计数器，其状态 S_0、S_1、…、S_7 的编码分别为 000、001、011、010、110、111、101、100。

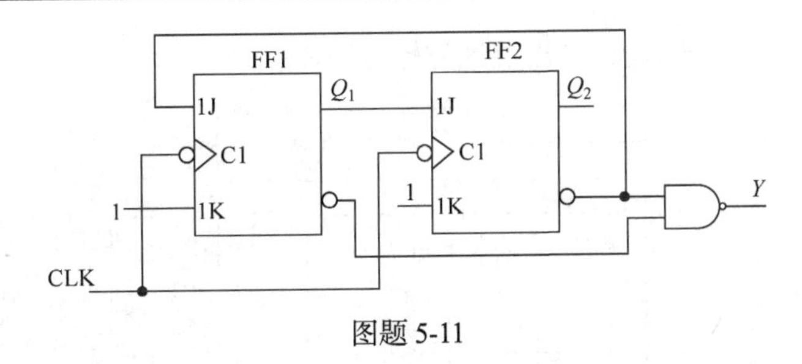

图题 5-11

5-13　试用 74161 连接成计数长度 M=8 的计数器，可采用几种方法？并画出相应的接线图。

5-14　试用两片 74161 芯片(1)和(2)连接成 8421BCD 码二十四进制的计数器，要求芯片的级间同步，画出相应的接线图。

5-15　分析图题 5-15，说明这是多少进制计数，画出有效循环状态图。

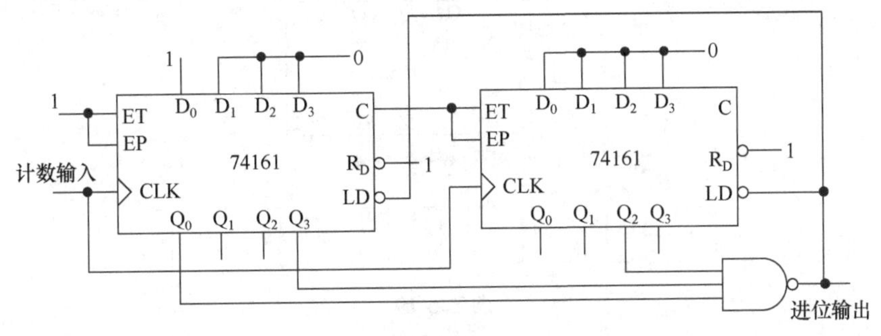

图题 5-15

5-16　试以 74161 为核心设计一个多控多进制计数器，完成表题 5-16 所示功能，其中 A、B 为控制信号。

表题 5-16

A	B	进制
0	0	九
0	1	十
1	0	十二
1	1	十六

5-17　试用 74161 芯片和部分门电路设计一个脉冲序列发生器。电路输出端 Z 能周期地输出 010100110 的脉冲序列。

5-18　某移位寄存器型计数器如图题 5-18 所示，该计数器循环不包含所有的 8 个状态，可以自启动。该计数器在某 3 次不同上电启动过程(用 A、B、C 标记)的初始阶段，观测到 Q_2 在时钟的作用下输出序列如下。

A：0001110011100111001110011100…

B：0100111001110011100111001110 0…

C：10111001110011100111001110 0…

写出 d 关于 $Q_2Q_1Q_0$ 的表达式，画出反馈逻辑电路图。

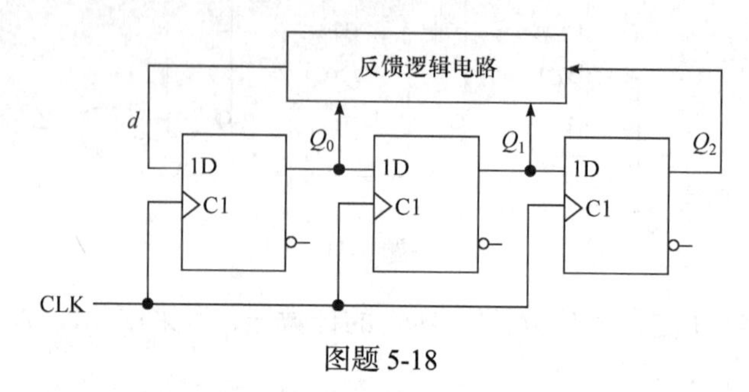

图题 5-18

5-19 74LS290 构成的电路如图题 5-19 所示，画出在 CLK 作用下 Q_0～Q_3 的仿真波形。

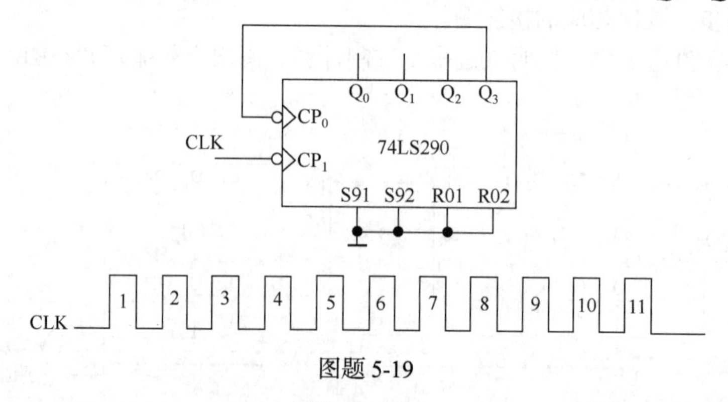

图题 5-19

5-20 由 74194 与 74138 构成的电路如图题 5-20 所示，画出在 CLK 作用下 Y 循环输出的序列。

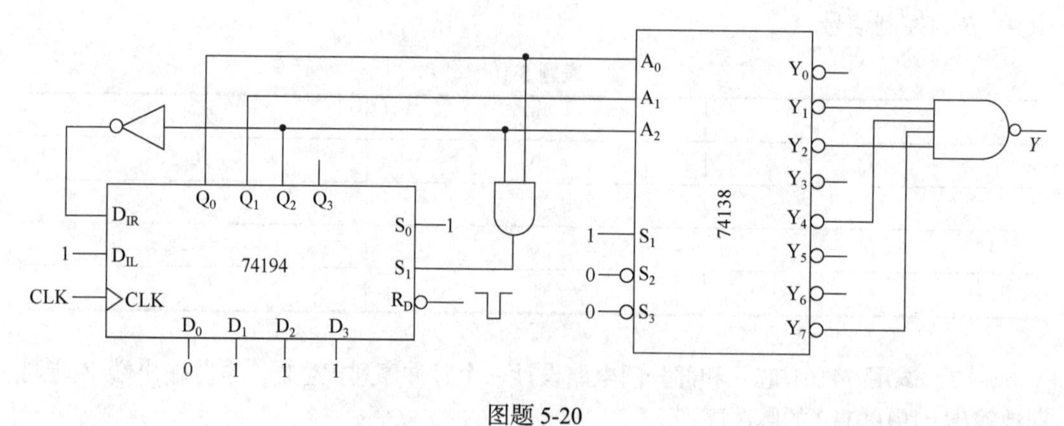

图题 5-20

5-21 设计一个串行数据检测器，当连续输入 4 个或 4 个以上 1 时，检测输出为 1，其他输入情况下，输出为 0。

第 6 章　数模-模数转换器

6.1　D/A 转换器

数模转换器(D/A 转换器，或 DAC)，是将数字信号转换为模拟信号的电子设备。它是数字系统与模拟系统之间的桥梁，常用于将数字信号转换为模拟信号，从而实现数字信号的模拟输出。

6.1.1　权电阻网络 D/A 转换器

如图 6-1 所示，权电阻网络 D/A 转换器由权电阻网络、模拟开关、求和放大器组成。S_3、S_2、S_1、S_0是 4 个电子开关，它们的状态分别受输入代码 d_3、d_2、d_1、d_0的取值控制，代码为 1 时，开关接到参考电压 V_{REF}上，代码为 0 时，开关接地。故 d_i=1 时有支路电流流向求和放大器，d_i=0 时支路电流为零。求和放大器是一个接成负反馈的运算放大器。

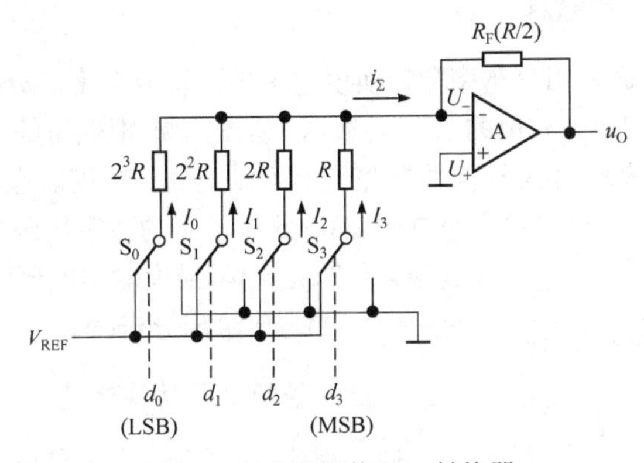

图 6-1　权电阻网络 D/A 转换器

权电阻网络 D/A 转换器结构比较简单，所用的电阻元件数很少。各个电阻的阻值相差较大，尤其在输入信号的位数较多时，这个问题就更加突出。想在极为宽广的阻值范围内保证每个电阻都有很高的精度是十分困难的，尤其对制作集成电路更加不利。

6.1.2　倒 T 形电阻网络 D/A 转换器

为了克服权电阻网络 D/A 转换器中电阻阻值相差太大的缺点，研制出了倒 T 形电阻网络 D/A 转换器。如图 6-2 所示，电阻网络中只有 R、$2R$ 两种阻值的电阻，这就给集成电路的设计和制作带来了很大的方便。

求和放大器反相输入端 U_-的电位始终接近零，所以无论开关 S_3、S_2、S_1、S_0 合到哪一边，都相当于接到了“地”电位上，流过每个支路的电流也始终不变。从每个端口向左看过去的等效电阻都是 R，因此从参考电源流入倒 T 形电阻网络的总电流为 $I=V_{REF}/R$，而每个支路的电流依次为 $I/2$、$I/4$、$I/8$ 和 $I/16$。

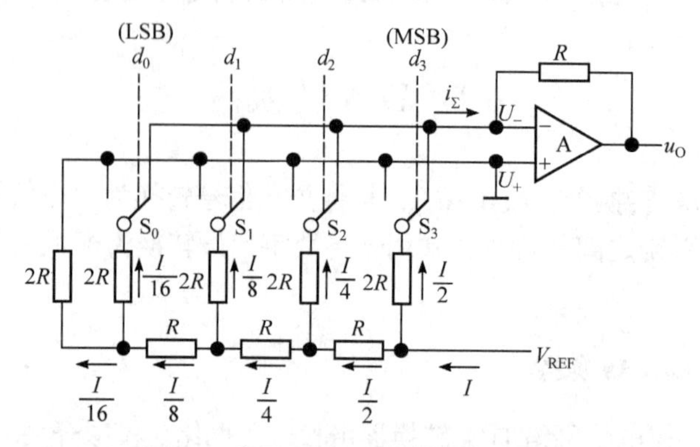

图 6-2　倒 T 形电阻网络 D/A 转换器

6.1.3　D/A 转换器的转换精度与转换速度

1. D/A 转换器的转换精度

在 D/A 转换器中通常用分辨率和转换误差来描述转换精度。分辨率用输入二进制数码的位数给出。在分辨率为 n 位的 D/A 转换器中从输出模拟电压的大小应能区分出 2^n 个不同的状态。分辨率表示 D/A 转换器在理论上可以达到的精度。也可以用分辨出来的最小电压 LSB(此时输入的数字代码只有最低有效位为 1，其余各位都是 0)与最大输出电压(此时输入数字代码所有位全是 1)之比给出分辨率。

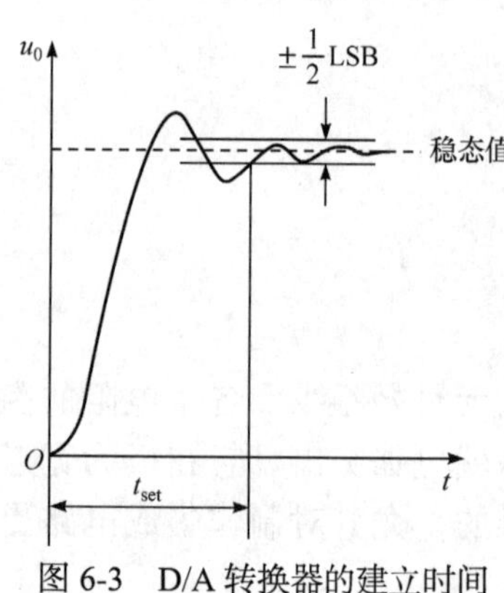

图 6-3　D/A 转换器的建立时间

2. D/A 转换器的转换速度

通常用建立时间 t_{set} 来定量描述 D/A 转换器的转换速度。如图 6-3 所示，从输入的数字量发生突变开始，直到输出电压进入与稳态值相差 ±LSB / 2 范围以内的这段时间，称为建立时间。输入数字量的变化越大，建立时间越长，所以一般都是输入从全 0 跳变为全 1(或从全 1 跳变为全 0)时的建立时间。

6.1.4　D/A 转换器 DAC908

DAC908 是一款 8 位分辨率、高速数模转换器。DAC900、DAC902 和 DAC904 之间的引脚兼容，分辨率分别为 10 位、12 位和 14 位。该 DAC 系列中的所有型号都支持超过 165MSPS(million samples per second，每秒百万次采样点)的更新率，具有较好的动态性能，适合各种应用程序的需求。DAC908 经过优化的分段架构，在通信系统的传输信号场景下，可为单音和多音信号提供高杂散自由动态范围(spurious-free dynamic range，SFDR)。

DAC908 具有高阻抗(200kΩ)、大电流输出(20mA)、高顺应性电压(1.25V)。允许差分、单端模拟信号输出接口。DAC908 可以在 2.7～5.5V 的宽电压范围内工作。配备集成的 1.24V 带隙基准和边缘触发输入锁存器，3V 和 5V CMOS 逻辑系列都可以与 DAC908 接口。满刻度输出电流可通过一个外部电阻器在 2～20mA 的范围内进行调整，同时保持指定的动态性能。DAC908 有 SO-28 和 TSSOP-28 两种封装，引脚图如图 6-4 所示，各个引脚的功能描述见表 6-1。

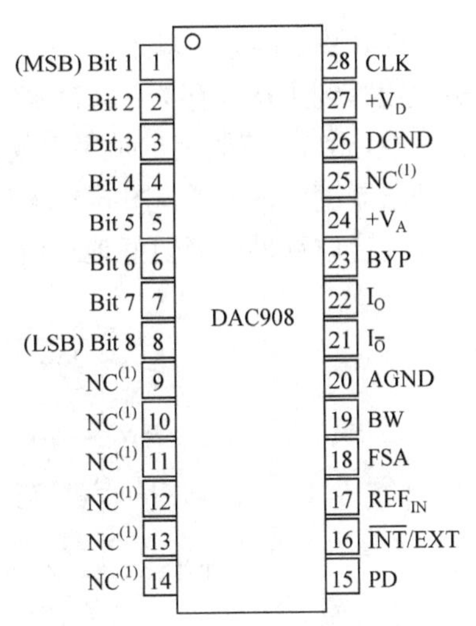

图 6-4　DAC908 芯片引脚图

表 6-1　DAC908 芯片引脚描述

引脚编号	引脚名称	引脚描述
1～8	Bit 1～B it8	Data Bit 1 (D_7)MSB，Data Bit 2 (D_6)，Data Bit 3 (D_5)，Data Bit 4 (D_4)，Data Bit 5 (D_3)，Data Bit 6 (D_2)，Data Bit 7 (D_1) Data Bit 8 (D_0)LSB
9～14、25	NC	无连接
15	PD	断电控制输入，高电平有效
16	$\overline{\text{INT}}$/EXT	参考电压选择引脚；内部(0)或外部(1)
17	REF_{IN}	参考电压输入
18	FSA	满刻度输出矫正
19	BW	带宽/降噪引脚：推荐 0.1μF 至+V_A旁路
20	AGND	模拟地
21	$I_{\overline{O}}$	互补 DAC 电流输出
22	I_O	DAC 电流输出
23	BYP	旁路节点：推荐 0.1μF 至 AGND
24	+V_A	模拟电源电压，2.7～5.5V
26	DGND	数字地
27	+V_D	数字电源电压，2.7～5.5V
28	CLK	时钟输入

DAC908 的数字输入 D_0～D_7 接受标准的正值二进制编码。数字输入随着时钟的上升沿被锁存到主从锁存器中。DAC 输出随下一个时钟的下降沿而更新。时钟的占空比最好设置在 50%，若能满足时序规范，占空比也可以变化，建立时间、保持时间可以在其指定的限制范围内选择。图 6-5 是 DAC908 芯片内部功能框图，时序图如图 6-6 所示。二者相互配合以帮助读者更好地理解 DAC908 的工作过程。

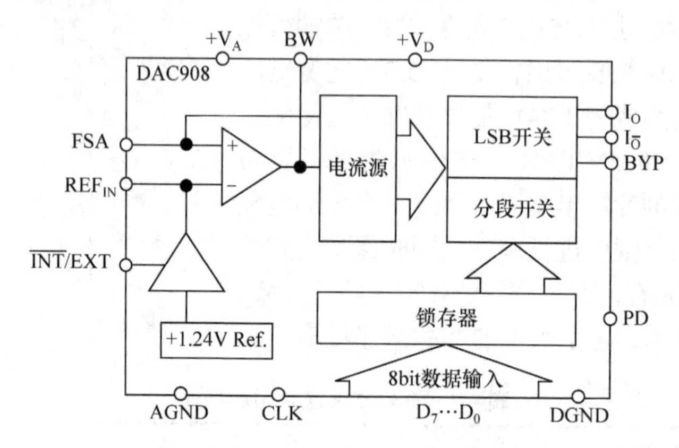

图 6-5　DAC908 芯片内部功能框图

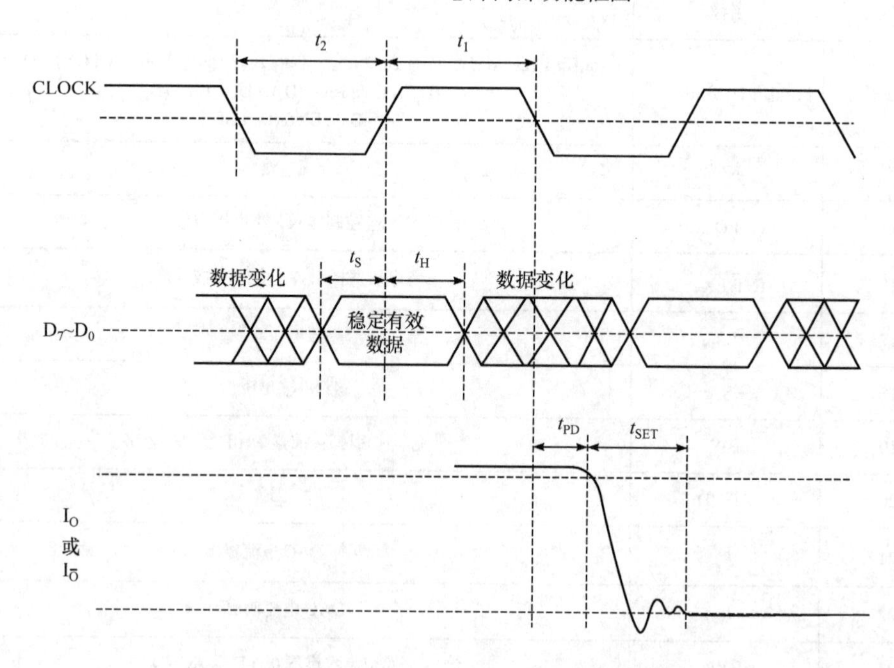

符号	描述	最小	典型值	最大	单位
t_1	时钟脉冲高电平持续时间		3		ns
t_2	时钟脉冲低电平持续时间		3		ns
t_S	数据建立时间		1.0		ns
t_H	数据保持时间		1.5		ns
t_{PD}	传输延迟时间		1		ns
t_{SET}	误差0.1%的输出建立时间		30		ns

图 6-6　DAC908 芯片时序图

在实际工作中，可以按照图 6-7 搭接 DAC908 典型应用电路图。

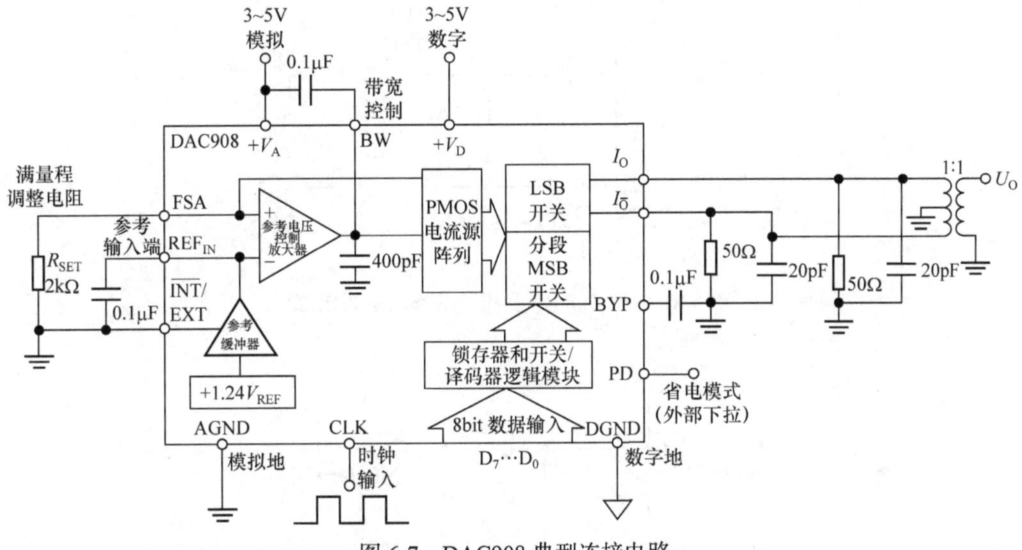

图 6-7　DAC908 典型连接电路

DAC908 的架构使用电流引导技术来实现快速切换和高更新率。DAC 内的核心元件是一个分段电流源阵列，用于提供 20mA 的全量程输出电流。每当 DAC 更新时，内部解码器对差分电流开关进行寻址，并且通过将所有电流引导到输出求和节点来形成相应的输出电流。互补输出提供差分输出信号，通过减少偶次谐波、共模噪声来提高动态性能，与单端操作相比，峰间输出信号摆动增加了两倍。

分段架构显著降低了毛刺能量，并提高了 SFDR、差分非线性(differential nonlinearity，DNL)等动态性能。电流输出保持超过 200kΩ 的高输出阻抗。满刻度输出电流由内部参考电压(1.24V)和外部电阻器的比值决定。产生的参考电流在内部乘以系数 32，产生有效的 DAC 输出电流，其范围为 2～20mA。

DAC908 分为数字部分和模拟部分，每个部分通过其电源引脚供电。数字部分包括输入锁存器、解码器，模拟部分包括电流源阵列及其相关开关电路、参考电路。

使用 RF 变压器提供了一种将差分输出信号转换为单端信号的方法，同时提高了动态性能。差分变压器配置具有抑制共模信号的优点，提高了在宽频率范围内的动态性能。通过选择合适的阻抗比，实现最佳的阻抗匹配，控制转换器输出的顺应性电压。图 6-8 中电路 DAC908 互补输出连接的都是 50Ω 的负载，这导致 I_O 和 $I_{\overline{O}}$ 的负载均为 25Ω。由于变压器的磁耦，输出信号是交流耦合，且被隔离。

变压器的中心抽头必须接地，以便为两个输出提供必要的直流电流。一些应用场景可能需要终端电阻，在这种情况下，需要插入差分电阻器，这样会使可用信号功率减少约一半。

DAC908 还可以使用差分放大器，实现直流耦合输出。图 6-9 电路中四个外部电阻，将电压反馈运算放大器 OPA680 配置为执行差分到单端转换的差分放大器。DAC908 在负载 R_L 处产生 $0.5V_{pp}$ 的差分输出信号。由于差分放大器的输入阻抗与电阻器 R_L 并联，因此应考虑每个电流输出的负载。

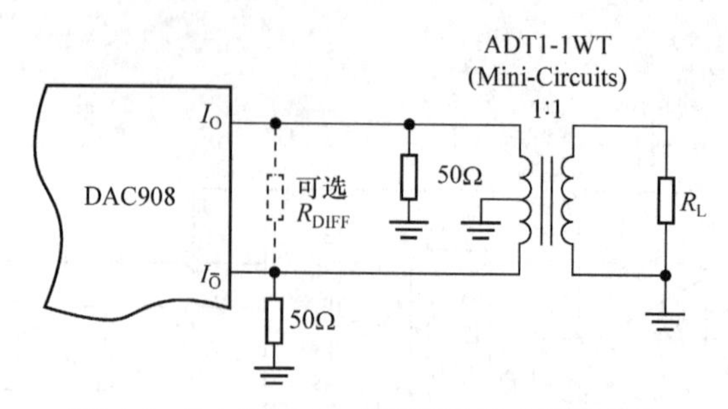

图 6-8 DAC908 RF 变压器的输出配置电路

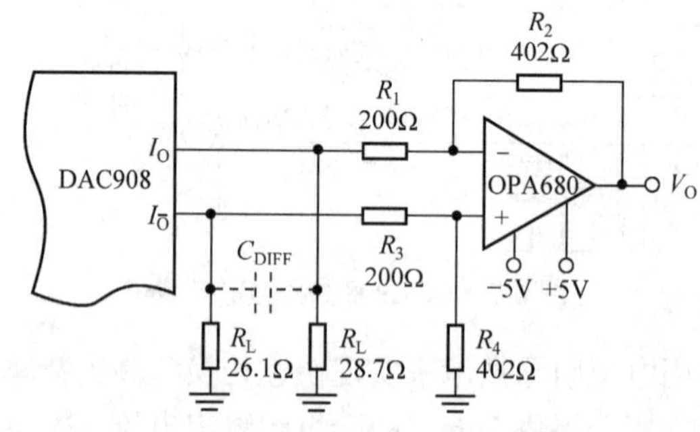

图 6-9 DAC908 差分放大器的输出配置电路

OPA680 被配置为增益为 2。使用 20mA 满量程输出操作 DAC908 将产生±1V 的电压输出。这需要放大器在双电源(±5V)的情况下工作。可以通过微调电阻 R_4 来改进共模抑制效应。

因为放大器引入失真源，这种配置电路的交流性能没有变压器方案高。具体应用时应根据转换速率、谐波失真和输出摆动能力选择合适的放大器。可以优先考虑 OPA680、OPA687 这样的高速放大器。可以通过在输出 I_O 和 $I_{\overline{O}}$ 之间添加电容来提高电路的交流性能。这相当于实现一个低通滤波器，以限制 DAC 快速输出阶跃信号中的高频分量。如果不接此电容，放大器可能会处于压摆范围或过载状态，且导致过度失真。对于需要单端、单极输出电压的应用(如在 0～2V 摆动的应用)，可以修改差分放大器实现电平偏移。

图 6-10 中 DAC 908 连接到 OPA2680 电流的求和节点，实现了输出电流-电压转换。DAC 的输出将保持虚拟接地，最大限度地减少输出阻抗变化的影响，但是在高 DAC 转换速率条件下，放大器可能被转换速率限制，并产生不需要的失真。

图 6-11 中 DAC 输出端的单个负载电阻，实现简单的电流到电压转换。在额定输出电流为 20mA 的情况下，DAC 产生 0～0.5V 的总信号摆动。只要不超过输出顺应性范围，输出电流、负载电阻器可以相互调节，以满足期望的输出性能。

DAC908 具有芯片内部参考电源，包括 1.24V 带隙参考电压、控制放大器，如图 6-12 所示。接地引脚 $\overline{\text{INT}}$ / EXT 启用内部参考。控制放大器产生参考电流 I_{REF}，由参考电压 V_{REF} 和电阻器 R_{SET} 的值确定，DAC908 的满刻度输出电流由 I_{REF} 乘以 32 的固定因子得出，

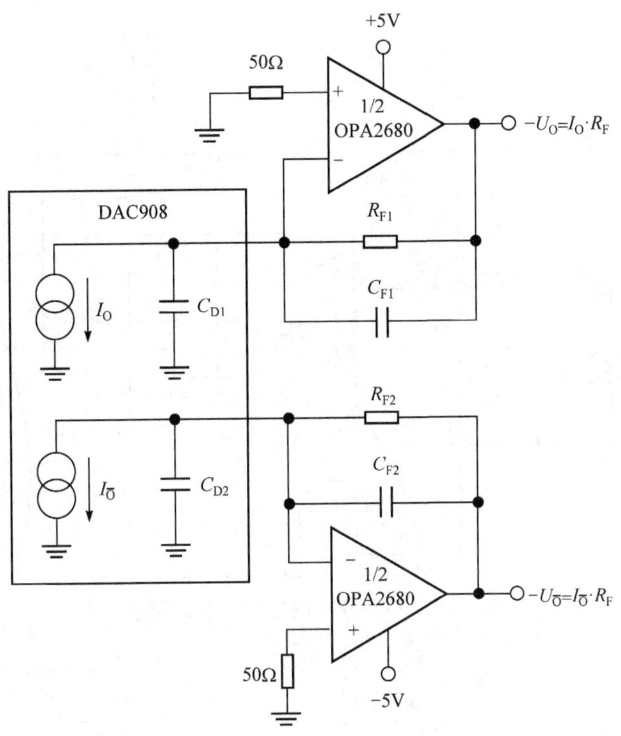

图 6-10　DAC908 与双电压反馈放大器 OPA2680 共同实现差分传输阻抗放大器

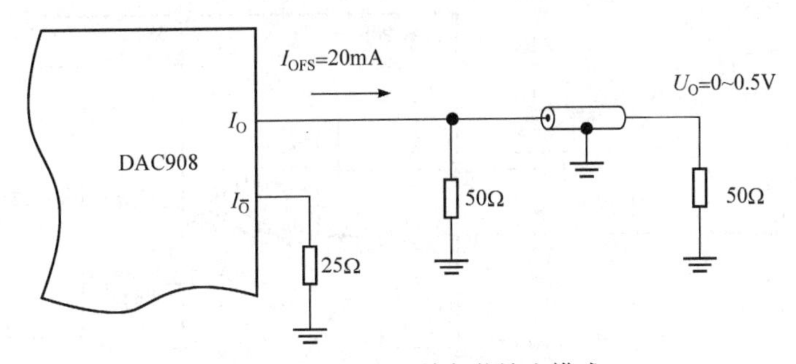

图 6-11　DAC908 单负载输出模式

R_{SET} 连接到 FSA 引脚(满刻度调整)。

建议使用 0.1μF 或更大的陶瓷片电容器绕过 REF_{IN} 引脚。控制放大器经过内部补偿，其小信号带宽约为 1.3MHz。为了提高交流性能，应在 BW 引脚和模拟电源+V_A 之间加一个 0.1μF 电容器，控制放大器的小信号带宽、输出阻抗，提高 DAC908 的抗噪声性能。

DAC908 可以通过向引脚 $\overline{INT}$ / EXT 输入高电平(+5V)来禁用内部参考。通过外部参考电压驱动到 REF_{IN} 引脚。对于需要更高精度和漂移性能的应用，或者为了增加动态增益控制的能力，可以考虑使用外部参考，如图 6-13 所示。

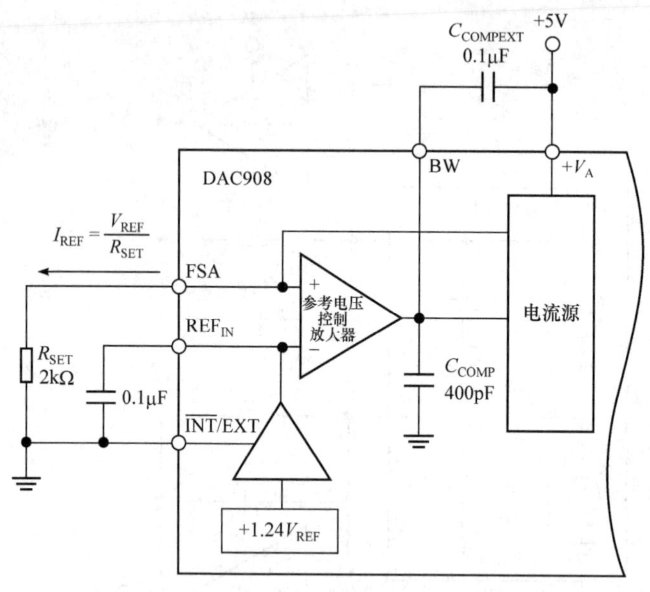

图 6-12　DAC908 内部参考电源配置

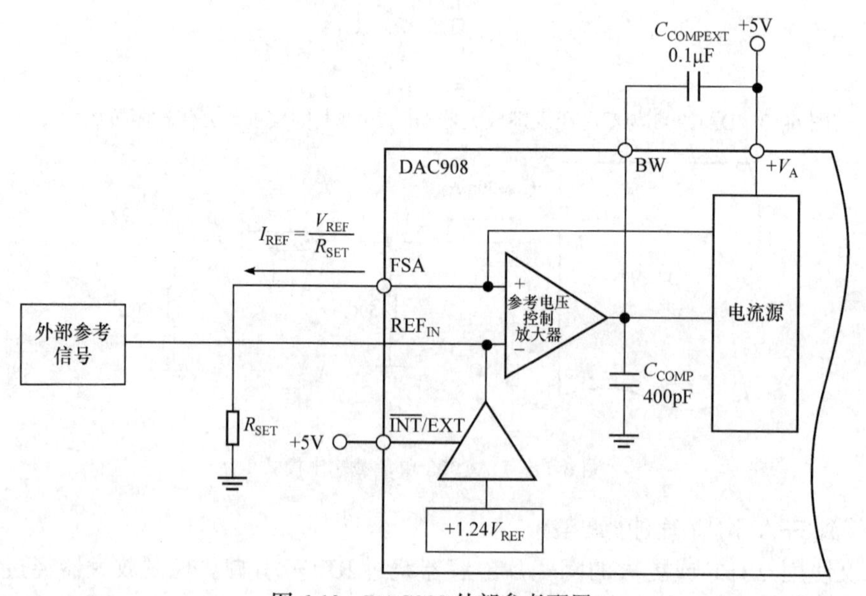

图 6-13　DAC908 外部参考配置

6.2　A/D 转换器

模数转换器(A/D 转换器或 ADC)，通常是将模拟信号转变为数字信号。随着电子技术的迅速发展以及计算机在自动检测和自动控制系统中的广泛应用，利用数字系统处理模拟信号的情况变得更加普遍。数字系统所处理、传送的都是不连续的数字信号，ADC 就是把模拟电量转换成数字量输出的接口电路。

6.2.1　A/D 转换器工作过程

模拟信号转成数字信号需要经过采样、保持、量化、编码这四个过程。

1. 采样

采样要满足采样定理，采样定理是美国电信工程师奈奎斯特提出的。该定理说明采样频率与信号频谱之间的关系，是连续信号离散化的基本依据，如图 6-14 所示。

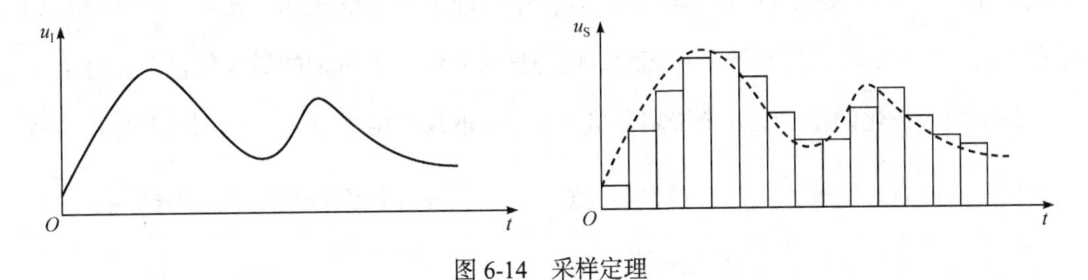

图 6-14　采样定理

采样定理的定义为：为了不失真地恢复模拟信号，采样频率应该不小于模拟信号频谱中最高频率的 2 倍，即 $f_s \geqslant 2f_{max}$。如果采样频率过低，低于信号的最大频率，那这个信号就不能被还原，甚至会产生混叠，即上一个周期的波形和下一个周期混合到一起。

2. 保持

采样保持电路由模拟开关、存储元件和缓冲放大器组成，如图 6-15 所示。在采样时刻，加到模拟开关上的数字信号为低电平，此时模拟开关被接通，使存储元件(通常是电容器)两端的电压随被采样信号变化。

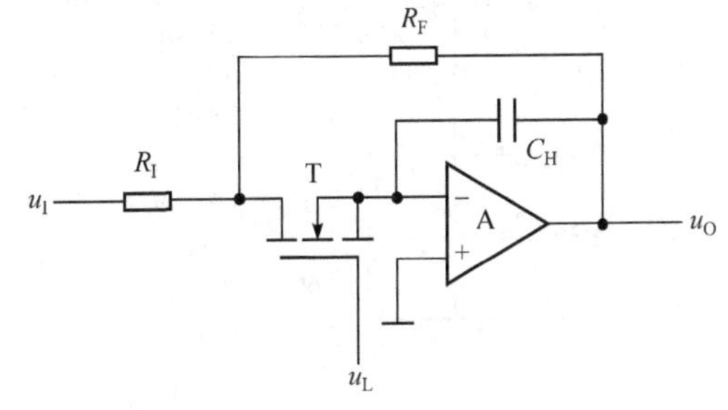

图 6-15　保持电路

当采样间隔终止时，模拟开关断开，电容电压则保持在断开瞬间的值不变。缓冲放大器的作用是放大采样信号。对理想的采样保持电路，要求开关没有偏移并能随控制信号快速动作，断开的阻抗要无限大，同时还要求存储元件的电压能无延迟地跟踪模拟信号的电压，并可在任意长的时间内保持数值不变。

3. 量化、编码

数字信号不仅在时间上是离散的，而且数值大小的变化也是不连续的。这就是说，任何一个数字量的大小只能是某个规定的最小计量单位的整数倍。在进行 A/D 转换时，必须将取样电压表示为这个最小单位的整数倍。这个转化过程称为量化，所取的最小计量单位称为量化单位，用 Δ 表示。显然，数字信号最低有效位(LSB)的 1 所代表的数量大小就等于 Δ。

将量化的结果用代码(可以是二进制，也可以是其他进制)表示出来，称为编码。这些代码就是 A/D 转换的输出结果。

既然模拟电压是连续的，那么它就不一定能被 Δ 整除，因而量化过程不可避免地会引入误差。这种误差称为量化误差。将模拟电压信号划分为不同的量化等级时通常有两种方法，它们的量化误差相差较大。

若将 0～1V 的模拟电压信号转换成 3 位二进制代码，可令 $\Delta=\frac{1}{8}\text{V}$ (图 6-16(a))。若模拟电压在 $0\sim\frac{1}{8}\text{V}$ 的模拟电压都当作 0 处理，用二进制数 000 表示；在 $\frac{1}{8}\sim\frac{2}{8}\text{V}$ 的模拟电压都当作 Δ 处理，用二进制数 001 表示，这种量化方法可能带来的最大量化误差可达 Δ 。

为了减小量化误差，改进方法划分量化电平。取量化电平 $\Delta=\frac{2}{15}\text{V}$ (图 6-16(b))，并将输出代码 000 对应的模拟电压范围规定为 $0\sim\frac{1}{15}\text{V}$，这样最大量化误差减小到 $\frac{1}{2}\Delta$。

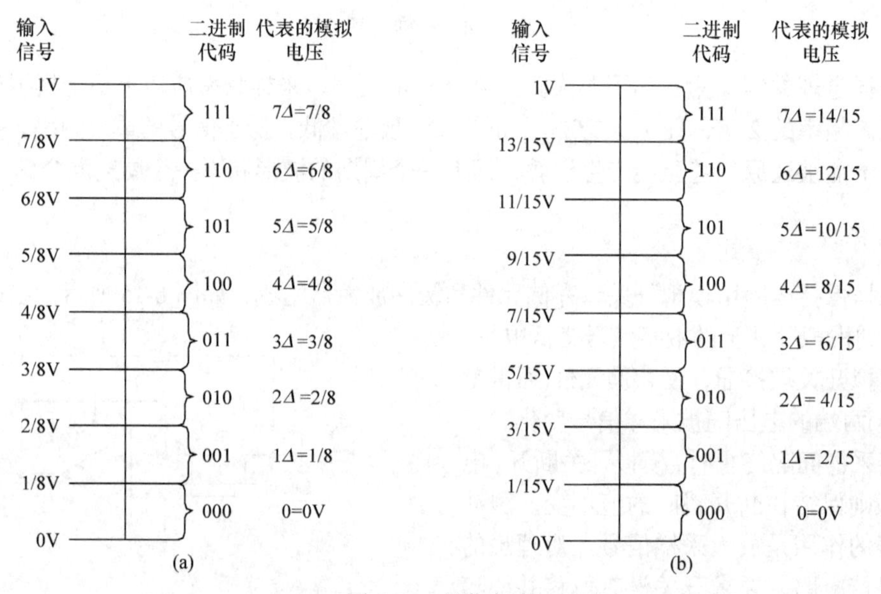

图 6-16　量化方式

6.2.2　并联比较型 A/D 转换器

并联比较型 A/D 转换器属于直接 A/D 转换器，将输入的模拟电压直接转换为输出的数字量而不需要经过中间变量。并联比较型 A/D 转换器电路结构图如图 6-17 所示，由电压比较器、寄存器和代码转换电路三部分组成。输入为 $0\sim V_{\text{REF}}$ 的模拟电压，输出为 3 位二进制数码 $d_2d_1d_0$。用电阻链将参考电压 V_{REF} 分压，得到 $\frac{1}{15}V_{\text{REF}}\sim\frac{3}{15}V_{\text{REF}}$ 的 7 个比较电平，将这 7 个比较电平分别接到 7 个电压比较器的输入端作为比较基准。同时，将输入的模拟电压同时加到每个比较器的另一个输入端上，与这 7 个比较基准进行比较。

若 $u_{\text{I}}<\frac{1}{15}V_{\text{REF}}$，则所有比较器的输出全是低电平，CLK 上升沿到来后寄存器中所有

的触发器(FF_1～FF_7)都被置成 0 状态。

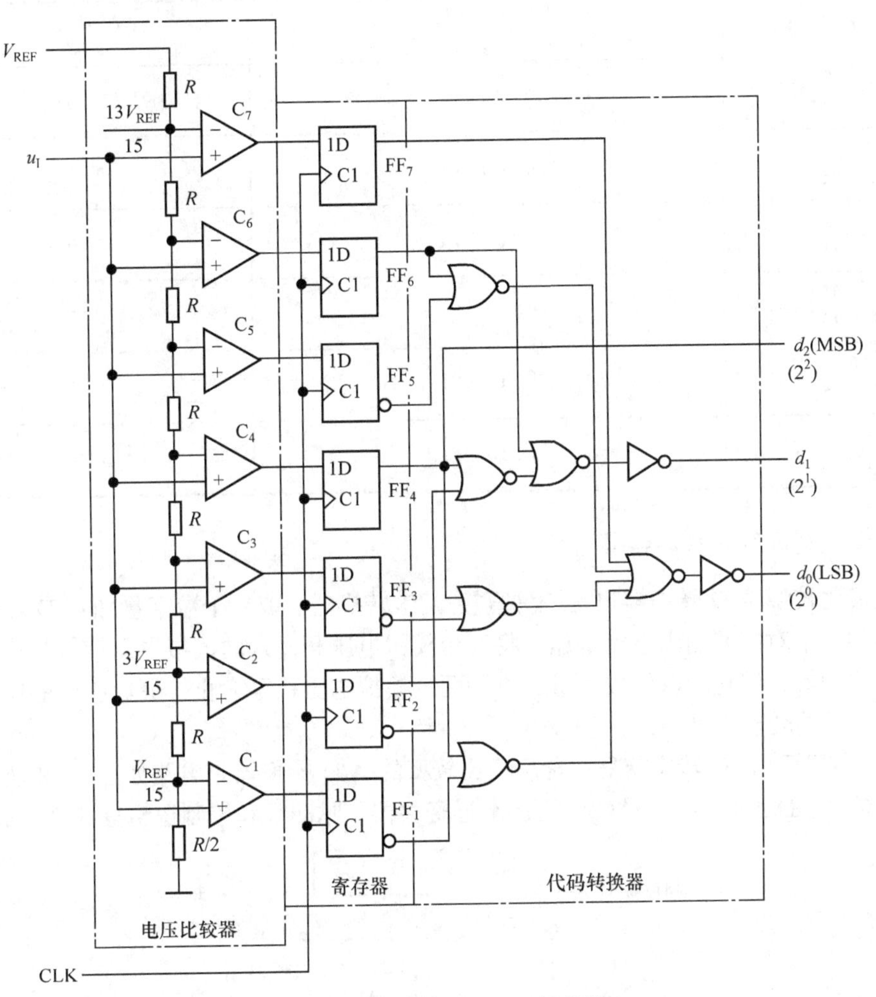

图 6-17　并联比较型 A/D 转换器

若 $\frac{1}{15}V_{REF} \leqslant u_I < \frac{3}{15}V_{REF}$，则只有 C_1 输出为高电平，CLK 上升沿到达后 FF_1 被置 1，其余触发器被置 0。

依此类推，便可列出 u_I 为不同电压时寄存器的状态表，如表 6-2 所示。不过寄存器输出的是一组 7 位的二值代码，还不是所要求的二进制数，因此必须进行代码转换。

表 6-2　并联比较型 A/D 转换器寄存器的状态表

输入模拟电压 u_I	寄存器状态 $Q_7Q_6Q_5Q_4Q_3Q_2Q_1$	数字量输出 $d_2d_1d_0$
$\left(0\sim\frac{1}{15}\right)V_{REF}$	0 0 0 0 0 0 0	0 0 0
$\left(\frac{1}{15}\sim\frac{3}{15}\right)V_{REF}$	0 0 0 0 0 0 1	0 0 1

续表

输入模拟电压 u_I	寄存器状态 $Q_7Q_6Q_5Q_4Q_3Q_2Q_1$	数字量输出 $d_2d_1d_0$
$\left(\frac{3}{15}\sim\frac{5}{15}\right)V_{REF}$	0000011	010
$\left(\frac{5}{15}\sim\frac{7}{15}\right)V_{REF}$	0000111	011
$\left(\frac{7}{15}\sim\frac{9}{15}\right)V_{REF}$	0001111	100
$\left(\frac{9}{15}\sim\frac{11}{15}\right)V_{REF}$	0011111	101
$\left(\frac{11}{15}\sim\frac{13}{15}\right)V_{REF}$	0111111	110
$\left(\frac{13}{15}\sim 1\right)V_{REF}$	1111111	111

6.2.3　逐次渐近型 A/D 转换器

反馈比较型 A/D 转换器也是一种直接 A/D 转换器。取一个数字量加到 D/A 转换器上，得到一个对应的输出模拟电压。将这个模拟电压和输入的模拟电压信号相比较。如果两者不相等，调整所取的数字量，直到两个模拟电压相等为止，最后所取的这个数字量就是所求的转换结果。

逐次渐近型 A/D 转换器是一种反馈比较型的 A/D 转换器。电路如图 6-18 所示，包含比较器 C、D/A 转换器(DAC)、逐次渐近寄存器、脉冲源和控制逻辑等 5 个组成部分。

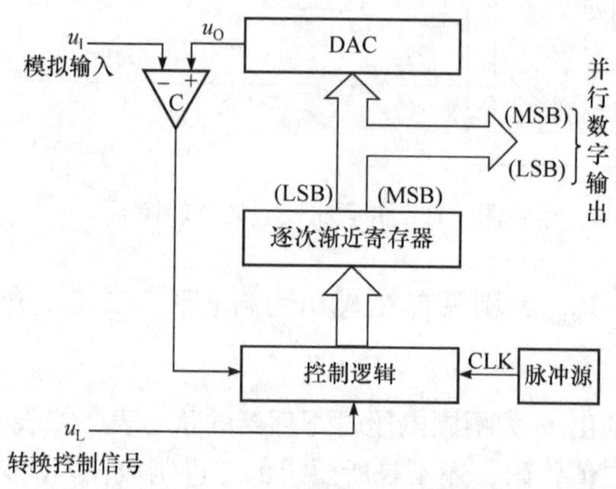

图 6-18　逐次渐近型 A/D 转换器

转换开始前先将寄存器清零，所以加给 D/A 转换器的数字量也是全 0。转换控制信号 u_L 变为高电平时开始转换，首先将寄存器的最高位置为 1，使寄存器的输出为 100…00。这个数字量被 D/A 转换器转换成相应的模拟电压 u_O，并送到比较器与输入信号 u_I 进行比较。如果 $u_O>u_I$ 说明数字过大了，则这个 1 应去掉；否则说明数字还不够大，这个 1 应予保留。再按同样的方法将次高位置 1，并比较 u_O、u_I 的大小以确定这一位的 1 是否应当保留。这样逐位比较，直到最低位比较完为止。这时寄存器里所存的数码就是所求的输出数字量。

6.2.4　A/D 转换器的转换精度与转换速度

1. A/D 转换器的转换精度

A/D 转换器中采用分辨率和转换误差来描述转换精度。分辨率以输出二进制数或十进制数的位数表示，体现 A/D 转换器对输入信号的分辨能力。n 位二进制数字输出的 A/D 转换器应能区分输入模拟电压的 2^n 个不同等级大小，能区分输入电压的最小差异为 FSR / 2 (满量程输入的1/2)，分辨率所表示的是 A/D 转换器在理论上能达到的精度。转换误差通常以输出误差最大值的形式给出，表示实际输出的数字量和理论上应有的输出数字量之间的差别，以最低有效位的倍数给出。

2. A/D 转换器的转换速度

A/D 转换器的转换速度主要取决于转换电路的类型。并联比较型 A/D 转换器的转换速度最快，转换时间可以缩短至 50ns 以内。逐次渐近型 A/D 转换器的转换速度次之。转换时间为 10～100μs。个别速度较快的 8 位 A/D 转换器转换时间可以不超过 1μs。

在组成高速 A/D 转换器时还应将取样-保持电路的获取时间(即取样信号稳定地建立起来所需要的时间)计入转换时间之内。一般取样-保持电路的获取时间在几微秒的数量级，与保持电容的参数有关。

6.2.5　模数转换器 ADC08100

ADC08100 是一款低功耗、8 位单片 A/D 转换器，带有片上跟踪和保持电路。该 A/D 转换器具有低成本、低功耗、小尺寸和易应用等优点，转换率为 20～100MSPS，且具有比较好的动态性能。在 100 MSPS 的转换速率下时，也仅消耗 130 mW 的功率。当输入频率为 41 MHz 时，有效位可以达到 7.4。该设备出色的直流和交流特性，加上其低功耗和 3V 供电操作，使其非常适合成像和通信应用，广泛应用在平板显示器、投影系统、机顶盒、电池供电、仪表、通信、医学扫描转换器、X 射线成像、高速维特比解码器、天文学等便携式设备中。此外，ADC08100 具有抗锁存性，并且输出具有短路保护功能。数字输出与单独的输出电源引脚兼容，支持与 3V 或 2.5V 逻辑接口。数字输入(CLK 和 PD)与 TTL/CMOS 兼容。ADC08100 采用 24 铅塑料包装(TSSOP)，适用于−40～85°C 的工业温度范围。芯片的引脚图如图 6-19 所示，表 6-3 列出了对应的引脚描述。

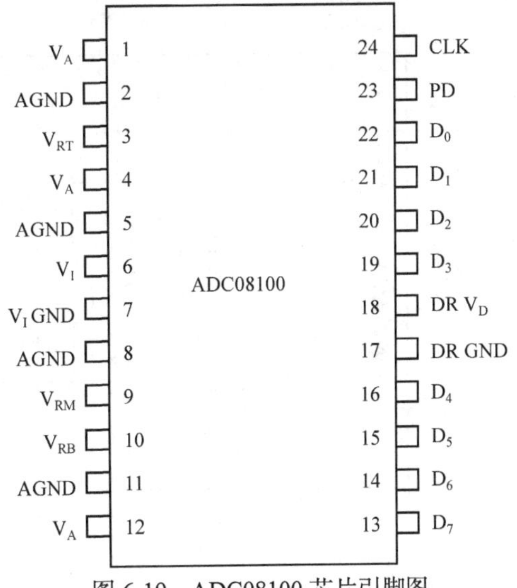

图 6-19　ADC08100 芯片引脚图

表 6-3　ADC08100 芯片引脚描述

引脚编号	引脚名称	引脚描述
6	V_I	模拟信号输入，转换范围为 V_{RB}～V_{RT}
3	V_{RT}	模拟输入，ADC 参考电压上限。标称范围为 1.0V 至 V_A。V_{RT} 和 V_{RB} 定义 V_I 的转换范围
9	V_{RM}	ADC 参考电压的中点，应使用 0.1μF 电容器将该引脚旁路至模拟接地
10	V_{RB}	模拟输入，ADC 参考电压下限。标称范围为 0.0V 至 V_{RT}–1.0V。V_{RT} 和 V_{RB} 定义 V_I 的转换范围
23	PD	断电输入。当该引脚为高电平时，转换器处于断电模式，数据输出引脚保持最后的转换结果
24	CLK	CMOS/TTL 兼容数字时钟输入，V_I 在 CLK 的下降沿采样
13～16, 19～22	D_0～D_7	转换数据数字输出引脚，D_0 是 LSB，D_7 是 MSB。有效数据刚好在 CLK 输入的上升沿之后输出
7	V_I GND	单端模拟输入的参考接地
1,4,12	V_A	+3V 正极模拟电源引脚。V_A 应通过 0.1μF 陶瓷片电容器、10μF 电容器进行旁路
18	DR V_D	输出驱动器的电源。如果连接到 V_A，则与 V_A 良好解耦
17	DR GND	输出驱动器电源的接地
2,5,8,11	AGND	模拟电源的接地

图 6-20 给出了芯片内部功能结构框图，配合着图 6-21 的时序工作图，可以帮助实现芯片工作控制过程。ADC08100 在时钟的下降沿处获取数据，并且该数据在 2.5 个时钟周期加上 t_{OD} 之后的数字输出处可用。只要存在时钟信号，ADC08100 就会进行转换。当掉电引脚(PD)为低电平时，设备处于激活状态。驱动 CLK 输入的时钟源必须表现出小于 3ps(rms)的抖动。为了获得最佳的交流性能，应使用足够的缓冲器将 ADC 时钟与任何数

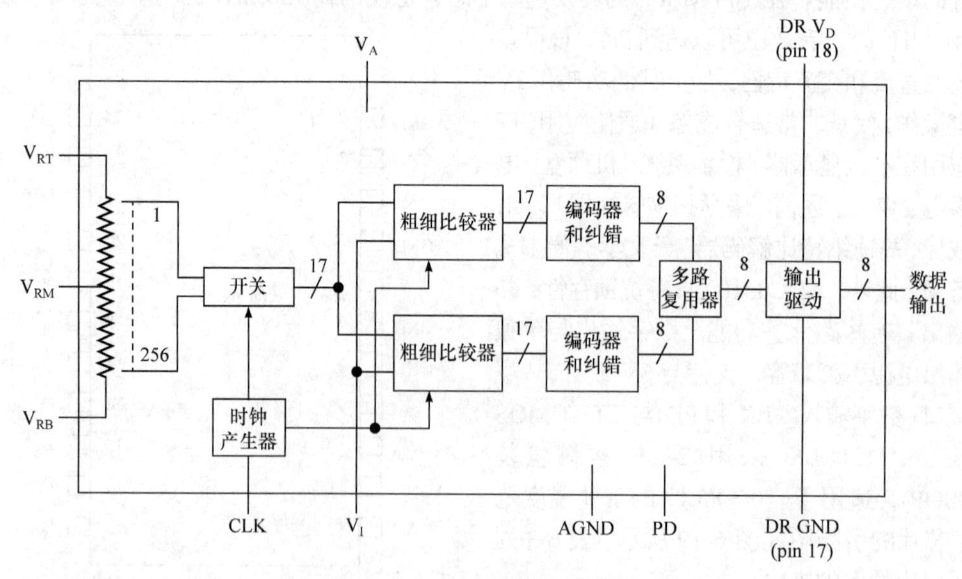

图 6-20　ADC08100 芯片内部功能框图

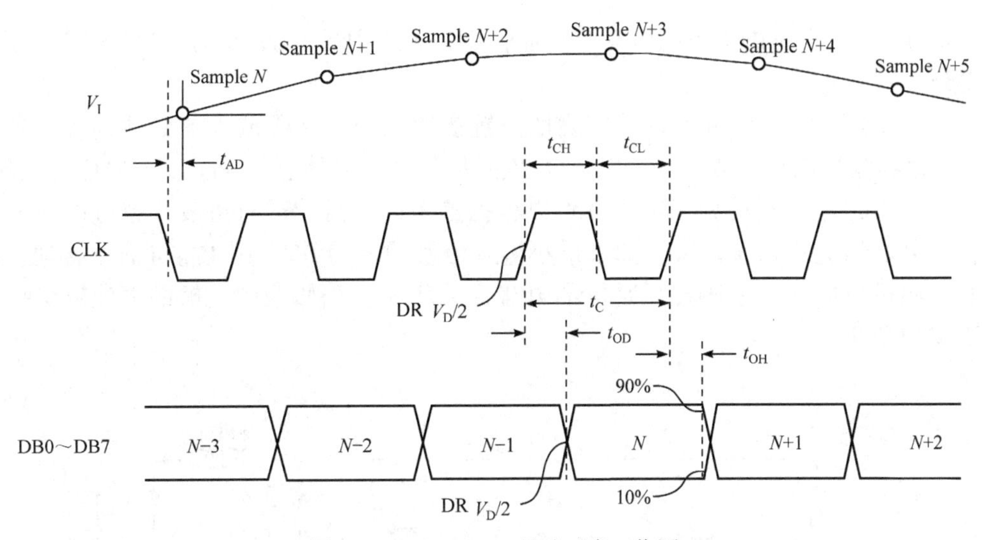

图 6-21　ADC08100 芯片时序工作图

字电路隔离。保持 ADC 时钟线尽可能短并且使其远离任何其他信号，以防止将抖动引入时钟信号中，也防止将噪声引入模拟路径中。

图 6-22 中的参考偏置电路非常简单，其性能足以满足许多应用。然而，电路中器件

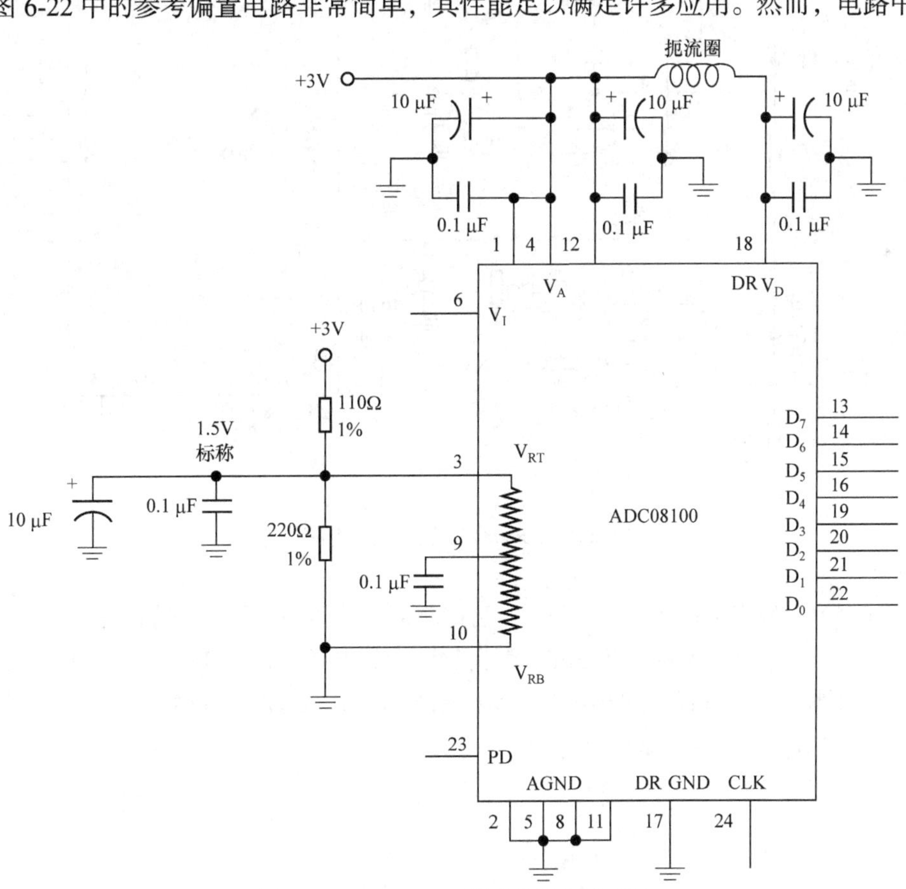

图 6-22　ADC08100 简单偏置电路应用

的误差将导致比较宽的参考电压范围。通常可以通过用低阻抗源驱动参考引脚来实现性能提升。

图 6-23 中的电路将允许更准确地设置参考电压。下部放大器必须具有双极电源，因为其输出电压必须为负，以迫使 V_{RB} 达到 PNP 晶体管的 V_{BE} 以下的任何电压。当然，放大器输入端的分压电阻器可以根据参考电压需求进行更改，也可以用电位计代替分压器进行精确设置。如果最小输入信号偏移为 0V，则 V_{RB} 可简化接地。确保驱动源可以向 V_{RT} 引脚提供足够的电流，并从 V_{RB} 引脚吸收足够的电流以保持这些引脚的稳定。

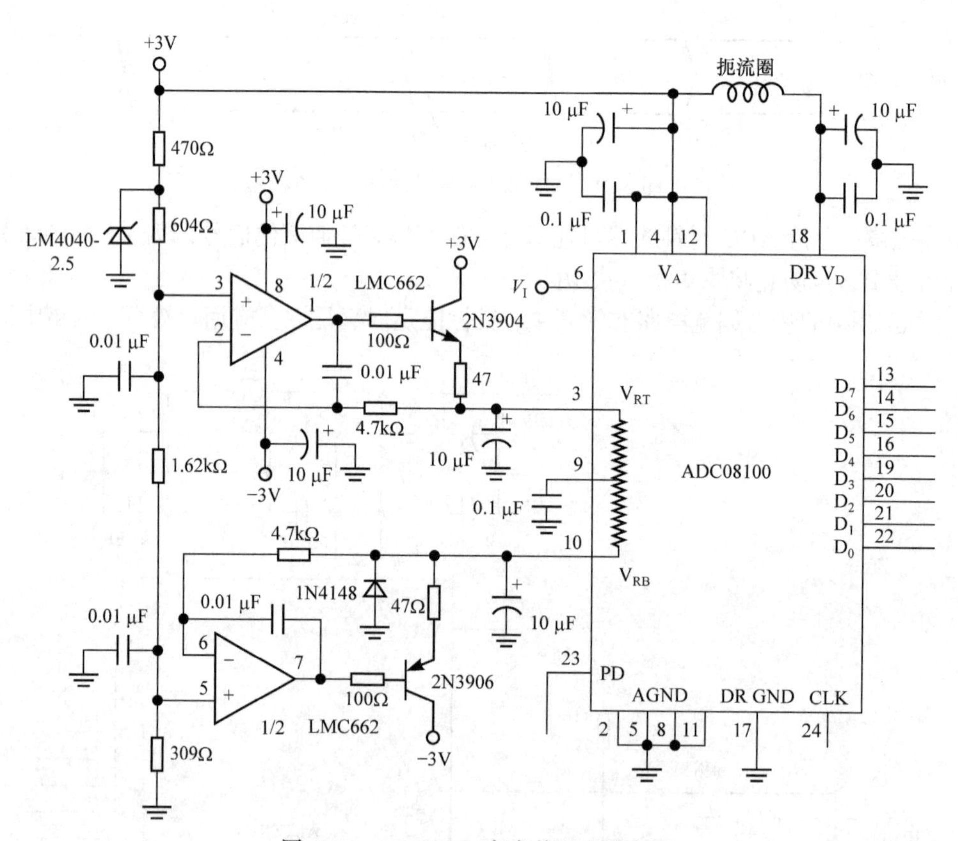

图 6-23　ADC08100 复杂偏置电路应用

ADC08100 的模拟输入是一个开关，后续驱动积分器。输入电容随着时钟电平的变化而变化，当时钟为低电平时，为 3pF，而当时钟为高电平时，为 4pF。由于动态电容比固定电容更难驱动，可选择 LMH6702、LMH6628 等运放驱动此类负载。图 6-24 为使用运放 LMH6702 作为输入电路的示例。

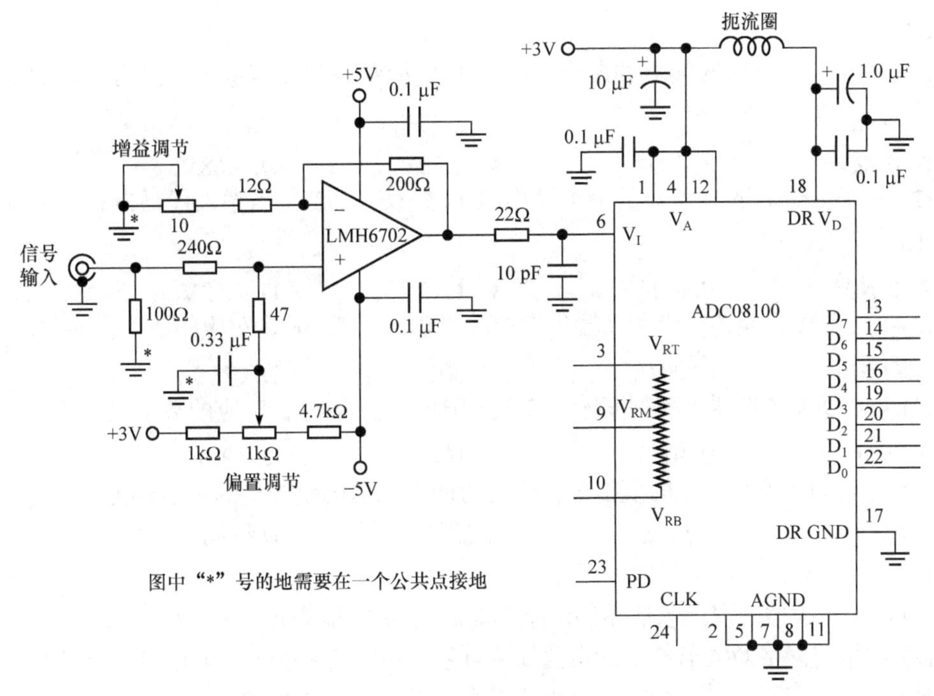

图 6-24　ADC08100 输入电路更改运放提升性能

习　　题

6-1　填空题。

(1) 某 8 位 D/A 转换器，当输入数字量只有最低位为 1 时，输出电压约为 19.5mV，若只有最高位为 1，则输出电压为(　　)；估计参考电压 V_{REF} 为(　　)。

(2) 某 8 位 D/A 转换器的 LSB 为 0.02V，若输入数字量只有最高位为 1 时，则输出电压为(　　)V。

(3) 某 8 位 D/A 转换器的最小输出电压增量为 0.02V，当输入为 01001101 时，输出电压为(　　)。

(4) 4 位 D/A 转换器满刻度输出电压为 5V，若输出电压为 2V，对应的输入数字量应为(　　)，该 D/A 转换器能输出的最小非零电压为(　　)。

(5) 某 8 位 D/A 转换器，当输入数字量只有最高位为高电平时，输出电压为 5V，若只有最低位为高电平，则输出电压为(　　)；若输入为 10001000，则输出电压为(　　)。

(6) 逐次渐近型 ADC 中的 10 位 D/A 转换器的 U_{omax}=12.276V，CP 的 f_{cp}=500kHz。若输入 u_I=4.32V，则转换后输出状态为(　　)，完成这次转换的时间 T 为(　　)。

(7) 在进行 A/D 转换时，必须将取样电压表示为某个最小计量单位的整数倍，这个转化过程称为(　　)。

(8) 在集成 D/A 和 A/D 转换器中，通常用(　　)和(　　)来描述转换精度。

(9) 在 D/A 转换器中，由参考电压 V_{REF} 的变化引起的转换误差称为(　　)。

6-2 选择题。

(1) 一个 8 位 D/A 转换器的最小输出电压增量为 0.03V，当输入代码为 01011100 时，输出电压 U_o 为(　　)。

A. 0.92V　　B. 1.84V　　C. 2.76V　　D. 3.68V

(2) 一个 8 位 D/A 转换器的最小输出电压增量为 0.02V，当输入代码为 01001100 时，输出电压 U_o 为(　　)。

A. 0.76V　　B. 3.04V　　C. 1.40V　　D. 1.52V

(3) 4 位 D/A 转换器，满刻度输出 10V。当输出为 2V 时，对应的数字量应为(　　)。

A. 0001　　B. 0010　　C. 0011　　D. 0100

(4) 4 位 D/A 转换器，满刻度输出 5V。当输出为 3V 时，对应的数字量应为(　　)。

A. 0110　　B. 0111　　C. 1000　　D. 1001

(5) 将时间上连续变化的模拟量转换为时间上离散的模拟量的过程称为(　　)。

A.取样　　B.量化　　C.滤波　　D.编码

6-3 判断对错并说明原因。

(1) D/A 转换器的误差包括漂移误差和非线性误差两部分。(　　)

(2) 权电阻网络 D/A 转换器的电路简单且便于集成工艺制造，因此被广泛使用。(　　)

6-4 比较并联比较型 A/D 转换器与逐次渐近型 A/D 转换器的优缺点。

6-5 比较并联比较型 A/D 转换器与逐次逼近型 A/D 转换器的优缺点。

6-6 比较并联比较型 A/D 转换器与计数器型 A/D 转换器的优缺点。

6-7 比较权电阻网络 D/A 转换器与倒 T 形 D/A 转换器的优缺点。

6-8 说明逐次渐近型 A/D 转换器的工作原理。

6-9 说明权电阻网络 D/A 转换器的工作原理。

6-10 说明倒 T 形 D/A 转换器的组成部分及其转换器工作原理。

第 7 章　基本通信技术

通信是电子技术的一个重要领域，现在常用的通信系统有两种形式：有线和无线。有线是指两个相互通信的终端之间有导线连接，现在常见的是固定电话和计算机的串口通信；而无线则没有导线连接，取而代之的是无线电波、红外、超声等介质。

7.1　通信系统基础

通信就是将数据从一个地方传送到另一个地方的过程。传送数据的方式是多种多样的，要想顺利地传送数据，每种通信方式都必须包含信源、传输介质和信宿。图 7-1 所示为通信系统的构成。

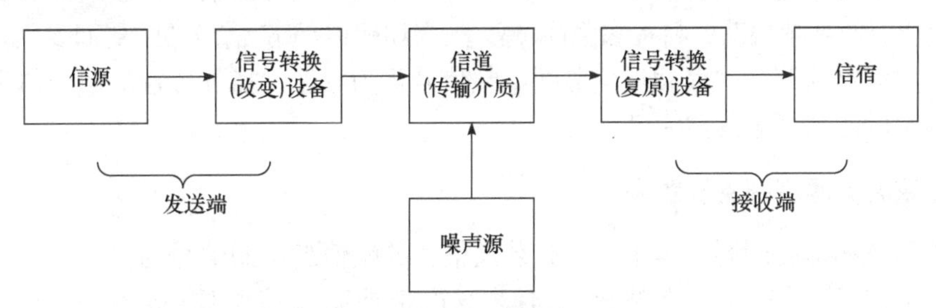

图 7-1　通信系统的构成

下面介绍有关通信系统的一些概念。

(1) 信源：用于将要处理的原始数据转换成原始电信号。

(2) 信号转换(改变)设备：用于将原始电信号转换成适合信道传输的信号。这是因为信源发出的原始电信号需要进行信号转换，才能够在信道中传输。

(3) 信号转换(复原)设备：用于将在传输介质另一端接收到的信号还原为原始的电信号然后交给信宿处理。

(4) 严格地讲，传输是相对于信号而言的，而通信是相对于数据而言的。

(5) 单向通信(单工通信)：只能有一个方向的通信而没有反方向的交互。

(6) 双向交替通信(半双工通信)：通信的双方都可以发送信息，但不能双方同时发送，当然也就不能同时接收。

(7) 双向同时通信(全双工通信)：通信的双方可以同时发送和接收信息。

(8) 基带信号(即基本频带信号)：来自信源的信号。如计算机输出的代表各种文字或图像文件的数据信号都属于基带信号(图 7-2)。

(9) 基带信号往往包含较多的低频成分，甚至有直流成分，而许多信道并不能传输这种低频分量或直流分量，因此必须对基带信号进行调制调幅(modulation)。调制信号也如

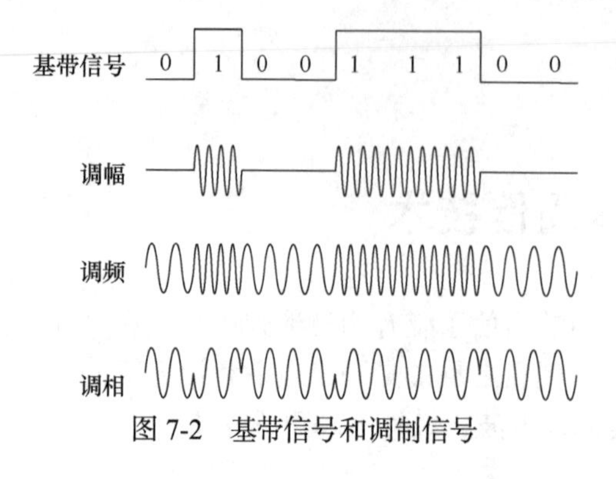

图 7-2　基带信号和调制信号

图 7-2 所示。

(10) 带通信号：当基带信号经过载波调制后，把信号的频率范围搬移到较高的频段以便在信道中传输(即仅在一段频率范围内能够通过信道)的信号。

(11) 最基本的二元制调制方法有以下几种。

① 调幅(amplitude modulation, AM)：载波的振幅随基带数字信号的变化而变化。

② 调频(frequency modulation, FM)：载波的频率随基带数字信号的变化而变化。

③ 调相(phase modulation, PM)：载波的初始相位随基带数字信号的变化而变化。

7.2　基本调制原理

为了抗干扰和远距离传输信号，一般需将信号频率较低的信号加载到辐射能力强的高频振荡上，使高频振荡的特征参数(振幅、频率和相位等)随信号的强弱而变化。这个加载过程通常就称为调制，而载运信号的高频信号称为载波，需要传输的信号称为调制信号，经调制后的高频振荡称为已调波。

7.2.1　正弦波的幅度调制及解调

在正弦波的幅度调制过程中，正弦载波信号的幅值随调制信号的强弱而变，而其频率不变。幅度调制分为标准调幅(AM)、双边带抑制载波调幅(double side band with suppressed carrier amplitude modulation，DSB-SC-AM，DSB)、单边带抑制载波调幅(single side band with suppressed carrier amplitude modulation，SSB-SC-AM，SSB)和残留边带调幅(vestigial side band with suppressed carrier amplitude modulation，VSB-SC-AM，VSB)。

1. 标准调幅

幅度调制原理如图 7-3 所示。为简化起见，先假设调制信号为余弦波，其瞬时值为 u_Ω，即

$$u_\Omega = U_\Omega \cos \Omega t = U_\Omega \cos(2\pi F t) \tag{7-1}$$

式中，U_Ω、F 和 Ω 分别为调制信号的振幅、频率和角频率。

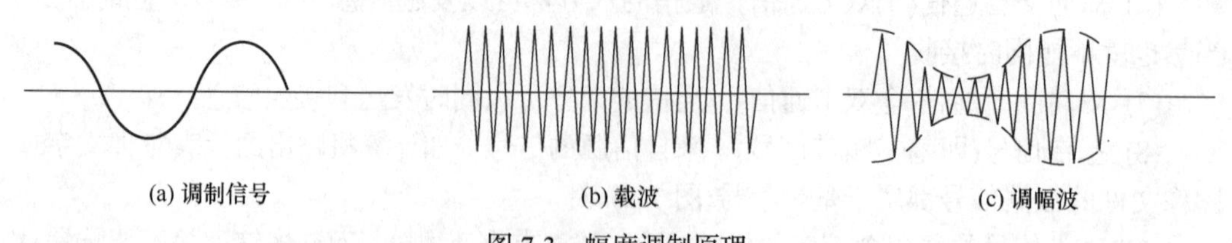

图 7-3　幅度调制原理

若令载波的初相位 $\theta_0 = 0$，则调幅波可以表示成

$$
\begin{aligned}
u &= U_{\rm cm}(t)\sin\omega_{\rm c}t \\
&= (U_{\rm cm} + \Delta U_{\rm c}\cos\Omega t)\sin\omega_{\rm c}t \\
&= U_{\rm cm}\left(1 + \frac{\Delta U_{\rm c}}{U_{\rm cm}}\cos\Omega t\right)\sin\omega_{\rm c}t \\
&= U_{\rm cm}(1 + m_{\rm A}\cos\Omega t)\sin\omega_{\rm c}t
\end{aligned}
\tag{7-2}
$$

式中，$\Delta U_{\rm c}$ 为幅值变化的最大值，它与调制信号的振幅 u_Ω 成正比；调幅波 u 的振幅在最大值 $U_{\max} = U_{\rm cm} + \Delta U_{\rm c}$ 和最小值 $U_{\min} = U_{\rm cm} - \Delta U_{\rm c}$ 之间摆动。

式(7-2)中的 $m_{\rm A}$ 为

$$
m_{\rm A} = \frac{\Delta U_{\rm c}}{U_{\rm cm}} \tag{7-3}
$$

$m_{\rm A}$ 用来表示调幅波的深度，称为调幅系数(或称调幅度)。$m_{\rm A}$ 越大，表示调幅的深度越深。当 $m_{\rm A} = 1$ 时，意味着 100%的调幅；若 $m_{\rm A} > 1$，则意味着 $\Delta U_{\rm c} > U_{\rm cm}$，会出现过量调幅，此时调幅波的包络线已不同于调制信号，这样在进行振幅调制时，便不能恢复原始调制信号，并且会引起很大的信号失真。因此，振幅调制时，一般应使 $m_{\rm A} \leqslant 1$。

将调幅信号利用简单的三角变换展开，可以发现采用单一频率的正弦波调制正弦载波时，调幅波的谱是由载波 $(\omega = \omega_{\rm c})$、上边频 $(\omega = \omega_{\rm c} + \Omega)$ 和下边频 $(\omega = \omega_{\rm c} - \Omega)$ 组成的，如图 7-4 所示。若调制信号是含多种频率的复合信号，则调幅波的频谱图中将有上、下边带分立于载波左右。$\Omega_{\max}$ 表示调制信号中的最高频率分量。因此，传输调幅波的系统的带宽应为调制信号最高频率的两倍，即 $B = 2\Omega_{\max}$。

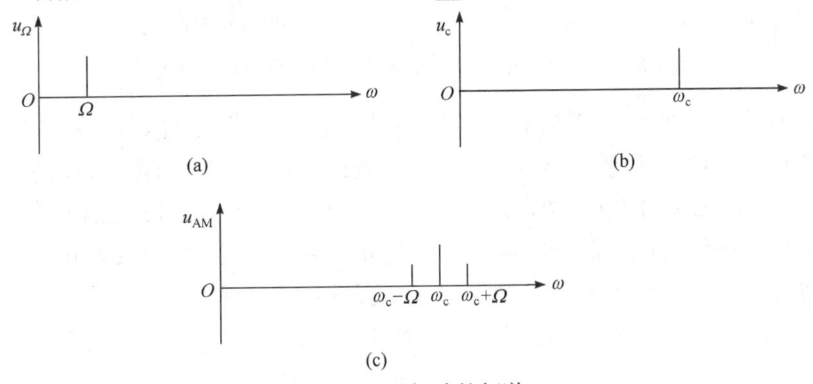

图 7-4　调幅波的频谱

由调幅波的表示式和频谱图可以看出，载波分量不携带信息，上边带和下边带携带的信息相同，因此，可以用载波抑制的方法节约功率或用单边带传输的方法压缩频带宽度。

2. 双边带抑制载波调幅

当调幅波送至负载电阻 R 时，其载波功率与上、下边频的功率分别为

$$
P_{\omega_{\rm c}} = \frac{U_{\rm cm}^2}{2R}
$$

$$
P_{\omega_{\rm c}-\Omega} = P_{\omega_{\rm c}+\Omega} = \frac{m_{\rm A}^2}{4}P_{\omega_{\rm c}} \tag{7-4}
$$

载波与上、下边频的总功率为

$$P_{\Sigma}=P_{\omega_c}+P_{\omega_c-\Omega}+P_{\omega_c+\Omega}=\left(1+\frac{m_A^2}{2}\right)P_{\omega_c} \tag{7-5}$$

显然，即使在$m_A=1$时，携带信息的上、下边频功率也仅仅是载波功率的一半，功率白白浪费在不携带信息的载波上。因此，为了节省功率，可采用载波抑制技术，抑制载波而仅传送上、下边频，这种调幅方式称为双边带抑制载波调幅。

3. 调幅信号的解调

与调制过程相反，在接收端，需从已调波中恢复出调制信号，这一过程称为解调。调幅波的解调装置通常称为幅度检波器，简称检波器。解调必须与调制方式相对应。若已调波是一般调幅信号，则检波器可采用检波的方式。如图 7-5(a)、(b)所示，为一个二极管包络检波器的原理电路及检波过程示意图。

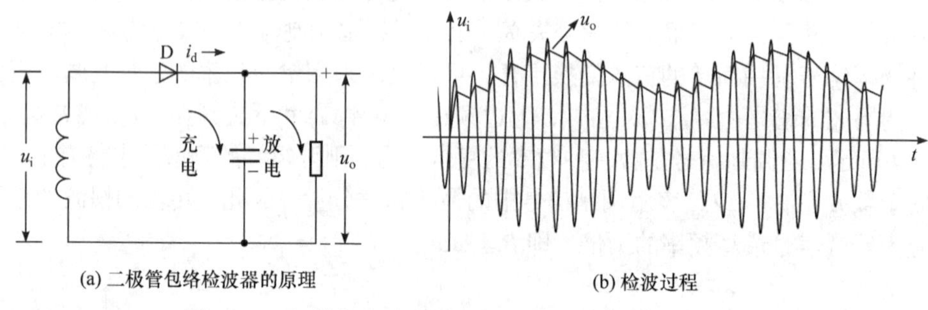

(a) 二极管包络检波器的原理　(b) 检波过程

图 7-5　二极管包络检波器的原理电路及检波过程示意图

当检波器输入端加入已调幅信号u_i后，只要u_i高于负载(电容C)两端的电压(检波器的输出电压)u_o，检波二极管就导通，u_i通过检波二极管的正向电阻r_i快速向电容C充电(充电时间常数为r_iC)，使电容两端的电压u_o在很短的时间内就接近已调幅信号的峰值；当已调幅信号u_i的瞬时电压低于电容两端的电压u_o后，检波二极管便截止，电容C通过负载电阻R_L放电，由于放电的时间常数$R_L C$远大r_iC，且远大于载波周期，所以放电很慢。当电容上的电压u_o下降不多，且已调波的下一周的电压u_i又超过u_o时，检波二极管导通，u_i再次向电容C充电，并使u_o迅速接近已调波的峰值。这样不断反复循环，就可得到图 7-5(b)所示的输出电压波形，其波形与已调波的包络相似，从而可恢复出原始调制信号。

包络检波器只能用作普通调幅波的解调器，而双边带抑制载波调幅信号和单边带调制信号的解调必须采用同步检波器。

7.2.2　正弦波的频率调制

使载波的瞬时频率随着调制信号的强弱产生频率偏移，而载波振幅维持不变的调制方式称为频率调制，如图 7-6 所示。

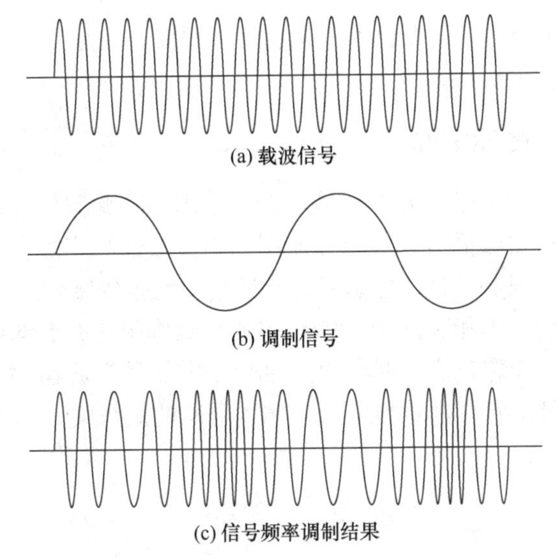

图 7-6　频率调制过程

设调制信号为$u_\Omega = U_\Omega \cos \Omega t$。调频时，载波的瞬时角频率$\omega(t)$可表示成

$$\omega(t) = \omega_c + k_F u_\Omega = \omega_c + k_F U_\Omega \cos \Omega t = \omega_c + \Delta\omega_m \cos \Omega t \tag{7-6}$$

式中，ω_c为载波角频率，它是调频波频率偏移的中心；$\Delta\omega_m$为调频波角频率的最大偏移，它与调制信号的幅度U_Ω成正比，即$\Delta\omega_m = k_F U_\Omega$，$k_F$为比例系数。

考虑到瞬时相位$\varphi(t)$为瞬时角频率$\omega(t)$对时间的积分，而瞬时角频率$\omega(t)$等于瞬时相位$\varphi(t)$对时间的微分，即

$$\varphi(t) = \int \omega(t)\mathrm{d}t$$

$$\omega(t) = \frac{\mathrm{d}\varphi(t)}{\mathrm{d}t} \tag{7-7}$$

则调频波的瞬时相位为

$$\begin{aligned}\varphi(t) &= \int \omega(t)\mathrm{d}t = \int (\omega_c + \Delta\omega_m \cos \Omega t)\mathrm{d}t \\ &= \omega_c t + \frac{\Delta\omega_m}{\Omega}\sin \Omega t = \omega_c t + \varphi_m \sin \Omega t\end{aligned} \tag{7-8}$$

式中，$\varphi_m = \dfrac{\Delta\omega_m}{\Omega}$为最大相位偏移。

因此，调频波的表示式可写为

$$\begin{aligned}u &= U_{cm} \cos\varphi(t) = U_{cm} \cos\left(\omega_c t + \frac{\Delta\omega_m}{\Omega}\sin \Omega t\right) \\ &= U_{cm}\cos(\omega_c t + m_F \sin \Omega t)\end{aligned} \tag{7-9}$$

式中，$m_F = \dfrac{\Delta\omega_m}{\Omega} = \dfrac{\Delta f_m}{F}$称为调频波的调频系数(调频度)。

与调幅系数m_A只能小于 2 不同，调频系数m_F可能大于 1，如可取m_F=5，从而可获

得很高的信噪比。由于调频波的振幅不随调制信号而变，若有干扰使调频波的振幅变化，也可用限幅器切除幅度干扰。

7.2.3 模拟乘法器在通信电路中的应用

集成模拟乘法器是继集成运放之后另一大类通用型有源器件。近年来，由于它的技术性能不断提高，且价格较低廉，其单独使用或与集成运放相配合，被广泛应用于信号运算、信号处理、电子测量、自动控制系统及通信工程等领域。

模拟乘法器是两个互不相关的模拟信号实现相乘作用的有源网络。集成模拟乘法器一般有两个输入端和一个输出端，是一个三端口的非线性有源器件。有同相模拟乘法器和反相模拟乘法器两种。它们的输出电压与输入电压的函数关系如下。

同相乘法器：

$$u_o = Ku_X u_Y$$

反相乘法器：

$$u_o = -Ku_X u_Y$$

其中，K 为正数，称为增益系数，常数 $K = 0.1\text{V}^{-1}$。集成模拟乘法器的功能符号如图 7-7 所示。根据乘法运算的代数性质，乘法器有四个工作区域，由它的两个输入电压的极性来确定，并可用 X-Y 平面中的四个象限表示。乘法器工作区域如图 7-8 所示。

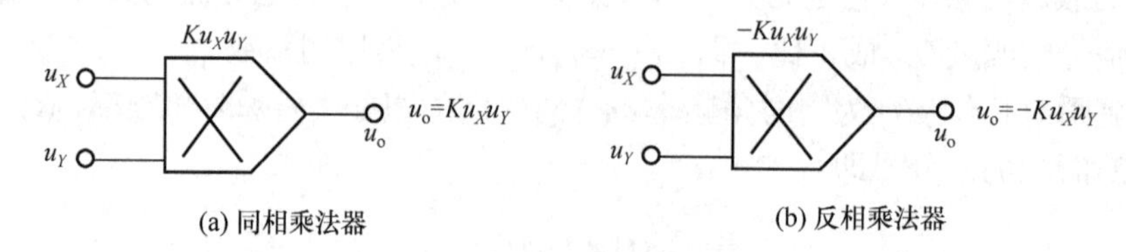

图 7-7　模拟乘法器的功能符号

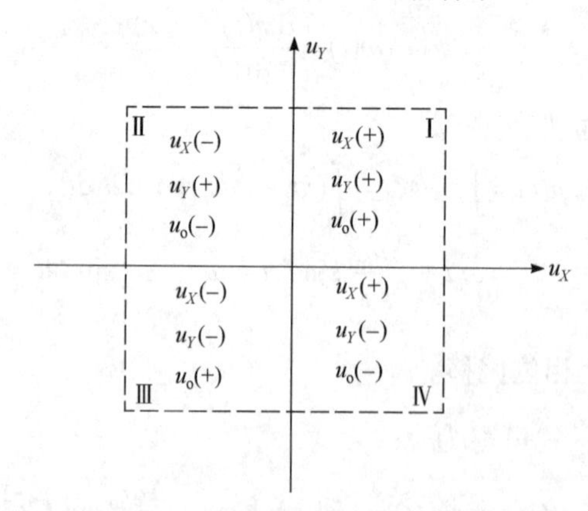

图 7-8　模拟乘法器的四个工作象限

实现模拟信号相乘的方法很多，现有五种有成效的模拟相乘技术，即四分之一平方、时间分割、三角波平均、对数反对数以及变跨导式相乘等。变跨导式模拟乘法器易集成，工作频带宽，线性好，交流馈通效应小，稳定性好，价格较低，应用也较为广泛，属于这一类的单片集成模拟乘法器有 MC1496、MC1595 等。

1. 倍频电路

当两个输入信号为同频率的信号时，即可实现两倍频作用，如图 7-9 所示。

设 $u_{\mathrm{i}}=U_{\mathrm{im}}\cos\omega t$，乘法器的输出为 u_{o}'，电容输出为 u_{o}。则

$$u_{\mathrm{o}}'=K(u_{\mathrm{i}})^2=K(U_{\mathrm{im}}\cos\omega t)^2=\frac{1}{2}KU_{\mathrm{im}}^2(1+\cos 2\omega t) \tag{7-10}$$

经过电容隔直后，$u_{\mathrm{o}}=\dfrac{1}{2}KU_{\mathrm{im}}^2\cos 2\omega t$。

2. 调幅电路

采用模拟乘法器构成的调幅电路如图 7-10 所示。其中 U_{YQ} 是固定的直流电源，u_{Ω} 是调制信号，u_{c} 是高频载波，m_{A} 是调幅系数。

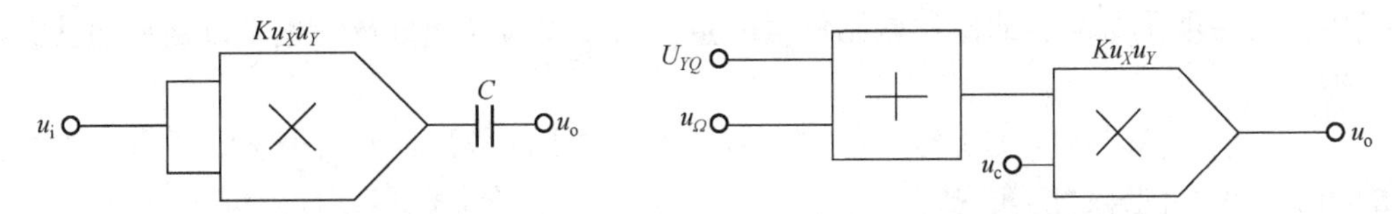

图 7-9　用乘法器组成倍频电路　　图 7-10　乘法器实现调幅电路

$$u_X=u_{\mathrm{c}},\ u_Y=U_{YQ}+U_{\Omega\mathrm{m}}\cos\Omega\, t,\ u_{\mathrm{o}}=Ku_Xu_Y$$

$$\begin{aligned}u_{\mathrm{o}}&=K(U_{YQ}+U_{\Omega\mathrm{m}}\cos\Omega t)U_{\mathrm{cm}}\cos\omega_{\mathrm{c}}t\\&=KU_{YQ}\left(1+\frac{U_{\Omega\mathrm{m}}}{U_{YQ}}\cos\Omega t\right)U_{\mathrm{cm}}\cos\omega_{\mathrm{c}}t\\&=KU_{YQ}U_{\mathrm{cm}}(1+m_{\mathrm{A}}\cos\Omega t)\cos\omega_{\mathrm{c}}t\\&=U_{\mathrm{cm}}'(1+m_{\mathrm{A}}\cos\Omega t)\cos\omega_{\mathrm{c}}t\\&=U_{\mathrm{cm}}'\cos\omega_{\mathrm{c}}t+\frac{1}{2}m_{\mathrm{A}}U_{\mathrm{cm}}'\cos(\omega_{\mathrm{c}}+\Omega)t+\frac{1}{2}m_{\mathrm{A}}U_{\mathrm{cm}}'\cos(\omega_{\mathrm{c}}-\Omega)t\end{aligned} \tag{7-11}$$

式中，$U_{\mathrm{cm}}'=KU_{YQ}U_{\mathrm{cm}}$。

3. 采用乘法器实现解调(检波)

调幅波的解调又称幅度检波，简称检波，它是调幅的逆过程。基本结构框图如图 7-11 所示。

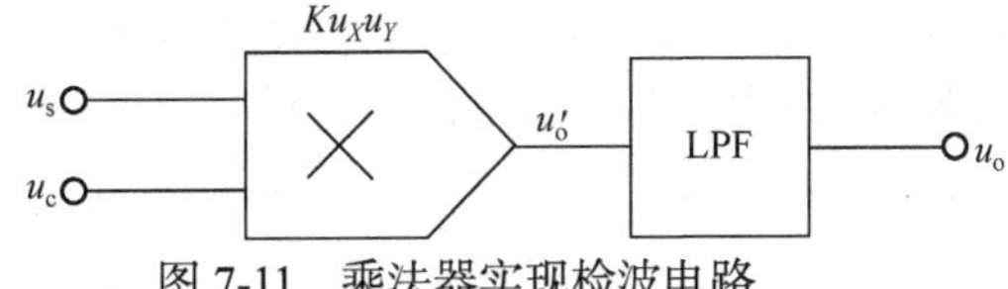

图 7-11　乘法器实现检波电路

其工作原理如下：在乘法器的一个输入端输入振幅调制信号，如抑制载波的双边带信号 $u_{\mathrm{s}}(t)=u_{\mathrm{sm}}\cos\omega_{\mathrm{c}}t\cos\Omega t$，另一输入端输入同步信号(即载波信号)$u_{\mathrm{c}}(t)=u_{\mathrm{cm}}\cos\omega_{\mathrm{c}}t$，经乘法器相乘，由此可得输出信号 $u_{\mathrm{o}}'(t)$ 为

$$
\begin{aligned}
u_o'(t) &= Ku_s(t)u_c(t) \\
&= \frac{1}{2}Ku_{sm}u_{cm}\cos\Omega t + \frac{1}{2}Ku_{sm}\cos(2\omega_c+\Omega)t - \frac{1}{4}Ku_{sm}u_{cm}(2\omega_c-\Omega)t
\end{aligned} \tag{7-12}
$$

式中，第一项是所需要的低频调制信号分量，后两项为高频分量，可用低通滤波器滤掉，从而实现双边带信号的解调。

若输入信号 $u_s(t)$ 为单边带振幅调制信号，即 $u_s(t)=\frac{1}{2}u_{sm}\cos(\omega_c+\Omega)t$，则乘法器的输出 $u_o'(t)$ 为

$$
\begin{aligned}
u_o'(t) &= \frac{1}{2}Ku_{sm}u_{cm}\cos(\omega_c+\Omega)t\cos\omega_c t \\
&= \frac{1}{4}Ku_{sm}\cos\Omega t + \frac{1}{4}Ku_{sm}u_{cm}(2\omega_c+\Omega)t
\end{aligned} \tag{7-13}
$$

式中，第一项是所需要的低频调制信号分量，第二项为高频分量，也可以被低通滤波器滤掉。

如果输入信号 $u_s(t)$ 为有载波振幅调制信号，同步信号为载波信号 $u_c(t)$，利用乘法器的相乘原理，同样也能实现解调。

设 $u_s(t)=U_{sm}(1+m\cos\Omega t)\cos\omega_c(t)$，$u_c(t)=U_{cm}\cos\omega_c t$，则乘法器输出电压 $u_o'(t)$ 为

$$
\begin{aligned}
u_o'(t) = Ku_s(t)u_c(t) &= \frac{1}{2}Ku_{sm}u_{cm} + \frac{1}{2}Ku_{sm}u_{cm}\cos\Omega t + \frac{1}{2}Ku_{sm}\cos 2\omega_c t \\
&+ \frac{1}{4}Ku_{sm}u_{cm}(2\omega_c+\Omega)t + \frac{1}{4}Ku_{sm}u_{cm}(2\omega_c-\Omega)t
\end{aligned} \tag{7-14}
$$

式中，第一项为直流分量，第二项是所需要的低频调制信号分量，后面三项为高频分量，利用隔直电容及低通滤波器可滤掉直流分量及高频分量，从而实现有载波振幅调制信号的解调。

7.2.4 脉冲调制及解调

在脉冲调制方式中，载波是周期性脉冲序列。若脉冲序列的脉冲幅度 A、宽度 τ、脉冲位置和脉冲重复频率受调制信号控制而发生变化，则可得到四种基本的脉冲调制方式，分别称为脉冲振幅调制(pulse-amplitude modulation, PAM)、脉冲宽度调制(pulse width modulation, PWM)、脉冲位置调制(pulse-position modulation, PPM)和脉冲频率调制(pulse frequency modulation, PFM)。脉冲调制不是传送调制信号的每一个瞬时值，而是只传送其采样值，只要采样周期 T_s 足够小，或者说采样频率 f 足够高(按采样定理，只要采样率 f_s 等于或大于信号最高频率 f_m 的两倍)，就可由采样脉冲来恢复原信号，而不会导致失真。采样是脉冲调制(除 PFM 外)的共同基础，脉冲调制首先必须将调制信号采样，然后用各采样值去控制脉冲序列的某一参数，以实现各种脉冲调制方式。

1. 脉冲振幅调制

脉冲振幅调制可看成一定宽度的脉冲对调制信号的采样过程，也可看成载波为脉冲序列的斩波调幅，其电路如图 7-12 所示。图 7-12(b)中的二极管 D_1～D_4 组成开关电路，

由采样脉冲 $s(t)$ 控制其通断。当 $s(t)$ 的幅度足够大，且 $u_a > u_b$ 时，二极管 D_1～D_4 全部导通。若认为二极管的导通电阻为零，则此时信号 $u_\Omega(t)$ 被开关短路，输出电压为 $u_o(t)=0$；而当 $u_a < u_b$ 时，二极管 D_1～D_4 全部截止，输出电压 $u_o(t)=u_\Omega(t)$，二极管被 $s(t)$ 周期性通断，电路便输出脉冲调幅波。

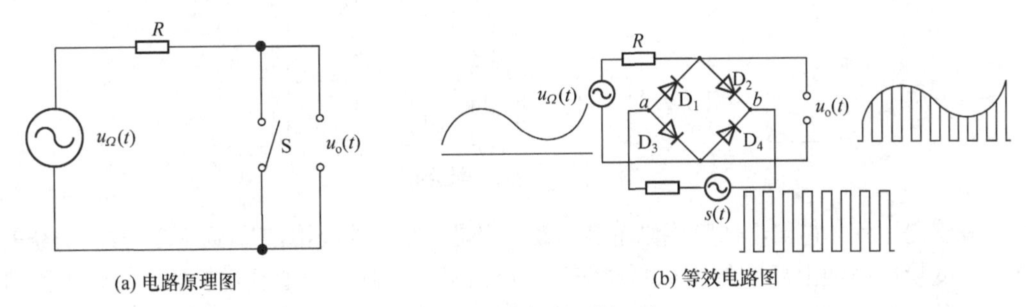

图 7-12　脉冲振幅调制电路

2. 脉冲宽度调制

由积分器和电压比较器可构成脉冲宽度调制(PWM)电路，如图 7-13 所示。方波载波加至积分器的反相端，经反相积分后输出三角波 u_{o1}，并加至比较器的反相端，调制信号 $u_\Omega(t)$ (以正弦波信号为例)加至比较器的同相端，调制信号与三角波信号在比较器中进行电压比较，当正弦调制信号电压比三角波电压高时，输出高电平 U_{oH}；相反，当正弦调制信号电压低于三角波电压时，输出低电平 U_{oL}，这样就形成脉冲宽度调制(PWM)信号。

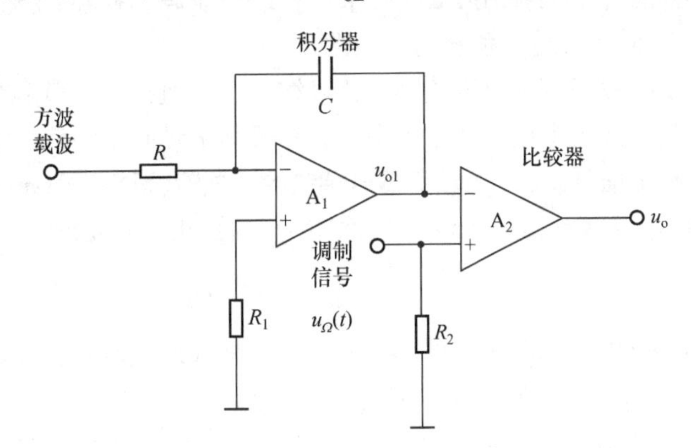

图 7-13　脉冲宽度调制电路

脉冲持续时间调制(pulse duration modulation，PDM)(图 7-14)也是一种脉冲宽度的调制形式。PWM 属于双边(脉冲前后沿)调宽的脉冲调制方式，而 PDM 的宽度调制仅反映在脉冲的后沿单边受调制。PDM 与 PWM 一样，可采用电压比较器来完成，不同的是在 PDM 中，一般是将方波载波变换成锯齿波，然后与调制信号进行比较。

7.2.5　脉冲编码调制

脉冲编码调制和脉冲调制有本质的不同。脉冲调制归属于模拟调制的范畴，它是用脉冲的振幅、宽度和出现的位置变化来传送各个采样值的；而脉冲编码调制还必须经过

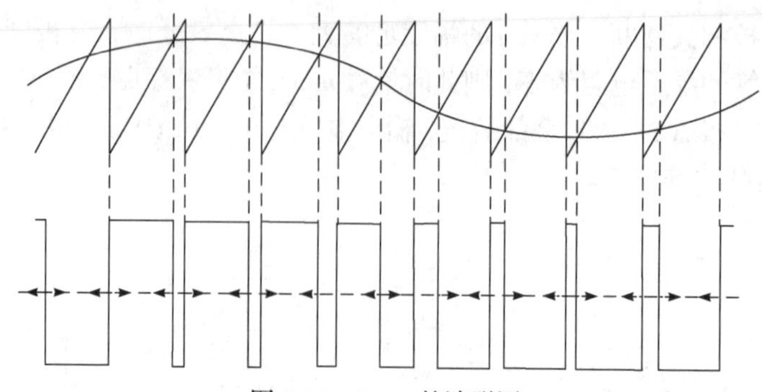

图 7-14　PDM 的波形图

量化和编码过程，它属于数字调制范畴。其过程是：原始的模拟信号(通常是连续的)经采样后，变换成时间上离散的模拟脉冲信号，该信号的实际采样值经过量化，变化为数值上有限的量化值(近似采样值)，也就是变换为时间上和取值上都离散的信号，即数字信号，然后通过编码变换成一组二进制的脉冲码组，如图 7-15 所示。

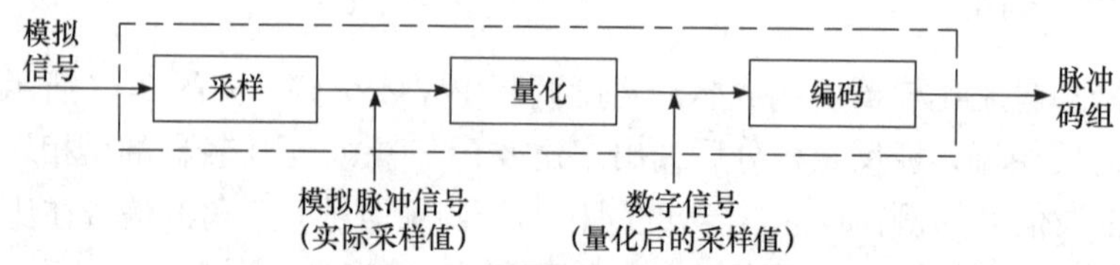

图 7-15　脉冲编码调制中的采样、量化和编码过程

在实际的编码过程中，常采用 BCD 码来代替二进制码，还需加入同步码、地址码、检错与纠错码等，从而可以提高系统的可靠性。

用脉冲序列表示的数字信号可直接利用传输线传送，但在远距离多路传输信号时，通常还需将该信号调制到某一指定的载波频率上。一般称未经调制的信号为基带信号，而将调制后的信号称为频带信号。常见的数字信号调制的方式有幅移键控(amplitude shift keying, ASK)、频移键控(frequency shift keying, FSK)和相移键控(phase-shift keying, PSK)等。

1. 幅移键控

幅移键控(ASK)是指利用数字脉冲信号去控制高频载波的振幅，使在传送代码 1 或 0 时，分别输出高频振荡的“某值”或“零值”，如图 7-16 所示。实现振幅键控的方法较简单，只要利用二进制数字脉冲信号来控制高频振幅的“通”和“断”即可。

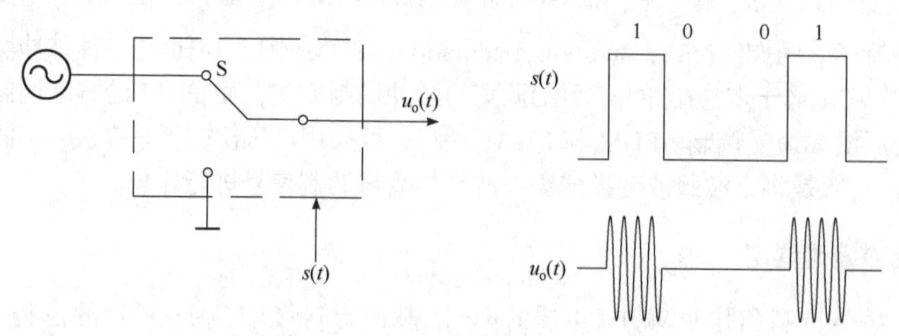

图 7-16　实现 ASK 的示意图及方法

2. 频移键控

用数字脉冲信号对高频载波的瞬时频率进行控制，使在传送 1 或 0 码时，分别输出两个不同频率(f_1 和 f_2)的信号，如图 7-17 所示，这种调制方式就称为频移键控(FSK)。频移键控信号既可采用直接调频法，也可采用频率转换法等来形成。

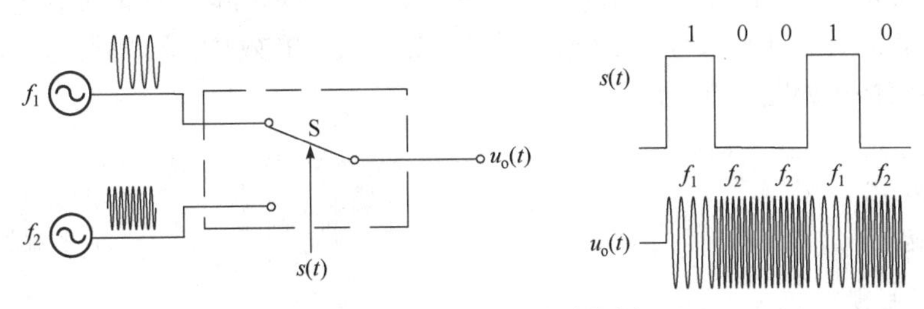

图 7-17　实现 FSK 的示意图

7.3　红外通信技术

红外线通信是一种廉价、近距离、无线、低功耗、保密性强的通信方案，主要应用于近距离的无线数据传输，也有的用于近距离无线网络接入。从早期的红外线数据协会(the Infrared Data Association, IrDA)规范(115200bit/s)到长波形可移动输入红外线(amplitude shift keyed infra-red, ASKIR)规范(1.152Mbit/s)，再到最新的 FASTIR 规范(4Mbit/s)，红外线接口的速度不断提高，使用红外线接口和计算机通信的信息设备也越来越多。由于红外线的波长较短，对障碍物的衍射能力差，所以只适合于短距离无线通信的场合，进行“点对点”的直线数据传输，因此在小型的移动设备中获得了广泛的应用。

IrDA 相继制定了很多红外通信协议，有侧重于传输速率方面的，有侧重于低功耗方面的，也有两者兼顾的。为了保证不同厂商的红外产品能够获得最佳的通信效果，红外通信协议将红外数据通信所采用的光波波长的范围限定在 850～900nm。IrDA 标准包括三个基本的规范和协议：物理层规范(physical layer link specification)、红外链接建立协议(infra-red link access protocol, IrLAP)和红外链接管理协议(infra-red link management protocol, IrLMP)。物理层规范制定了红外通信硬件设计上的目标和要求，IrLAP 和 IrLMP 为两个软件层，负责对链接进行设置、管理和维护。

如图 7-18 所示，红外数据传输基本电路包括发射和接收两部分，信号都要经过编解码之后，才能进行传输。常用的红外信号传输协议有 ITT 协议、NEC 协议、Nokia NRC 协议等，本书仅简要介绍 NEC 协议。

NEC 协议是众多红外遥控协议中的一种，应用比较广泛，市场上买到的非学习型万能电视遥控器大多集成一种或多种编码，一般都支持 NEC 型。

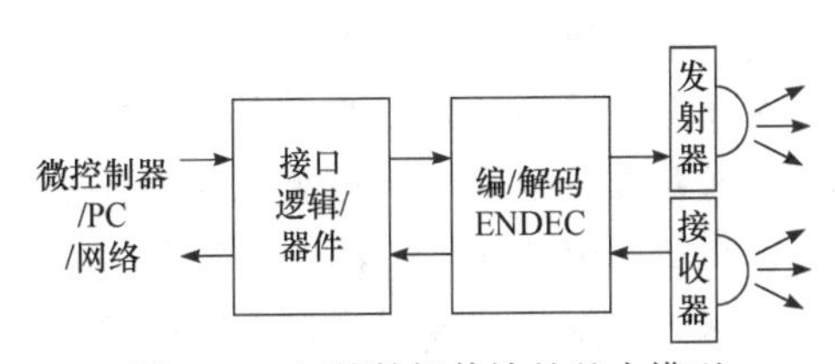

图 7-18　红外数据传输的基本模型

NEC 协议的主要特征：八位地址码和八位控制码；载波频率为 38kHz；脉冲宽度调制；

地址码和控制码发两次，以增加可靠性。

NEC 编码的一帧由引导码、地址码及控制码组成，把地址码及控制码取反的作用是加强数据的正确性。逻辑位的表示方法如图 7-19 所示，逻辑“1”由 560μs 的高电平和 2.25ms 的低电平组成，逻辑“0”由 560μs 的高电平和 560μs 的低电平组成，且高电平用 38kHz 脉冲载波进行调制。9ms 的传号和 4.5ms 的空号为引导码，8bit 的地址码和 8bit 的地址反码，8bit 的控制码和 8bit 的控制反码，先发最低有效位，再发最高有效位。NEC 协议的完整帧格式如图 7-20 所示。

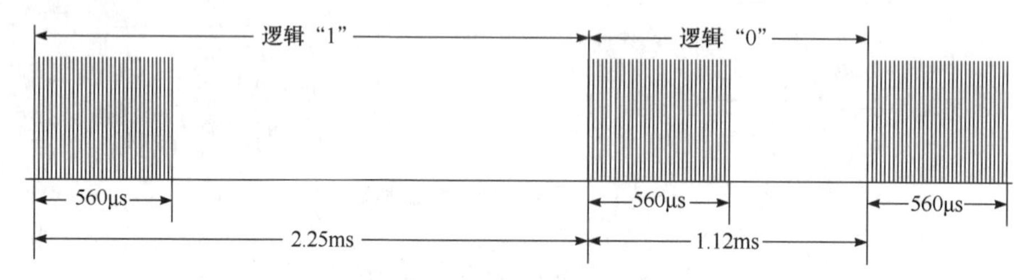

图 7-19　NEC 协议逻辑电平编码格式

图 7-20　NEC 协议完整帧格式

7.4　水下通信技术

水下信道复杂多变，同时存在多途径干扰、噪声等现象，从而导致水下通信方式受到了一定的限制。目前的水下无线通信方式主要有电磁波通信、声波通信、光通信等。电磁波技术比较成熟、通信速率较高并且抗干扰能力强，但是电磁波在水中传播距离非常近，能量衰减很快，不适合长距离水下通信。声波通信是目前常用的水下通信方式，因此对水下通信技术的研究是目前海洋领域研究的热点。

1. 模拟水声通信系统

模拟水声通信系统基本组成框图如图 7-21 所示，和基本通信系统结构基本一致。水声通信中广泛用到了水声换能器，水声换能器在声通信中的地位类似于无线电设备中的天线，是在海水中发射和接收声波的声学系统，能实现电信号与声波之间的转换。换能器作为电声转换的装置要求大功率输出，需要进行阻抗匹配设计。声波信号的输出要求换能器具有一定的工作带宽，满足信号频率特性要求，然而一般换能器的工作带宽较窄，需要对其频率特性进行补偿，展宽工作带宽。

通过调制将待发送信息变换成信号波形，调制到水声换能器的工作频带，经过功率放大器和阻抗匹配电路后推动水声换能器，水声换能器把电能转化为声波发射出去。

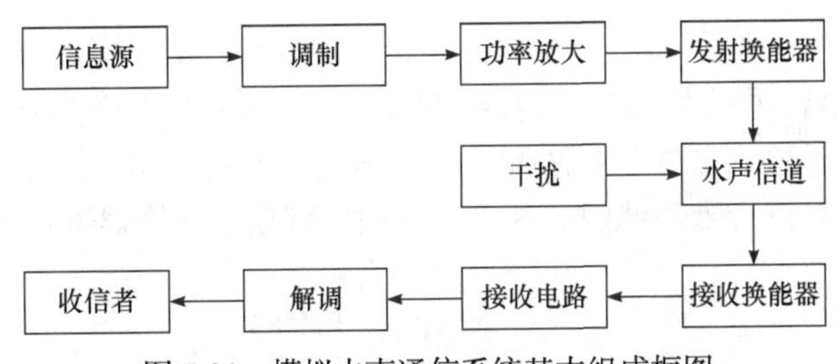

图 7-21　模拟水声通信系统基本组成框图

接收换能器一般也称为水听器，它将接收到的声波转换成电信号，信号起伏较大，经过预处理电路调整接收信号，对接收信号进行解调并识别信息。

2. 数字水声通信系统

由于数字水声通信系统是数字通信系统在水声信道的一种特殊应用，因此其基本系统组成也与一般的数字通信系统大体相同。图 7-22 给出了数字水声通信系统基本组成方框图。

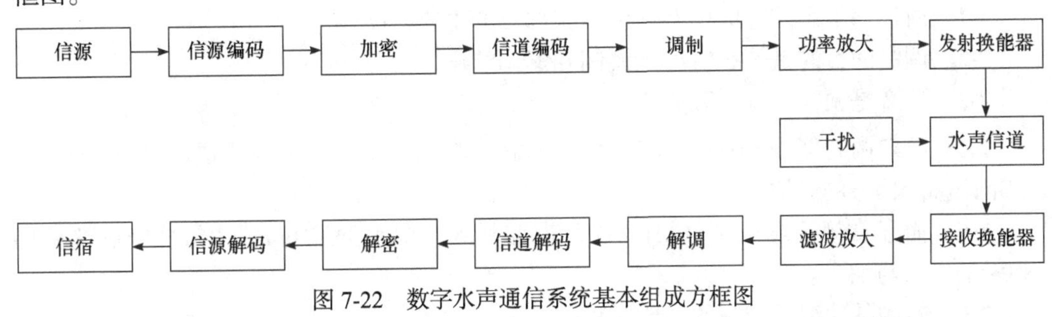

图 7-22　数字水声通信系统基本组成方框图

3. 发射机的基本硬件结构

发射机是水声通信系统的重要组成部分，可以将直流功率转换成交流功率，并向末端负载提供所需的输出功率。如图 7-23 所示，发射机由驱动电路、功率放大电路、匹配网络及电源电路组成。驱动电路的作用是对输入信号进行电平转换，并完成对功率放大电路的大电流驱动；功率放大电路对输入信号进行放大，将直流功率转换为交流功率并输出到匹配网络；匹配网络完成功放电路与末端负载的阻抗匹配，同时提供必要的信号滤波功能，并将输出功率传输到负载端；电源电路为发射机中的有源电路提供必要的直流供电。

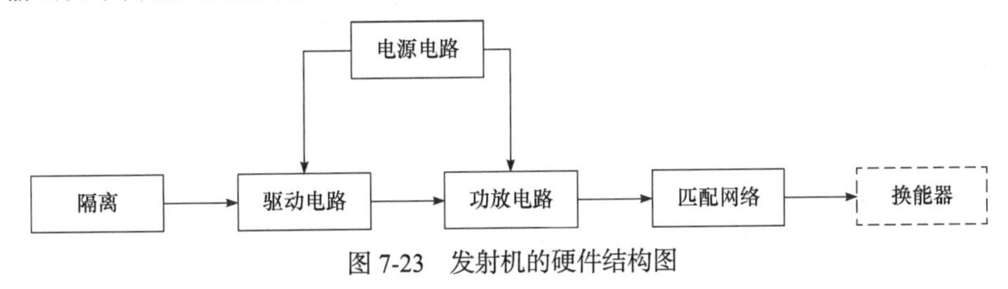

图 7-23　发射机的硬件结构图

4. 接收机的基本硬件结构

接收机是构成水声通信系统的重要部分，主要是通过控制电路对接收到的信号进行增益控制，经过滤波处理后输出到模数(A/D)转换器进行数据采集。如图 7-24 所示，接收机包括匹配滤波网络、可变增益放大电路、滤波器等。其中，匹配滤波网络的主要功能是实现换能器与接收机输入端的阻抗匹配；可变增益放大器对输入信号进行增益调节；滤波器对处理后的信号进行带通滤波，并将信号输出到模数转换器进行数据采集。

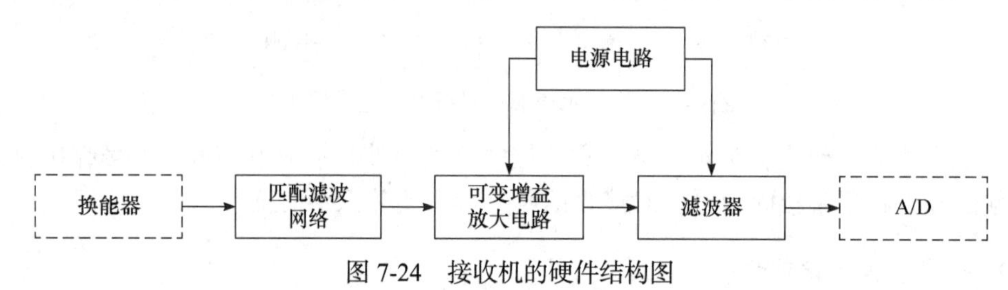

图 7-24　接收机的硬件结构图

习　　题

7-1　简述通信系统构成模型并说明各部分的主要功能。

7-2　调制的目的是什么？简述调制和解调的概念。

7-3　什么是调幅、调频和调相？

7-4　已知调制信号 $m(t)=\cos(2000\pi t)$ 的载波为 $2\cos(10^4\pi t)$，分别画出 AM、DSB、SSB(下边带)信号的频谱。

7-5　简述常规幅度调制(AM)、双边带抑制载波调幅(DSB)和单边带抑制载波调幅(SSB)的优点与缺点。

7-6　简述脉冲编码调制的主要过程。

7-7　红外传感器是如何工作的？

7-8　请解释 NEC 协议内容。

7-9　请查阅资料，说明什么是声呐。声呐可以完成哪些任务？

7-10　简述模拟水声通信系统和数字水声通信系统的差别。

第8章　传感器与接口电路

8.1　传感器选用原则

现代传感器在原理与结构上千差万别，在具体使用过程中，其测量对象、测量目标、工作环境等也大相径庭，合理地选择传感器，是进行测量时首先需要解决的问题。当传感器确定之后，随之确定与之配套的测量方法和测量设备。传感器选择合理与否在很大程度上决定了测量的成败。

1. 待测的对象、目的和要求

即便是测量同一个物理量，也有很多种原理的传感器可供选择。首先确定传感器的工作原理，再根据待测量的特点和传感器的使用条件选择传感器的类型。通常需要考虑的因素包括传感器的使用工况，封装尺寸空间，测量方式(接触式、非接触式)，信号传输方式(有线、无线)，产地(国产、进口)，价格，使用寿命，是否需要在线校准等。按照上述问题确定传感器类型后，再考虑传感器的具体性能指标。

2. 灵敏度

灵敏度是传感器的输出变化量与待测量变化量的比值。在传感器的线性范围内，其灵敏度理论上越高越好。此时，待测量变化较小，即可实现输出变化较大，有利于后续的信号处理。但传感器灵敏度越高，外界噪声越容易被引入测量结果中，从而影响测量精度。因此，要求传感器本身应具有较高的信噪比，尽量减少从外界引入的干扰信号。在满足要求的情况下，灵敏度低的传感器可以抑制外界噪声的影响，其抗干扰能力更强。

传感器的输出结果除了受待测量影响之外，往往还受到其余干扰项的影响。因此，传感器的灵敏度通常是方向性的。通常情况下，希望传感器的输出结果只受待测量的影响，对其他干扰项的响应灵敏度越低越好，即要求传感器在多参量间的交叉灵敏度越低越好。在无法降低交叉灵敏度的场合，则需要考虑布置多个不同种类的传感器以进行校准、补偿。

3. 动态范围和精度

线性范围指输出与输入成正比的范围。在此范围内，灵敏度理论上应为常数。传感器的线性范围越宽，量程越大。实际上，任何传感器都不能保证绝对线性。当测量精度要求较低时，可以在一定的范围内将非线性误差较小的传感器近似看作线性的，从而为后续处理带来方便。

精度是传感器的一个重要指标，是关系到整个测量系统测量精度的一个重要参量。

但精度越高，价格越昂贵。通常情况下，传感器的精度只需要满足整个系统的精度要求即可。若测量目的是定性分析，可以选择重复精度高的传感器，不用选择绝对值精度较高的传感器；若是定量分析，需要获得精确的测量值，需要按照测量要求选择合适的精度等级。

需要指出，传感器的精度与量程一般是相互制约的：量程越大，精度越低。因此在选用的时候应该根据具体的应用需求来选择合适的传感器。

4. 频率响应特性

测试系统可以分为静态测量和动态测量两种方式。静态测量针对的是稳定或者缓变的信号量，动态测量针对的是快速、瞬态、随机的信号量。待测信号的动态特性不同，决定了对传感器的频率响应特性要求不同。

传感器的频率响应特性决定于待测量的频率范围，需要保证传感器的输出在允许的频率范围内不失真。传感器的响应速度越快，可测的信号频率范围就越宽。

利用光电效应、压电效应等原理制作的传感器通常具有响应时间短、工作频带宽的特点，属于物性型传感器；而利用电感、电容、磁电等原理制作的传感器属于结构型传感器。传感器受结构特性、机械系统惯性的制约，通常具有固有频率低、工作频带窄的特点。在动态测量中，应根据待测信号的特点(稳态、瞬态、随机等)选择合适的传感器，以免产生过大的误差。

5. 测量方式

选择传感器时必须考虑其在实际条件下的工作方式，接触与非接触测量、破坏性与非破坏性测量、在线与非在线测量等。在机械系统中，往往采用非接触测量方式对运动部件的被测量进行测量。例如，对于回转轴的误差、振动、转矩等被测量，往往需要非接触式测量。这是因为对部件的接触式测量不仅造成对被测系统的影响，还存在许多实际困难。例如，测量头的磨损、接触状态的变动，信号采集也不易妥善解决，易造成测量误差。采用电容式、涡流式、光电式等非接触式传感器会很方便。但若选用电阻应变片，则需配以遥测应变仪。对于生产过程监测或产品质量在线检测等，宜采用涡流探伤、超声波探伤、核辐射探伤及声发射检测等，尽可能选用非破坏性测量方式。

整体而言，传感器的选择是一个见仁见智的问题，其在测量系统中的核心地位决定了其重要性，但繁多的待测对象、传感器原理和指标范畴决定了其选用的灵活性。此外，在某些特殊使用场合若无法选到合适的传感器，则需自行设计制造传感器。自制传感器的性能应满足使用要求。

8.2 常见传感器的基本原理

传感器的分类准则有多种原则。按被测量的类型，可以将传感器分为以下三种。

(1) 物理量传感器，包括压力传感器、振动传感器、位移传感器、真空度传感器、光传感器、温度传感器、磁传感器等。

(2) 化学量传感器，包括气体传感器、湿敏传感器、离子传感器等。

(3) 生物传感器，包括酶传感器、免疫传感器、DNA 传感器、微生物传感器等。

按输出信号，可以将传感器分为以下两种。

(1) 模拟传感器，将被测量的非电学量转换成模拟电信号。

(2) 数字传感器，将被测量的非电学量转换成数字输出信号。

按测量原理，可以将传感器分为以下三种。

(1) 物理型传感器，包括电阻、电容、压电、谐振、光电、热释电等。

(2) 化学型传感器，包括半导体表面控制、催化燃烧、电化学电流型、电化学电位型、混合电位型等。

(3) 生物型传感器，包括场效应管生物传感器、压电生物传感器、光学生物传感器、酶电极生物传感器、介体生物传感器等。

传感器作为测量系统的最前端，在分析时通常将其等效为电路中的一类基础元件的组合。因此，下面针对常见的物理型传感器进行介绍。

8.2.1　电阻式传感器

电阻式传感器将被测的非电量转换成电阻值的变化，通过测量电阻值的变化达到测量目的。构成电阻的材料种类包括导体、半导体、电解质溶液等，因而引起电阻变化的物理机制也很多。电阻材料的长度、内应力、温度等变化均会引起电阻变化。典型的电阻式传感器如应变式传感器和压阻式传感器。

1. 应变式传感器

应变式传感器具有较长的应用历史，其体积小、重量轻、结构简单、使用方便、响应速度快，被广泛用于工程测量和科学实验中。

1) 原理

设有一段长度为 l、截面积为 S、电阻率为 ρ 的金属丝，如图 8-1 所示。

在未受力时，原始电阻值为

$$R=\rho\frac{l}{S} \tag{8-1}$$

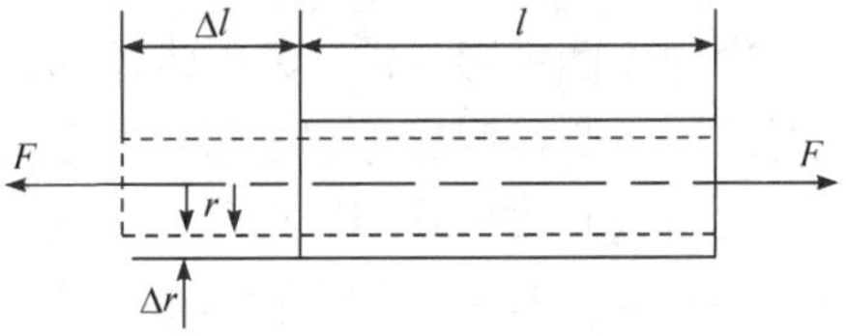

图 8-1　金属电阻丝应变效应

当电阻丝受到拉力 F 作用时，其电阻值的相对变化量为

$$\frac{\Delta R}{R}=\frac{\Delta l}{l}-\frac{\Delta S}{S}+\frac{\Delta\rho}{\rho} \tag{8-2}$$

式中，$\Delta l/l$ 为电阻丝的轴向应变，用 ε 表示，常用单位 $\mu\varepsilon$ ($1\ \mu\varepsilon=1\times10^{-6}$mm/mm)。径向应变为 $\Delta r/r$。用泊松比 μ ($\Delta r/r=-\mu(\Delta l/l)$)表示电阻丝的纵向伸长与横向收缩的关系。由此可将式(8-2)改写为

$$\frac{\Delta R}{R}=\left(1+2\mu+\frac{\Delta\rho/\rho}{\Delta l/l}\right)\frac{\Delta l}{l}=k_0\varepsilon \tag{8-3}$$

式中，k_0 成为金属电阻的灵敏系数，其值一般为 2。

2) 结构

应变片可分为金属丝式应变片、金属箔式应变片、金属薄膜应变片和厚膜应变片。

各种电阻应变片的结构大体相同，是由基底、敏感栅和覆盖层等组成的。以图 8-2 为例，丝绕式应变片是以直径为 0.025mm 左右的合金电阻丝绕成形如栅栏的敏感栅，敏感栅粘贴在绝缘的基底上，电阻丝的两端焊接引出线，敏感栅上面粘贴有保护用的覆盖层。l 称为应变片的基长，b 称为基宽，$l \times b$ 称为应变片的使用面积。应变片的规格以使用面积和电阻值表示，如$(3\times10)\text{mm}^2$，120Ω。

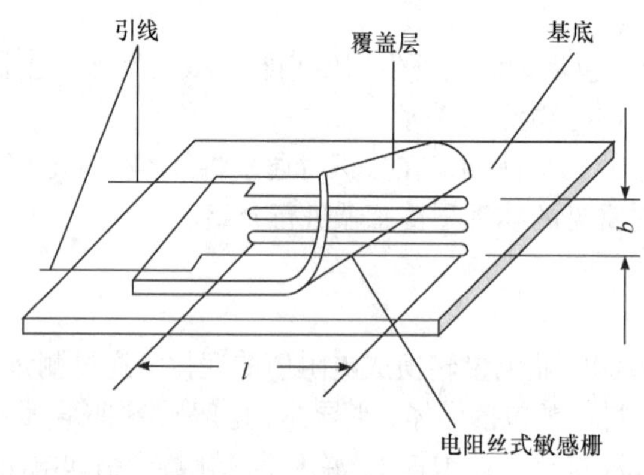

图 8-2　丝绕式应变片基本结构

使用应变片测量应变时，将应变片粘贴于被测对象表面。在外力作用下，被测对象表面产生微小机械变形时，应变片敏感栅也随同变形，其电阻值发生相应变化。通过转换电路转换为相应的电压或电流的变化，根据式(8-3)，可以得到被测对象的应变值ε，而根据应力应变关系式(8-4)可以测得应力值σ。

$$\sigma = E\varepsilon \tag{8-4}$$

式中，σ 为测试的应力；E 为材料弹性模量。

通过弹性敏感元件，可以将位移、力、力矩、加速度、压力等物理量转换为应变，因此可以用应变片测量上述各量，从而做成各种应变式传感器。

典型应变式传感器应用包括力传感器、压力传感器、加速度传感器、位移传感器、扭矩传感器等。其中，测量荷重和力的传感器常采用贴有应变片的应变式力传感器，而应变式压力传感器主要用于液体、气体压力的测量。

2. 压阻式传感器

固体材料的电阻率会因为受力而发生变化，这种效应称为压阻效应。半导体材料的压阻效应特别强。

在结晶的硅和锗中掺入杂质形成 P 型和 N 型半导体，即可构成半导体压阻材料。其压阻效应是因在外力作用下，原子点阵排列发生变化，导致载流子迁移率及浓度发生变化。由于半导体(如单晶硅)是各向异性材料，压阻系数不仅与掺杂浓度、温度和材料类型有关，还与晶向有关。压阻式传感器具有灵敏度大、分辨率高、频率响应高、体积小的特点，可用于测量压力、加速度、温度、湿度等参数。

1) 原理

根据式(8-3)，有

$$\frac{\Delta R}{R}=(1+2\mu)\frac{\Delta l}{l}+\frac{\Delta\rho}{\rho} \tag{8-5}$$

金属材料的$\Delta\rho/\rho$值很小，可以忽略；但半导体材料的$\Delta\rho/\rho$值很大，半导体电阻率的变化为

$$\frac{\Delta\rho}{\rho}=\pi_l\sigma=\pi_l E_e\frac{\Delta l}{l} \tag{8-6}$$

其中，π_l为沿某晶向的压阻系数；σ为应力；E_e为半导体材料的弹性模量。相比金属应变片，半导体材料的灵敏系数要高 50～80 倍。可近似认为$\Delta R/R=\Delta\rho/\rho$。半导体材料的缺点是温度系数大，应变时非线性比较严重，其应用范围受到一定的限制。

2) 基本结构

压阻式传感器是利用半导体材料的压阻效应制成的一种纯电阻性元件。其主要有三种类型：体型、薄膜型和扩散型。

体型压阻式传感器是将半导体材料硅或锗晶体按一定方向切割成片状小条，经腐蚀压焊粘贴在基片上而形成的应变片，其结构如图 8-3 所示。

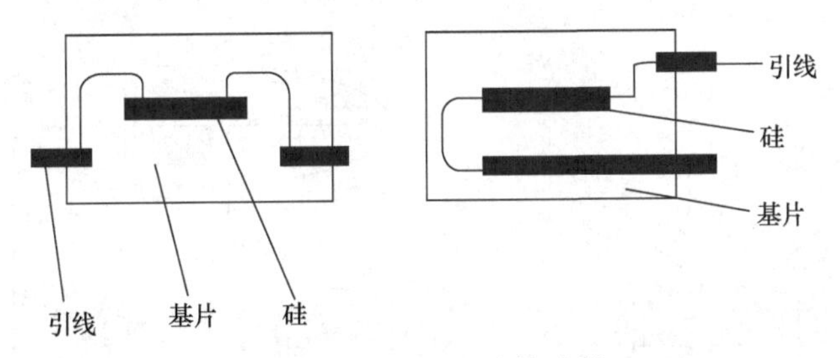

图 8-3　体型压阻式传感器

薄膜型压阻式传感器是利用真空沉积技术将半导体材料沉积在带有绝缘层的基底上而制成的，结构如图 8-4 所示。

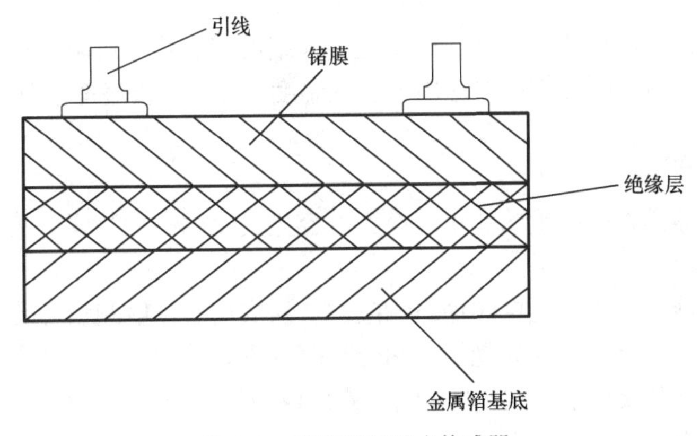

图 8-4　薄膜型压阻式传感器

扩散型压阻式传感器是在半导体材料的基片上利用集成电路工艺制成扩散电阻。将P型杂质扩散到N型硅单晶基底上，形成一层极薄的P型导电层，再通过超声波和热压焊法接上引出线。

3) 典型应用

压阻式传感器可分为半导体应变式传感器、压阻式加速度传感器、压阻式压力传感器和压阻式液位传感器等。其中，半导体应变式传感器常用硅、锗等材料做成单根状的敏感栅，如图8-5(a)所示；压阻式加速度传感器采用单晶硅作为悬臂梁，在其近根部扩散4个电阻，构成差动全桥，如图8-5(b)所示；压阻式压力传感器核心部分是一块沿某晶向切割的N型的圆形硅膜片，如图8-5(c)所示。将压阻式压力传感器进行特定的封装，可以作为液位传感器使用，如图8-5(d)所示。

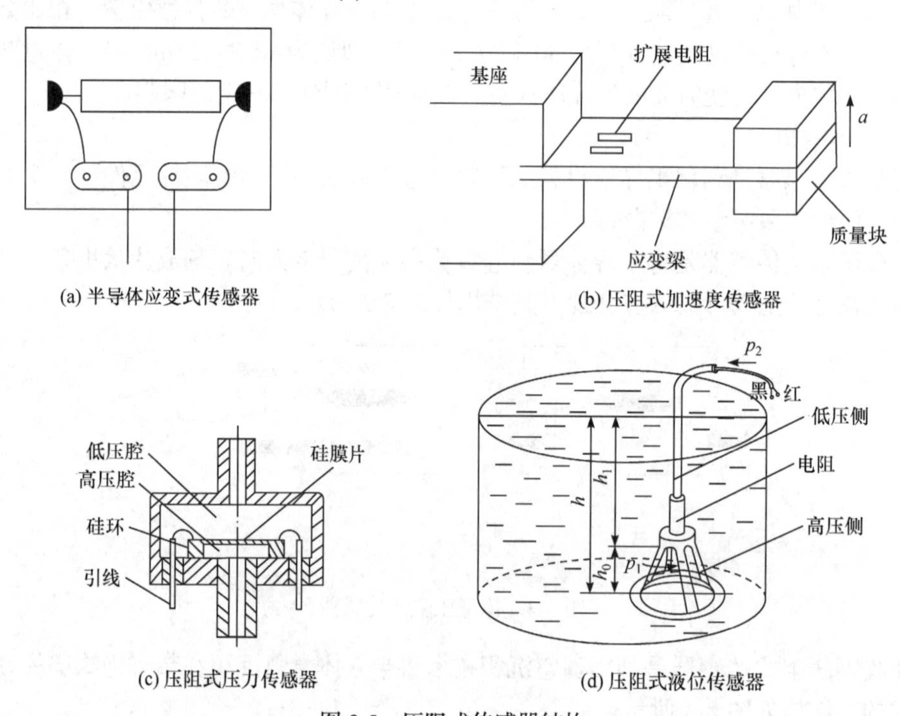

(a) 半导体应变式传感器　(b) 压阻式加速度传感器

(c) 压阻式压力传感器　(d) 压阻式液位传感器

图8-5　压阻式传感器结构

电阻式传感器的应用非常广泛，除了上面介绍的应变式和压阻式传感之外，热敏电阻、光敏电阻、湿敏电阻等都被广泛用于实现温度、光照、湿度等参量的测量。

8.2.2　电容式传感器

电容式传感器是将被测量的变化转换为电容量变化的一种装置，实质上就是一个具有可变参数的电容器。

电容式传感器具有结构简单、动态响应快、易实现非接触测量等突出的优点。随着电子技术的发展，它所存在的易受干扰和分布电容影响等缺点不断被克服，而且还开发出容栅位移传感器和集成电容式传感器等。它广泛应用于压力、位移、加速度、液位、成分含量等测量之中。

1. 原理

电容式传感器的基本原理可以由图 8-6 所示的平板电容器来说明。

当忽略边缘效应时，其电容 C 为

$$C=\frac{\varepsilon S}{\delta}=\frac{\varepsilon_r\varepsilon_0 S}{\delta} \tag{8-7}$$

式中，S 为极板相对覆盖面积，m^2；δ 为极板间距离，m；ε_r 为相对介电常数，F/m；ε_0 为真空介电常数，$\varepsilon_0=8.85\times10^{-12}$ F/m；ε 为电容极板间介质的介电常数，F/m。

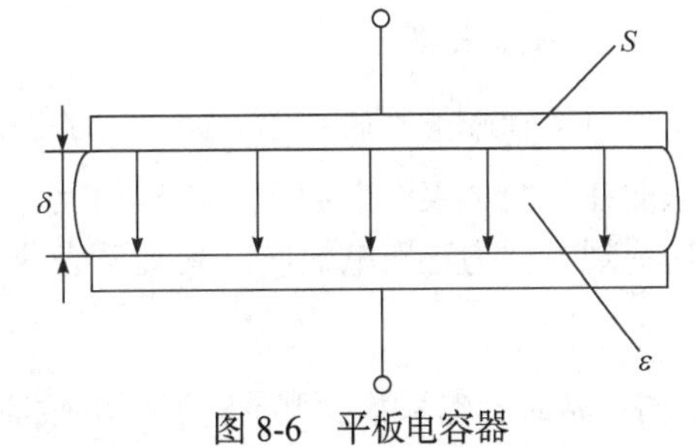

图 8-6　平板电容器

式(8-7)中，δ、S 和 ε_r 中的某一项或者几项有变化时，就改变了电容 C。δ 和 S 的变化可以反映线位移或角位移的变化，也可以间接反映压力、加速度等的变化；ε_r 的变化则可反映液面高度、材料厚度等的变化。

2. 基本结构

根据改变参量不同，可以将电容式传感器的结构分为三种基本类型，分别是变极板间距(δ)型、变面积(S)型和变介电常数(ε)型。根据位移的形式，每一种又可以分为线位移和角位移两种；根据极板的形状，则可以分为平板或者圆柱形两种；每一种又可以分为单组式和差动式两种。以变极间距为例，简单分析单组式和差动式电容传感器的特性。

由式(8-7)可知，当极板间距 δ 因测量发生变化 $\Delta\delta$ 时，电容变化量 ΔC_1 为

$$\Delta C_1=C_0\frac{\Delta\delta}{\delta-\Delta\delta} \tag{8-8}$$

式中，C_0 为级间距为 δ 时的初始电容量。对式(8-8)右侧进行泰勒展开，可得

$$\Delta C_1=C_0\Delta\delta(1+\Delta\delta+\Delta\delta^2+\cdots) \tag{8-9}$$

若采用差动式电容传感器，当一侧极间距变化 $\Delta\delta$ 时，另一侧极间距变化 $-\Delta\delta$，则其对应电容变化量为

$$\Delta C_2=C_0\Delta\delta(1-\Delta\delta+\Delta\delta^2+\cdots) \tag{8-10}$$

由此，可得差动式电容传感器总的电容变化量为

$$\Delta C=\Delta C_1+\Delta C_2=2C_0\Delta\delta(1+\Delta\delta^2+\cdots) \tag{8-11}$$

可以发现，差动式电容传感器的灵敏度相比单组式结构提高了一倍，同时线性度也获得了较大的改善。

电容式传感器具有很高的测量灵敏度。其可以被用于制作压力传感器、麦克风、加速度传感器、湿度传感器等。

8.2.3　压电式传感器

压电式传感器的工作原理是以压电效应为基础的，属于发电式传感器。压电效应的

可逆性使其是一种“双向传感器”。压电式传感器具有体积小、重量轻、结构简单、工作可靠、固有频率高、灵敏度和信噪比高等优点，其应用获得飞跃的发展。

1. 基本原理

对于某些电介质，当沿着一定方向施加外力 F 使其变形时，内部会产生极化现象，从而在某两个表面上会产生符号相反电荷 Q，当去掉外力后，又重新恢复为不带电状态，这一现象称为正压电效应。其关系表达式为

$$Q = dF \tag{8-12}$$

式中，d 为压电系数。明显呈现压电效应的敏感功能材料称为压电材料。选用合适的压电材料是设计高性能传感器的关键。应考虑以下几个方面：①具有大的压电常数；②机械强度高，刚度大，以便获得高的固有振动频率；③具有高电阻率和大介电系数；④具有高的居里点；⑤温度、湿度和时间稳定性好。目前常用的一般有单晶体(石英晶体、铌酸锂晶体)、压电陶瓷(钛酸钡、锆钛酸铅、铌酸铅)、聚偏二氟乙烯等。

对于压电材料，同时存在逆压电效应，即当在电介质的极化方向施加电场时，其能产生机械振动，这种现象也称为“电致伸缩效应”。

对于压电材料，由于两个电极间的压电陶瓷或石英为绝缘体，因此可以等效为电容器，其电容量为

$$C_a = \frac{\varepsilon_r \varepsilon_0 S}{\delta} \tag{8-13}$$

式中，S 为极板面积；ε_r、ε_0、δ 分别为相对介电常数、真空介电常数和压电元件厚度。图 8-7 所示为压电材料的等效电容。

当压电元件受外力作用时，两表面产生等量的正、负电荷 Q，压电元件的开路电压 U 为

$$U = \frac{Q}{C} \tag{8-14}$$

压电元件可以等效成一个电荷源 Q 和一个电容器 C_a 并联的等效电路，也可以等效为一个电压源 U 和一个电容器 C_a 串联 的等效电路。图 8-8 所示为压电元件等效电路。

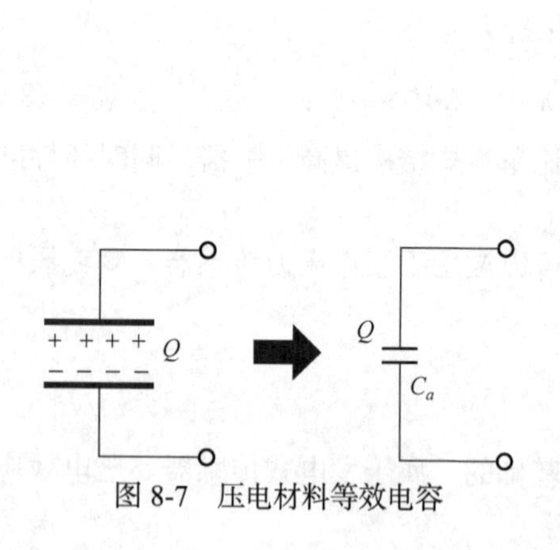

图 8-7　压电材料等效电容

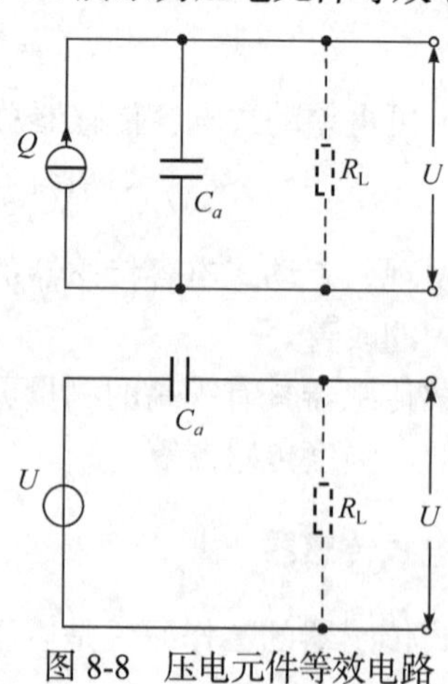

图 8-8　压电元件等效电路

2. 基本结构

典型的压电式传感器基本结构包括压电元件、电极、基底、连接器。压电元件是压电式传感器的核心部分，当压电元件受到机械应力时，会产生电荷，形成电信号。压电元件的两面通常覆盖有金属电极，用于收集和传导电荷。压电元件和电极通常固定在基底上，基底材料需要具有良好的机械强度和绝缘性能。然后整体封装在一个保护壳内，以防止外界环境对压电元件的损伤。而连接器用于将压电传感器与外部电路连接，以便传感器信号能够被传输和处理。

压电转换元件是一种典型的力敏元件，可测压力、加速度、机械冲击和振动等，广泛应用于声学、力学、医学和宇航领域。利用正压电效应可以制成压电电源和电压发生器；利用逆压电效应可制成超声发生器和电声器件。

实际应用中，压电转换元件的主要缺点是无静态输出，阻抗高，需要低电容的低噪声电缆，工作温度为 250℃左右，易受环境温度、湿度和电噪声的影响。为了使压电元件能正常工作，它的负载电阻应有极高的值。因此与压电元件配套的测量电路的前置放大器需要在放大压电元件的微弱电信号的同时把高阻抗输入变换为低阻抗输出。前置放大器也有两种形式：一种是电压放大器，另一种是电荷放大器。

8.2.4　谐振式传感器

谐振式传感器的原理是将被测量转换为物体谐振频率变化来实现测量，具有高稳定性、高准确度、高分辨率、高抗干扰能力、适于长距离传输、能直接与数字设备相连接的优点。缺点是：①对材料质量要求较高；②加工工艺复杂，生产周期长，成本较高；③其输出频率与被测量之间经常呈现非线性关系，为保证准确度需进行线性化处理。谐振式传感器按谐振的原理可分为电学、机械和原子三类。本书以机械类为主进行介绍。

1. 基础原理

机械式谐振传感器的理论模型可以利用图 8-9 进行分析。振动部分称为振子。任何弹性物体都有固有的谐振频率 f，可近似用式(8-15)表示：

$$f=\frac{1}{2\pi}\sqrt{\frac{k}{m_{\mathrm{e}}}} \tag{8-15}$$

式中，k 表示振子材料的刚度，N·m；m_{e} 表示振子的等效振动质量，kg。若激励的频率与 f 相同、大小刚好可以补充阻尼的损耗时，振子即可做等幅连续振荡，振动频率为其自身的固有频率。当振子的等效刚度或等效振动质量在待测量作用下发生变化时，其谐振频率也将发生变化。

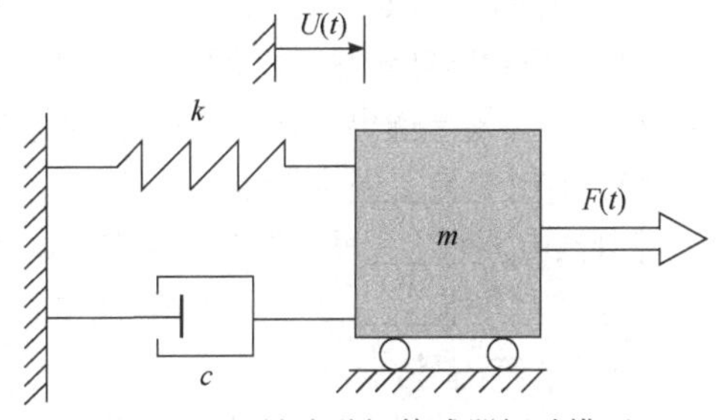

图 8-9　机械式谐振传感器振动模型

2. 基本结构

谐振式传感器的基本结构如图 8-10 所示。利用激励器激励谐振子振动，利用检测器

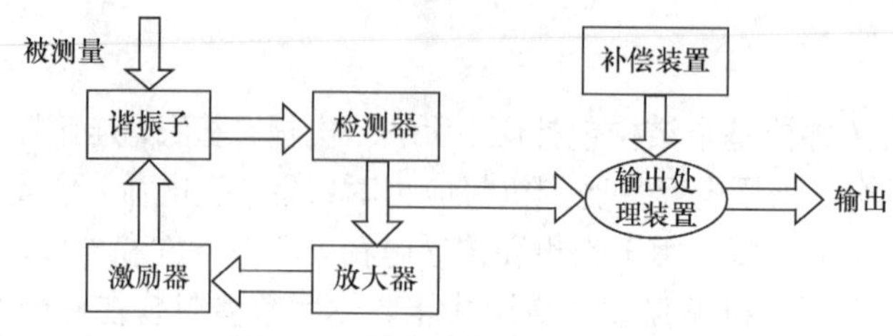

图 8-10　谐振式传感器的组成

检测谐振子的振动频率。同时，将振动频率量经放大器放大后送入激励器，以形成闭环系统维持谐振子的等幅振动。检测器结果经非线性补偿后输出，从而实现测量。

常见的激振方式包括压电、电磁、静电、电热、光等手段。常见的检测手段包括磁电、静电、压电、压阻、光等效应。

机械振子的形状可以有不同的形式，包括张丝状、膜片状、筒状、梁状等。对应的谐振传感器则有振动弦式、振动膜式、振动筒式、振动梁式等之分。

振子材料包括：①恒弹性模量的恒模材料，如铁镍恒弹合金等。但这种材料易受外界磁场和周围环境温度的影响。②石英晶体，在一般应力下具有很好的重复性和极小的迟滞，特别是其品质因数 Q 值极高，且不受环境温度影响，性能长期稳定。③硅等。

谐振式传感器可以测量力、压力、位移、加速度、扭矩、密度、液位等，可以用于航空、航天、计量、气象、地质、石油等行业中。

8.3　常见的传感器接口电路

传感器的接口电路主要用于传感器输出信号检测、预处理等方面，其性能直接决定了整个系统的探测准确度。

不同的传感器有不同的输出信号，所需要的接口电路也各不相同。总体而言，传感器的输出信号特点如下。

(1) 信号形式多样。

(2) 信号比较微弱。

(3) 传感器输出阻抗比较高。

(4) 输入量与输出量之间不一定满足线性关系；

(5) 输出量易受温度影响。

因此，应针对不同的传感器采用不同的方法进行调理。其所采用的步骤如下。

(1) 信号变换的方式，将电阻、电容、电感等形式的输出信号转换为电路方便处理的电压或者电流信号。

(2) 信号处理的方式，进行噪声抑制、线性度提升、幅值放大等。

8.3.1　阻抗匹配器

传感器输出信号通常较为微弱，若后续处理电路的输入阻抗较小，则传感器的输出信号衰减较大，不利于后续信号处理。因此，在测量系统的前端需要加入晶体管阻抗匹配器、场效应管阻抗匹配器和运放构成的阻抗匹配器。

阻抗匹配器在某种意义上可以视为电压跟随器。图 8-11(a)所示为晶体管阻抗匹配器结构，其本质为共集电极放大电路。其特点在于电压放大倍数略小于 1，具有较好的电压跟随特性；同时具有一定的电流和功率放大能力；输入阻抗大，可以防止传感器信号的衰减，输出阻抗低，具有较强的带负载能力。

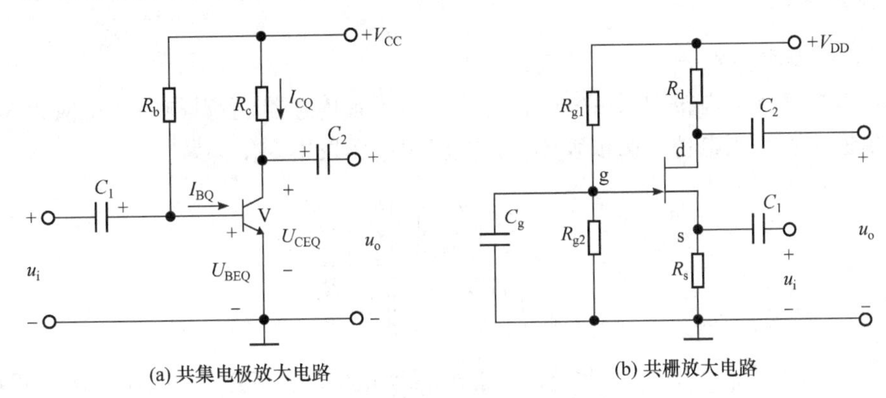

图 8-11　晶体管阻抗匹配器结构

场效应管阻抗匹配器结构与晶体管类似，图 8-11(b)所示为共栅放大电路。由于场效应管的栅极结构上有一层绝缘层，因此其输入阻抗比晶体管更高，更加适用于传感器微弱输入信号的阻抗匹配器。其常用于前置级的阻抗变换器，有些厂家将其直接集成在传感器内部。

运算放大器构成的阻抗匹配器如图 8-12 所示。可以发现，其放大倍数为 1。由于运算放大器的结构特点，其输入阻抗很高，输出阻抗很低，因此非常适于作为阻抗匹配器使用。

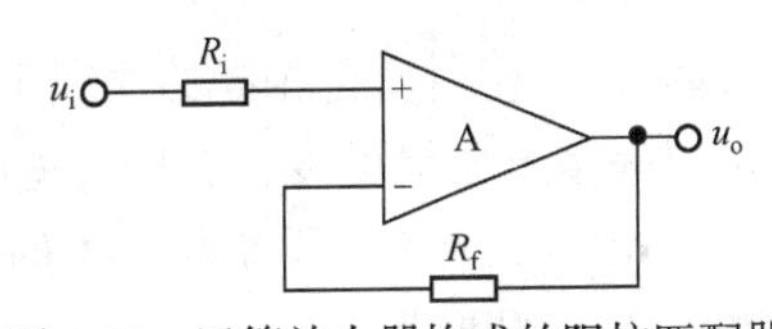

图 8-12　运算放大器构成的阻抗匹配器

8.3.2　电桥电路

电阻、电容、电感型传感器是使用最为广泛的传感机理。此外，相当一部分传感器也是将待测非电量转换为电阻、电容或者电感的变化。可以采用电桥电路将其转换为电流与电压的变化信号。

电桥基本电路如图 8-13 所示。由四个阻抗组成一个四边形电路，其中一组对角线接激励源(电压或电流)，另一组对角线接负载(可以是放大器、测量仪表内阻或者其他负载)。当输出端接到输入阻抗比较高的负载时，电桥输出相当于开路，输出电阻为零。

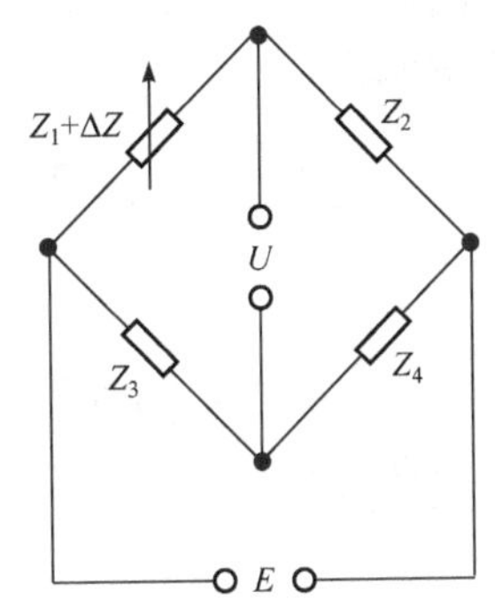

图 8-13　电桥基本电路

计算可得输出电压为

$$U=\frac{Z_1E}{Z_1+Z_2}-\frac{Z_3E}{Z_3+Z_4}=\frac{Z_1Z_4-Z_2Z_3}{(Z_1+Z_2)(Z_3+Z_4)}E \tag{8-16}$$

当 $Z_1Z_4=Z_2Z_3$ 时，电桥输出电压为零。电桥电路中的任何一个阻抗的变化都将使电桥失去平衡，产生输出。通过测量输出量的大小即可测出被测参数。

根据电桥电路组成桥臂阻抗的不同，电桥可以分为直流电桥和交流电桥两种。在直流电桥中，激励源为直流信号，四个桥臂为纯电阻。在交流电桥中，激励源为交流信号，四个桥臂为感抗、容抗或者复阻抗。根据电桥中可变阻抗数目的不同，可以分为单臂电桥、双臂电桥和全臂电桥三种。

1. 直流电桥

1) 直流单臂电桥

单臂电桥是指当电桥中只有一个桥臂为电阻或者传感器，且其电阻变化值为 ΔR_1，其余桥臂阻值不变。当电桥平衡被破坏时，其输出电压发生变化，为

$$U=\frac{E\left(\frac{R_4}{R_3}\right)\left(\frac{\Delta R_1}{R_1}\right)}{\left(1+\frac{\Delta R_1}{R_1}+\frac{R_2}{R_1}\right)\left(1+\frac{R_4}{R_3}\right)} \tag{8-17}$$

设桥臂比为 $n=R_2/R_1=R_4/R_3$，此外，由于 $\Delta R_1/R_1$ 很小，忽略分母中的 $\Delta R_1/R_1$，可得

$$U=E\frac{n}{(1+n)^2}\frac{\Delta R_1}{R_1} \tag{8-18}$$

电桥的电压灵敏度 S_U 的表达式为

$$S_U=\frac{U}{\Delta R_1/R_1}=E\frac{n}{(1+n)^2} \tag{8-19}$$

S_U 越大，在相对变化相同的情况下，电桥输出电压越高，电桥灵敏度越高。提高电桥电压可以提高电压灵敏度，选择合适的桥臂比 n 也可以提高电压灵敏度。

令 $\mathrm{d}S_U/\mathrm{d}n=0$，可得当 $n=1$ 时电桥可以获得最大的电压灵敏度。此时单臂电桥的输出和电压灵敏度为

$$\begin{cases} U=\frac{E}{4}\frac{\Delta R_1}{R_1} \\ S_U=\frac{E}{4} \end{cases} \tag{8-20}$$

2) 直流双臂电桥

直流双臂电桥又称为差动直流电桥，其相邻两臂 R_1 和 R_2 为电阻或者传感器，变化量分别为 ΔR_1 和 ΔR_2。假设 $R_1=R_2$，$R_3=R_4$，$\Delta R_1=\Delta R_2$，可得输出电压为

$$U=\frac{E}{2}\frac{\Delta R_1}{R_1} \tag{8-21}$$

其灵敏度为

$$S_U=\frac{E}{2} \tag{8-22}$$

双臂电桥的灵敏度比单臂电桥提升一倍，同时还可以起到温度补偿的作用。

3) 直流全臂电桥

直流全臂电桥中四个臂全部为电阻或者传感器。当满足 $\Delta R_1=\Delta R_2=\Delta R_3=\Delta R_4$，可得

输出电压为

$$U = E\frac{\Delta R_1}{R_1} \tag{8-23}$$

其灵敏度为

$$S_U = E \tag{8-24}$$

全臂电桥的灵敏度比单臂时提升4倍。

2. 交流电桥

交流电桥的平衡条件与直流电桥相同。假设4个桥臂的阻抗分别为Z_1、Z_2、Z_3、Z_4，激励源为U_{AC}。利用相同的分析方法，可以得到几种形式的交流电桥输出电压和灵敏度的表达式分别为

$$\begin{cases} U_{单臂} = \dfrac{1}{4}U_{AC}\dfrac{\Delta Z_1}{Z_1} \\ S_{U单臂} = \dfrac{1}{4}U_{AC} \end{cases} \tag{8-25}$$

$$\begin{cases} U_{双臂} = \dfrac{1}{2}U_{AC}\dfrac{\Delta Z_1}{Z_1} \\ S_{U双臂} = \dfrac{1}{2}U_{AC} \end{cases} \tag{8-26}$$

$$\begin{cases} U_{全臂} = U_{AC}\dfrac{\Delta Z_1}{Z_1} \\ S_{U全臂} = U_{AC} \end{cases} \tag{8-27}$$

8.3.3 电荷放大电路

压电传感器将受到的压力转换成电压和电荷输出，电荷放大电路是其最主要的信号放大电路形式。典型的电荷放大电路如图8-14所示。通过在反馈回路上接入一只电容器构成积分回路，实现对输入电流的积分。其输出电压为

$$u_o = -\frac{Q}{C} \tag{8-28}$$

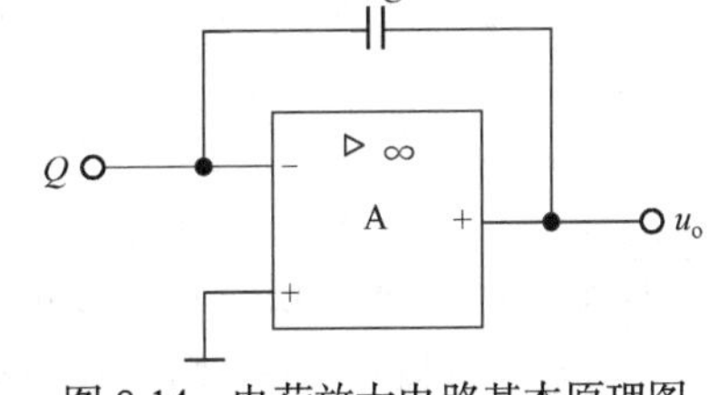

图8-14　电荷放大电路基本原理图

实际压电(或电容)传感器为带电荷的电容器C_s，其泄漏电阻为R_s。如图8-15所示，C_c是传感器电缆电容，R_i和C_i分别是运算放大器的输入电阻和输入电容。考虑到电容C的泄漏和加入直流负反馈以稳定工作减小零漂的需要，在C两端并联电阻R。把C、R等效到运放的输入端时，其等效电阻$R' = R/(1+K)$，等效电容$C' = C(1+K)$，K为运算放大器的开环放大倍数，ω为传感器供电角频率，则输出为

$$u_o = -\frac{\mathrm{j}\omega KQ}{\left[(1/R_s)+\left(1/R_i+(1+K)/R\right)\right]+\mathrm{j}\omega\left[C_s+C_c+C_i+(1+K)C\right]} \tag{8-29}$$

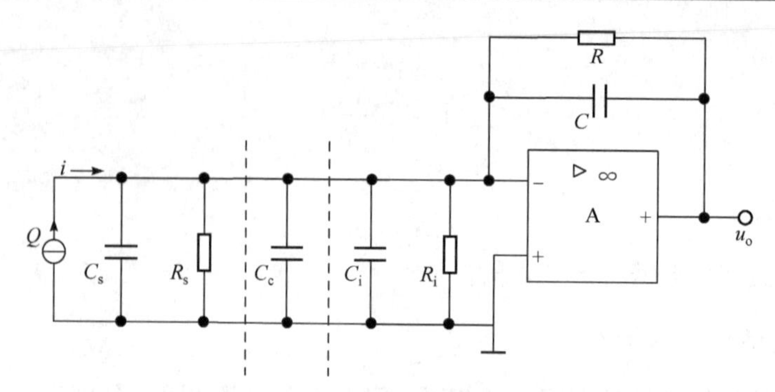

图 8-15　电荷放大电路实际等效电路图

当 K 足够大时，输出可以简化为

$$u_o = -\frac{j\omega KQ}{1 + j\omega RC} \tag{8-30}$$

对于电荷放大电路而言，其运算误差与开环电压放大倍数成反比，其下限截止频率与反馈电容 C 成反比。需要高的上限频率时，需选用高速运算放大器。若线缆很长，杂散电容和电缆的分布电容、电阻都将增加。需要用长线缆时，应选用电容电缆。

综合考虑下限频率、噪声和漂移，需要选择合适的 R、C 值。一般 R 值在 10MΩ 以上，C 值取 100～10^4pF，采用时间和温度稳定性好的聚丙乙烯电容器。

8.3.4　电流/电压转换电路

电流转电压电路(或电压转电流电路)是将输入的电压(电流)信号转换为电流(电压)信号。

最简单的 I/V 电路就是一个精密电阻(如绕线电阻)，如图 8-16 所示。

通过加入低通滤波器，可以抑制高频干扰。为了防止负载效应，通常还需要接入电压跟随电路，如图 8-17 所示。

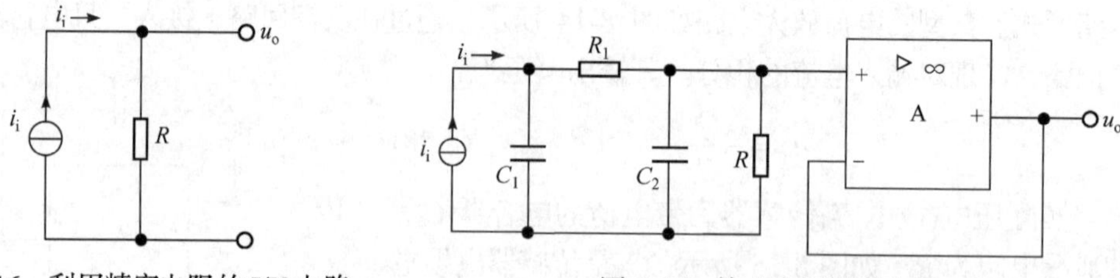

图 8-16　利用精密电阻的 I/V 电路　　图 8-17　接入电压跟随电路

当输入电流太小时，可以通过增加运放的放大倍数来进行信号放大，如图 8-18 所示。

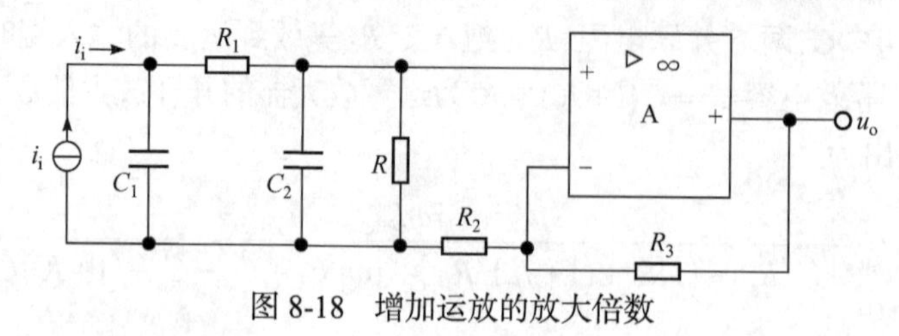

图 8-18　增加运放的放大倍数

利用反相放大器同样可以实现电流和电压转换。如图 8-19 所示，为常用的光电二极管检测电路。根据运算放大器的虚短、虚断特性，可得

$$u_o = -R_f \times i_i \tag{8-31}$$

若要增加放大增益，可以通过将 R_f 改为 T 形网络来实现。具体可以参考本书第 2、3 章知识。

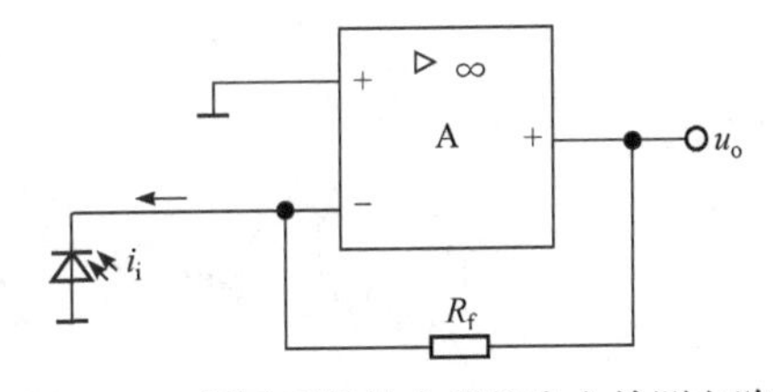

图 8-19　利用反相放大器的光电检测电路

习　题

8-1　简述传感器的选用准则。

8-2　查阅文献，简述传感器的静态指标和动态指标分别包括哪些内容。

8-3　查阅文献，简述传感器的静态指标和动态指标的确定步骤。

8-4　金属应变片与半导体应变片在工作原理上有什么区别?

8-5　利用应变片进行测量时，为什么必须采用温度补偿措施？请查阅文献，给出一个半导体压阻传感器的温度补偿设计实例。

8-6　查阅文献，说明电容式传感器的等效电路，及其在高频和低频时的等效电路。

8-7　查阅文献，说明一种 MEMS 电容式声学传感器的基本构成及其工作原理。

8-8　查阅文献，说明一种 MEMS 压阻式压力传感器的基本构成及其工作原理。

8-9　查阅文献，说明一种 MEMS 压电式振动传感器的基本构成及其工作原理。

8-10　说明压电式传感器的完整等效电路是什么。

8-11　查阅文献，说明一种 MEMS 谐振式压力传感器的基本构成及其工作原理。

8-12　除了本书所介绍的四种传感器，请查阅文献，说明电感式、磁电式、霍尔式、光电式等传感器的基本原理。

8-13　传感器的智能化发展是一个非常重要的趋势，请查阅文献，说明智能化传感器的基本构成和功能。

8-14　简述在传感器接口电路中使用阻抗变换电路的目的和实现方法。

8-15　简述直流电桥电路的几种类型。

8-16　推导交流电桥电路的灵敏度表达式。

8-17　简述电压放大电路和电荷放大电路的区别和适用范围。

8-18　查阅文献，简述电压到电流转换电路的实现方式有哪些。

8-19　查阅文献，简述谐振式传感器的结构电路有哪些。

8-20　说明传感器在现代社会中的用途。

附录　Vivado 设计流程

Vivado 设计分为 Project Mode 和 Non-project Mode 两种模式，一般简单设计中，常用的是 Project Mode。在本书中，采用 Xilinx 数模混合口袋实验室，将以一个简单的实验案例，一步一步地完成 Vivado 的整个设计流程。

在本次实验中,通过编写一个流水灯实验来展示使用 Xilinx Vivado 进行基本的 FPGA 设计，从而学习如何使用 Xilinx Vivado 2017.1 完成创建、综合、实现、仿真等功能。

附录1　新 建 工 程

(1) 打开 Vivado 开发工具，开启后，软件如附图 1 所示，单击界面中 Create Project 图标。

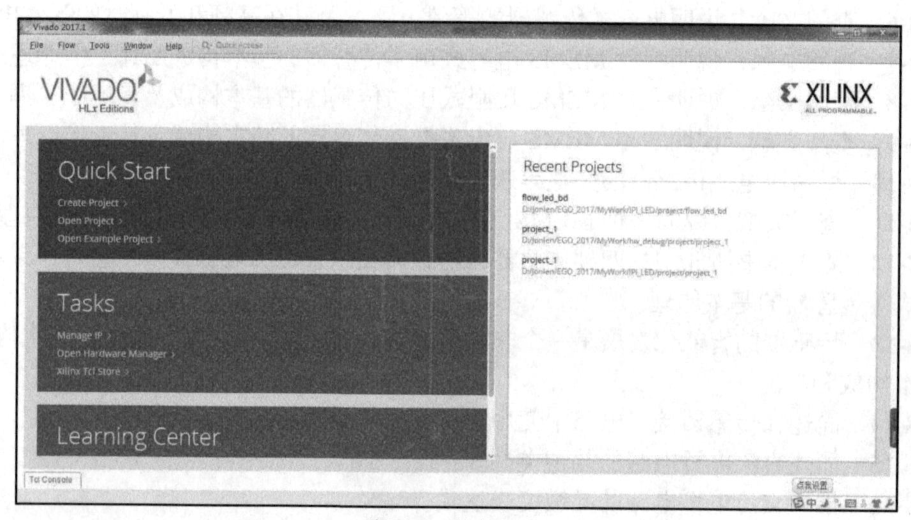

附图 1　软件开启

(2) 弹出如附图 2 所示新建工程向导，单击 Next 按钮。

(3) 弹出如附图 3 所示对话框，输入工程名称、选择工程存储路径，并选择 Create project subdirectory 复选框，为工程在指定存储路径下建立独立的文件夹。设置完成后，单击 Next 按钮。注：工程名称和存储路径中不能出现中文和空格，建议工程名称以字母、数字、下画线来组成。

(4) 弹出如附图 4 所示对话框，选择 RTL Project 单选按钮，并选择 Do not specify sources at this time 复选框，选择该复选框是为了跳过在新建工程的过程中添加设计源文件，然后单击 Next 按钮。

(5) 弹出如附图 5 所示对话框，根据使用的 FPGA 开发平台，选择对应的 FPGA 目

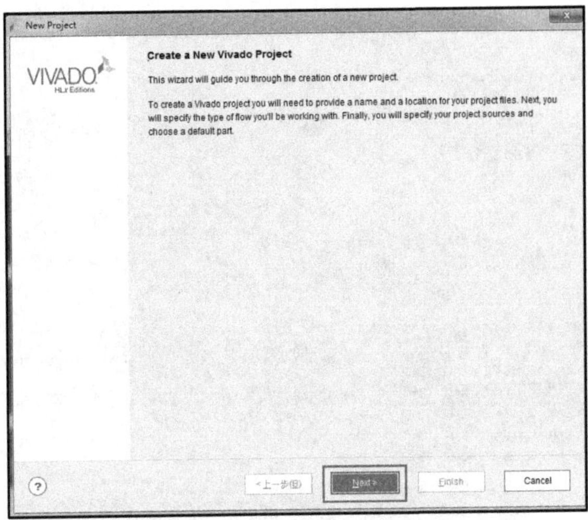

附图 2 新建工程向导

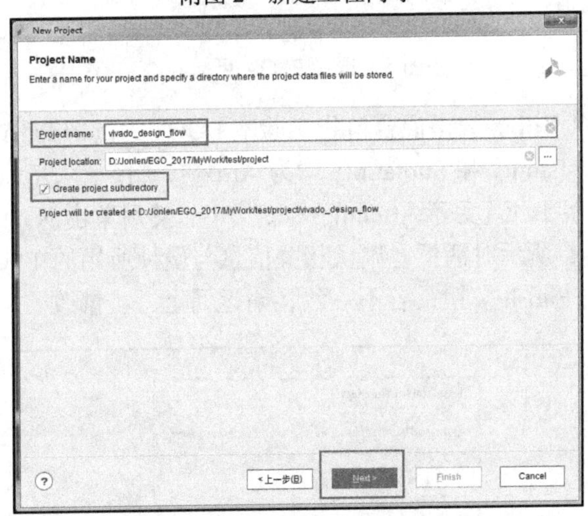

附图 3 保存文件及存储路径设置

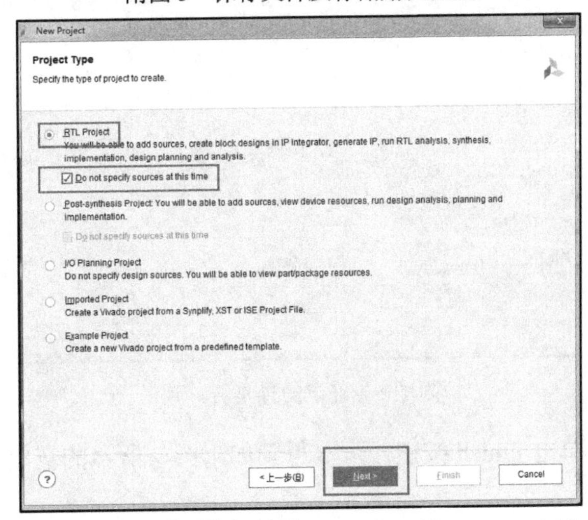

附图 4 选择 RTL Project 单选按钮以及 Do not specify sources at this time 复选框

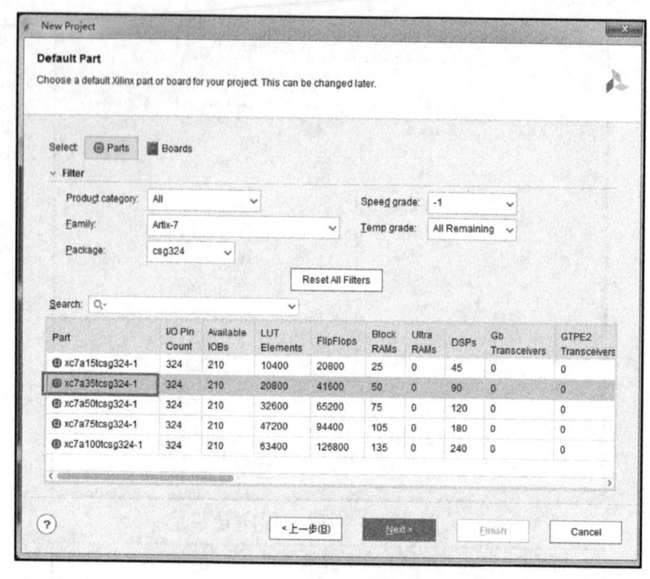

Part	I/O Pin Count	Available IOBs	LUT Elements	FlipFlops	Block RAMs	Ultra RAMs	DSPs	Gb Transceivers	GTPE2 Transceivers
xc7a15tcsg324-1	324	210	10400	20800	25	0	45	0	0
xc7a35tcsg324-1	324	210	20800	41600	50	0	90	0	0
xc7a50tcsg324-1	324	210	32600	65200	75	0	120	0	0
xc7a75tcsg324-1	324	210	47200	94400	105	0	180	0	0
xc7a100tcsg324-1	324	210	63400	126800	135	0	240	0	0

附图 5　选择 FPGA 目标器件

标器件。在本书中，以 Xilinx 数模混合口袋实验室 EGO1 为例，FPGA 采用 Artix-7 xc7a35 tcsg324-1 的器件，即 Family 和 Subfamily 均为 Artix-7，封装形式(package)为 csg324，速度等级(speed grade)为−1，温度等级(temp grade)为 C，然后单击 Next 按钮。

(6) 弹出如附图 6 所示对话框，确认相关信息与设计所用的 FPGA 器件信息是否一致，若一致，请单击 Finish 按钮；若不一致，请返回上一步修改。

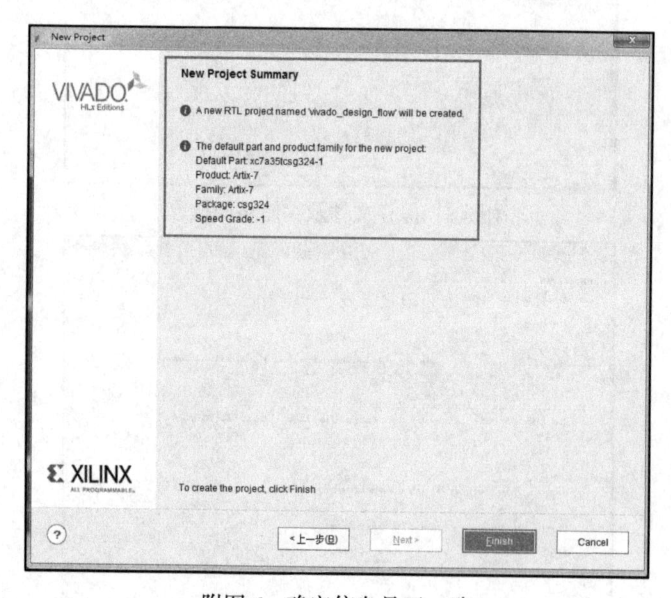

附图 6　确定信息是否一致

(7) 在附图 6 中单击 Finish 按钮，可以得到如附图 7 所示的空白 Vivado 工程界面，完成空白工程新建。

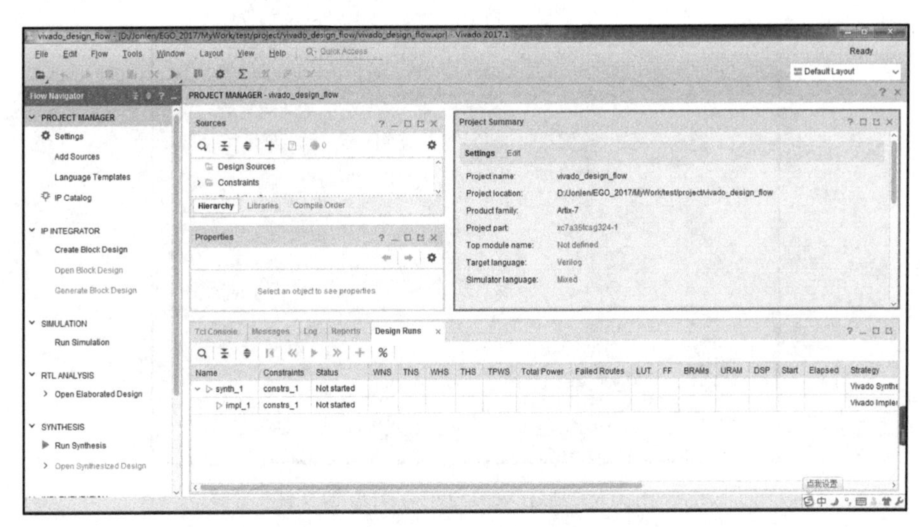

附图7 完成空白工程新建

附录2 设计文件输入

(1) 在附图8所示界面中，选择Flow Navigator窗口下的PROJECT MANAGER→Add Sources选项打开设计文件导入添加文件，弹出如附图9所示对话框。

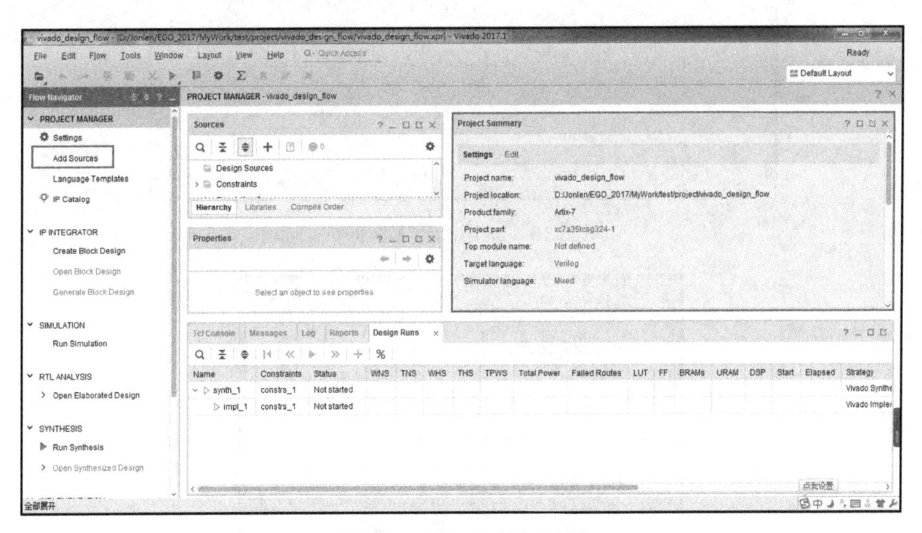

附图8 添加文件对话框

(2) 在附图9所示对话框中，选择Add or create design sources单选按钮，添加或新建Verilog或VHDL源文件，然后单击Next按钮。

(3) 弹出如附图10所示对话框，如果有Verilog或VHDL源文件，可以通过Add Files按钮添加。在这里，单击Create File按钮，新建文件。

(4) 弹出如附图11所示对话框，在Create Source File对话框中输入File name，单击OK按钮。注：名称中不可出现中文和空格。

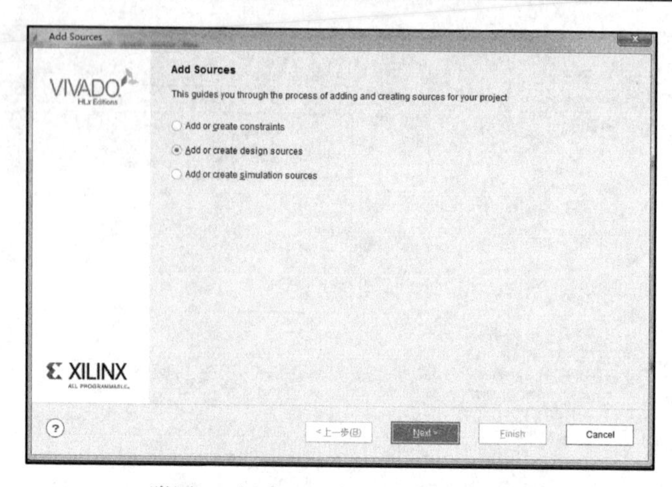

附图 9　新建 Verilog 或 VHDL 源文件

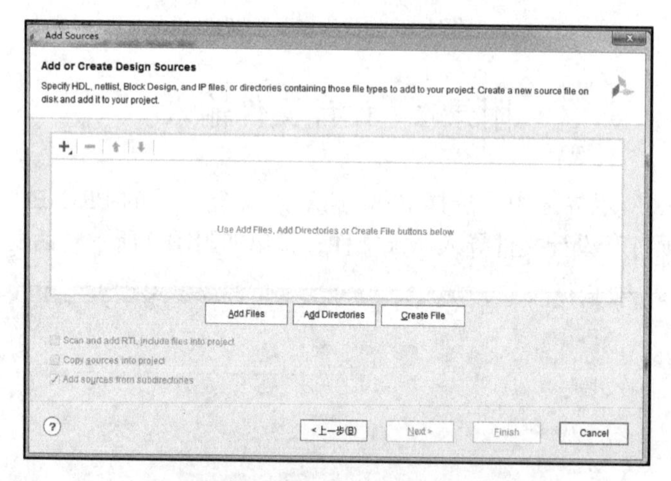

附图 10　新建设计文件界面

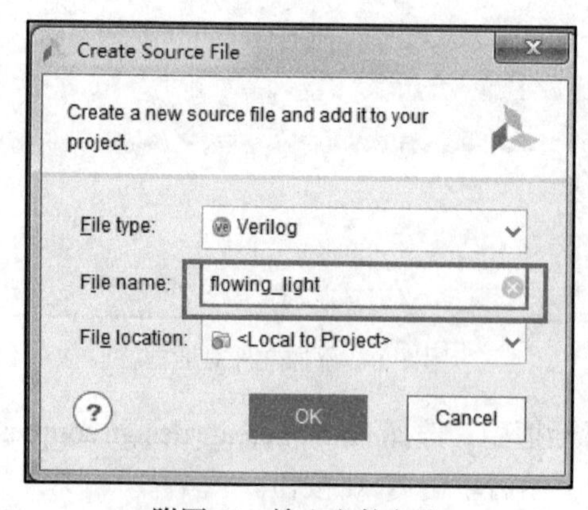

附图 11　输入文件名称

(5) 弹出如附图 12 所示对话框，单击 Finish 按钮。

(6) 弹出如附图 13 所示对话框，在弹出的 Define Module 对话框中的 I/O Port Definition 选项卡中，输入设计模块所需的端口，并设置端口方向，如果端口为总线型，

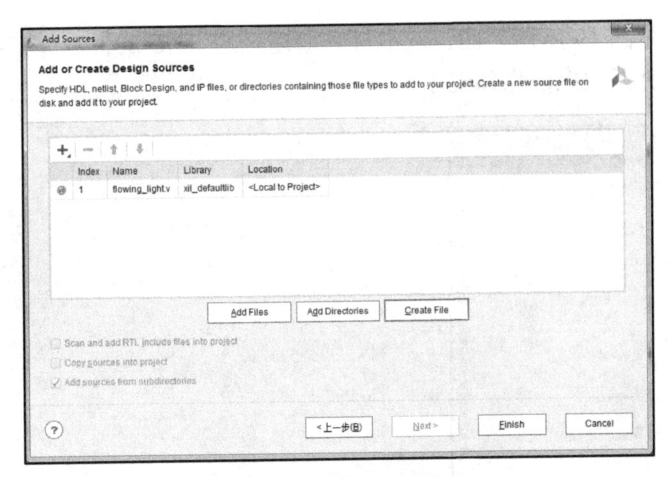

附图 12　单击 Finish 按钮

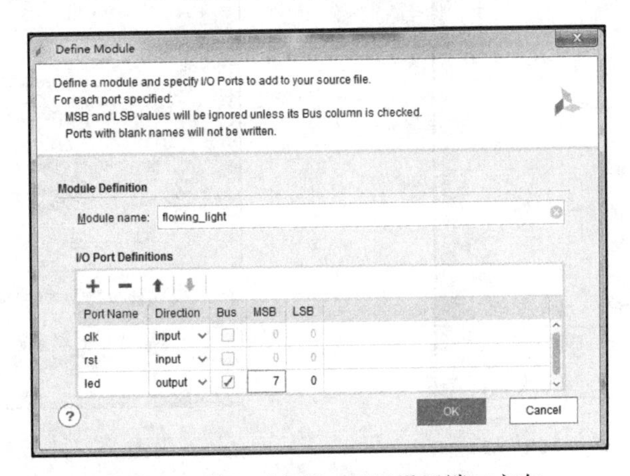

附图 13　输入对应端口以及设置端口方向

选择 Bus 复选框，并通过 MSB 和 LSB 确定总线宽度。完成后单击 OK 按钮。注：led 实际宽度与代码中一致，也可在代码中修改。

(7) 新建的设计文件(此处为 flowing_light.v)即存在于 Sources 对话框的 Design Sources 选项中。双击打开该文件，输入相应的设计代码。

(8) 完成代码输入之后，需要综合工程。执行 Flow Navigator → SYNTHESIS → Run Synthesis 命令，先对工程进行综合，如附图 14 所示。

(9) 综合完成之后，弹出如附图 15 所示界面，选择 Open Synthesized Design 单选按钮，打开综合结果。

(10) 完成工程综合之后，添加约束文件。执行 Flow Navigator→PROJECT MANAGER →Add Sources 命令，弹出如附图 16 所示对话框，选择 Add or create constraints 单选按钮，再单击 Next 按钮。

(11) 如附图 17 和附图 18 所示，单击 Create File 按钮，新建一个 XDC 文件，输入 XDC 文件名，单击 OK 按钮，再单击 Finish 按钮。

(12) 弹出如附图 19 所示界面，双击打开新建好的 XDC 文件，并按照约束规则，输入相应的 FPGA 引脚约束信息和电平标准。

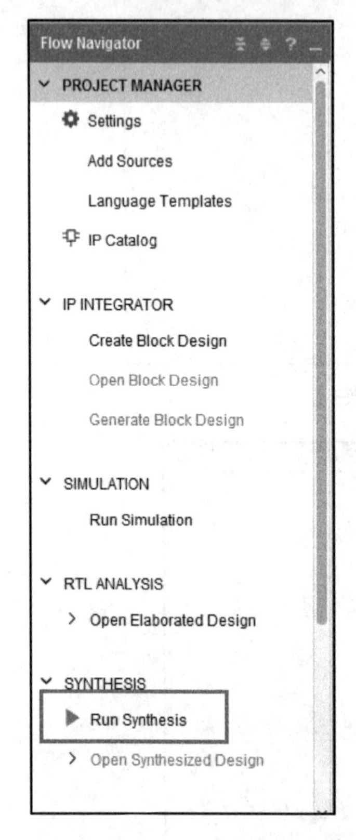

附图 14 添加约束文件

附图 15 打开最终设计

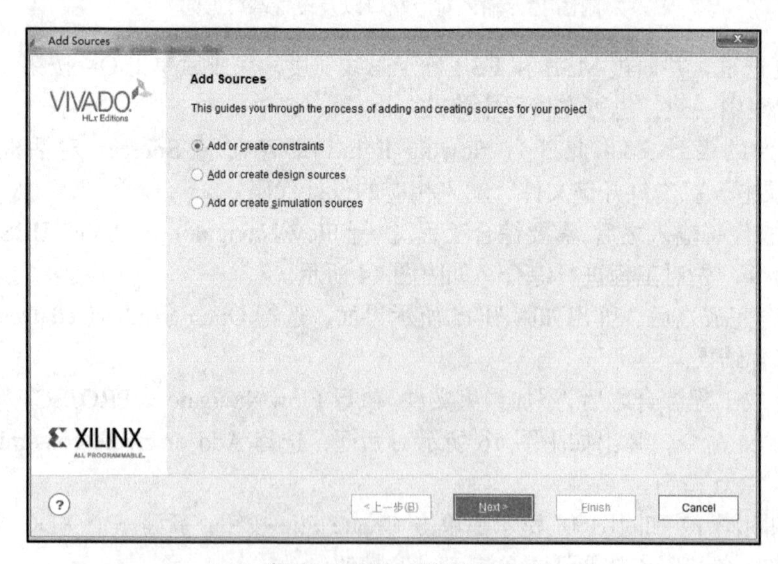

附图 16 添加或设计约束

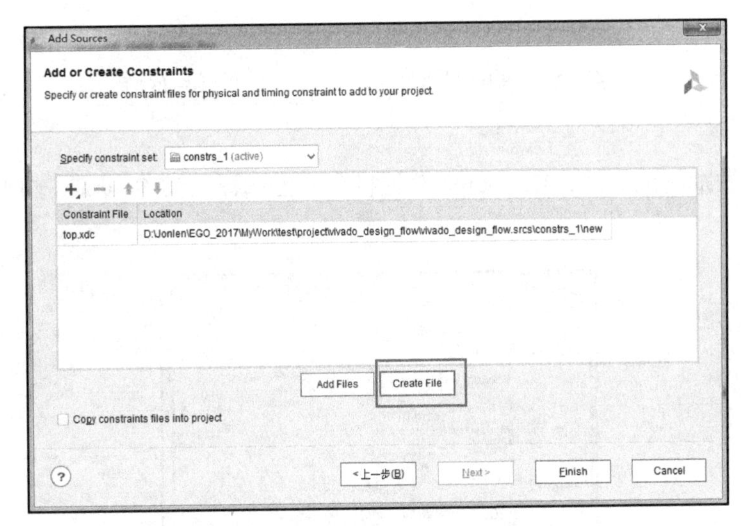

附图 17　新建 XDC 文件

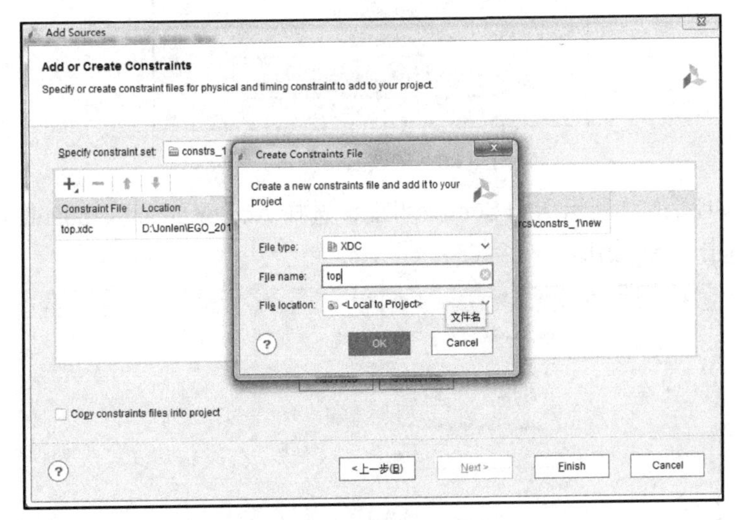

附图 18　命名 XDC 文件

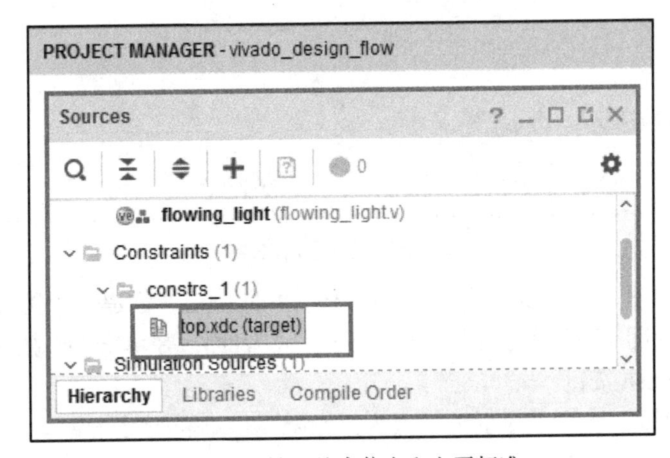

附图 19　输入约束信息和电平标准

附录 3　利用 Vivado 进行功能仿真

(1) 创建激励测试文件，在 Source 对话框中右击选择 Add Sources 选项，如附图 20 所示。

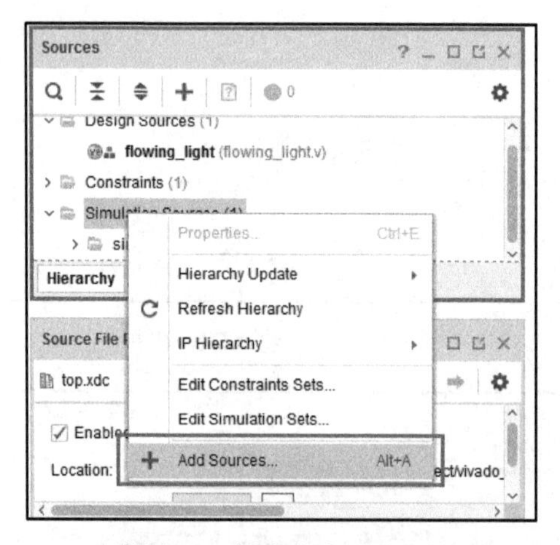

附图 20　创建激励测试文件

(2) 弹出如附图 21 所示 Add Source 界面，选择 Add or create simulation sources 单选按钮，然后单击 Next 按钮。

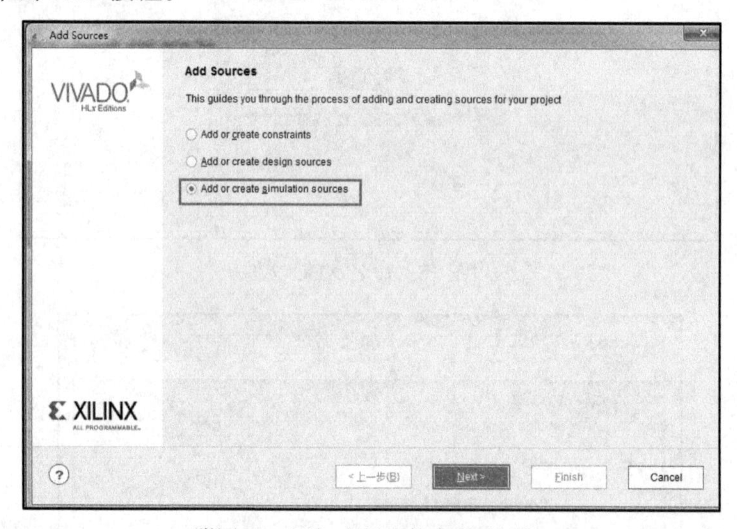

附图 21　添加或创造仿真激励文件

(3) 弹出如附图 22 所示对话框，单击 Create File 按钮，创建一个仿真激励文件。

(4) 弹出如附图 23 所示对话框，输入激励文件名称，并单击 OK 按钮，确认添加完成之后，单击 Finish 按钮。

(5) 弹出如附图 24 所示对话框，因为是激励文件不需要对外端口，所以 Port Name 部分不需要填写，单击 OK 按钮。

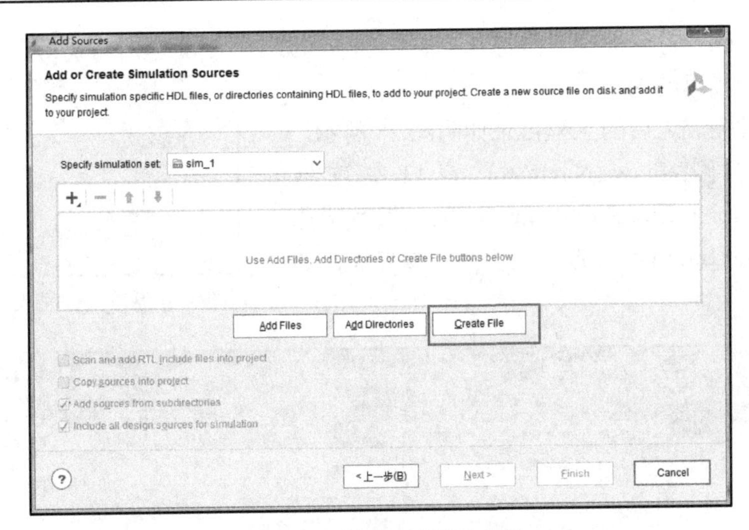

附图 22　创建仿真激励文件

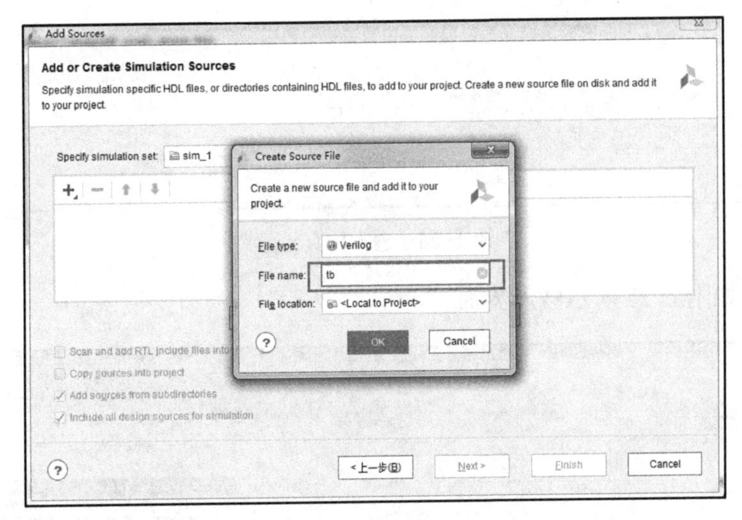

附图 23　命名激励文件

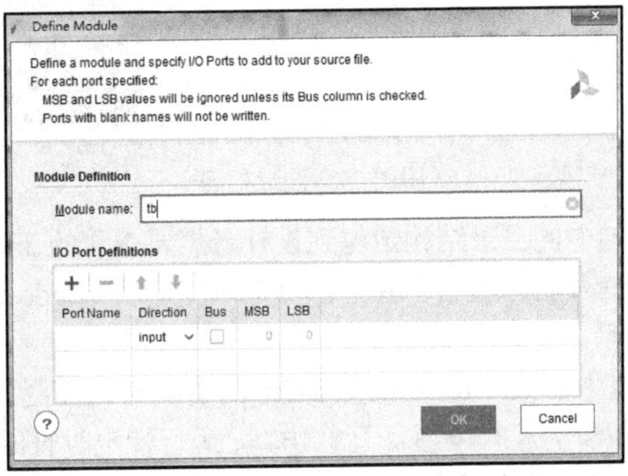

附图 24　再次确认已添加激励文件

(6) 在 Source 对话框中双击打开空白的激励测试文件，完成对将要仿真的 module 的实例化和激励代码的编写。

激励文件完成之后的工程目录如附图 25 所示。

(7) 在左侧 Flow Navigator 窗口中选择 SIMULATION → Run Simulation 选项，然后选择 Run Behavioral Simulation 选项，进入仿真界面，如附图 26 所示。

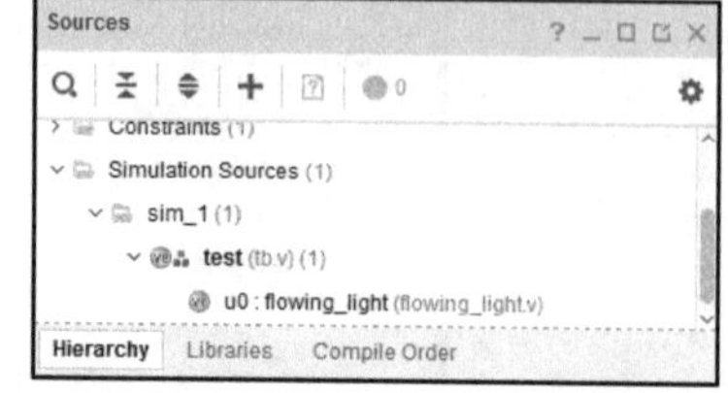

附图 25　激励文件完成后的工程目录

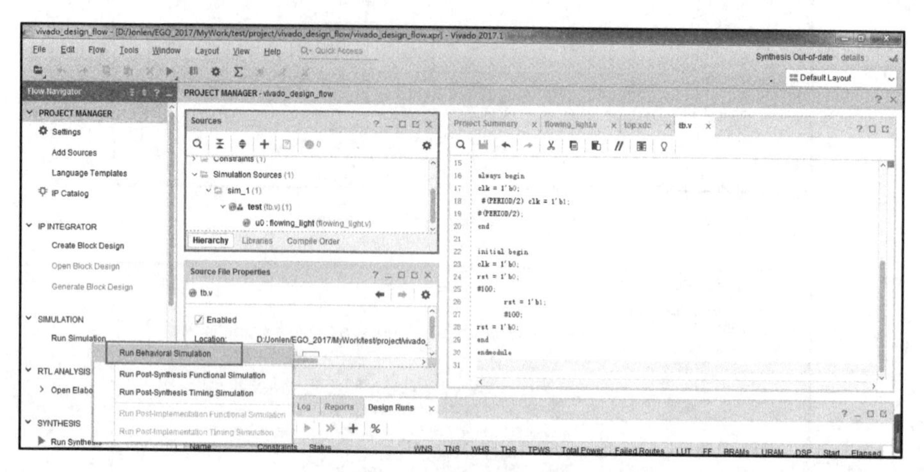

附图 26　进入仿真界面

(8) 弹出如附图 27 所示波形界面。

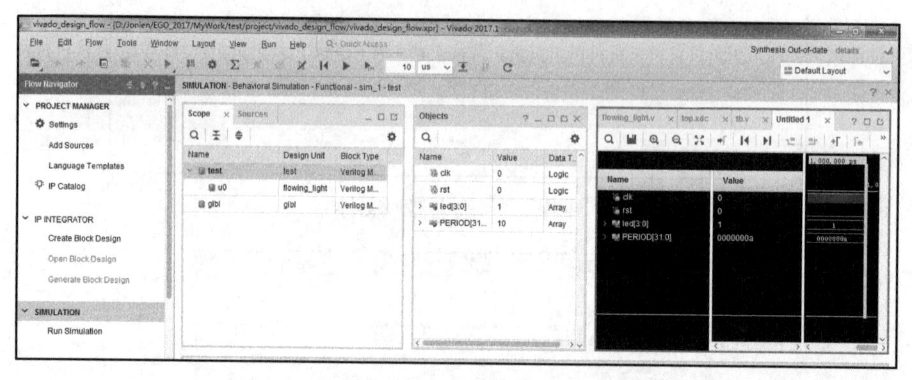

附图 27　波形界面

可通过 Scope 标签中的目录结构定位到设计者想要查看的 module 内部寄存器，在 Objects 对话框对应的信号名称上右击并选择 Add to Wave Window 选项，将信号加入波形图中，如附图 28 所示。

可通过选择工具栏中的如下选项来进行波形的仿真时间控制，如附图 29 所示工具条，分别是复位波形(即清空现有波形)、运行仿真、运行特定时长的仿真、仿真时长设置、仿真时长单位、单步运行、暂停等按钮。

(9) 最终得到的仿真结果图如附图 30 所示。核对波形与预设的逻辑功能是否一致，仿真完成。

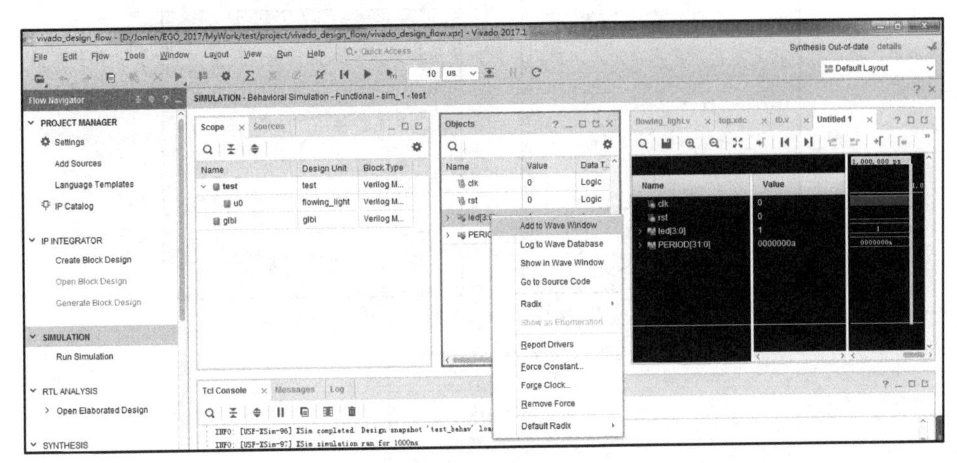

附图 28 波形仿真

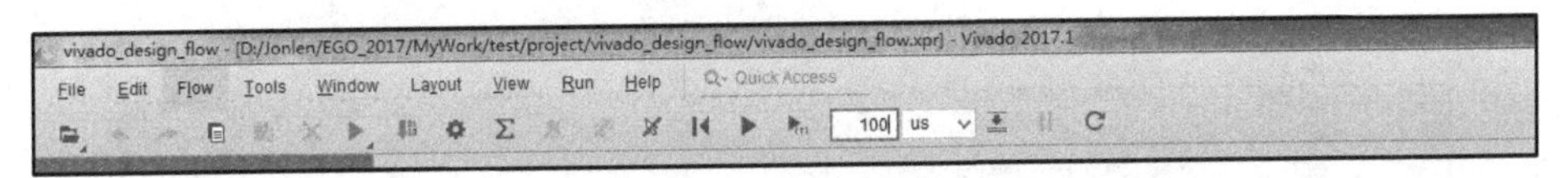

附图 29 波形仿真时间控制

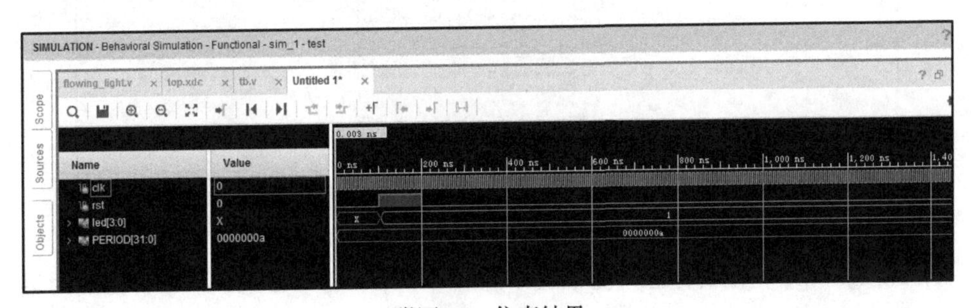

附图 30 仿真结果

附录4 工 程 实 现

(1) 在 Flow Navigator 中选择 PROGRAM AND DEBUG → Generate Bitstream 选项，工程会自动完成综合、实现、Bit 文件生成过程。Bit 文件完成之后，可在弹出的界面中选择 Open Implemented Design 单选按钮来查看工程实现结果，如附图 31 所示。

(2) 执行 Flow Navigator → PROGRAM AND DEBUG → Open Hardware Manager → Open Target 命令，选择 Auto Connect 选项，进入硬件管理界面，如附图 32 所示。

(3) 硬件管理界面如附图 33 所示。在上边栏处，单击 Open Target，选择 Auto Connect 连接板卡。

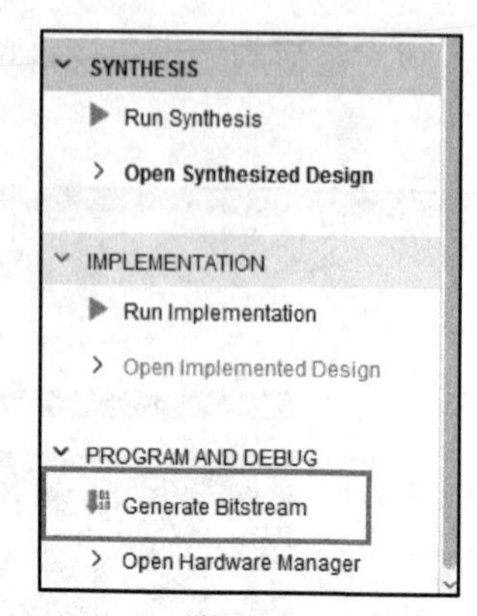

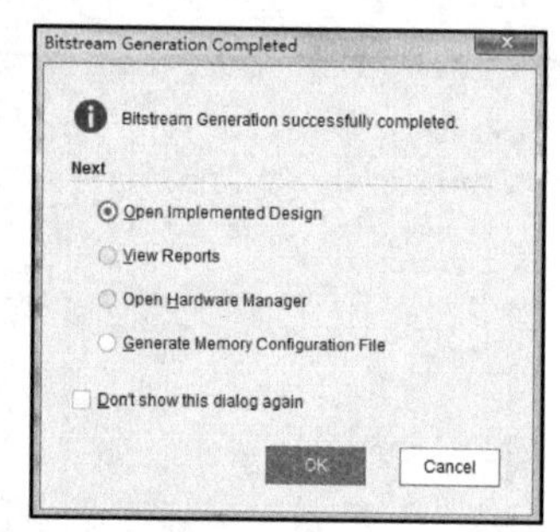

附图 31　生成 Bit 文件并查看工程实现结果

附图 32　硬件编程管理

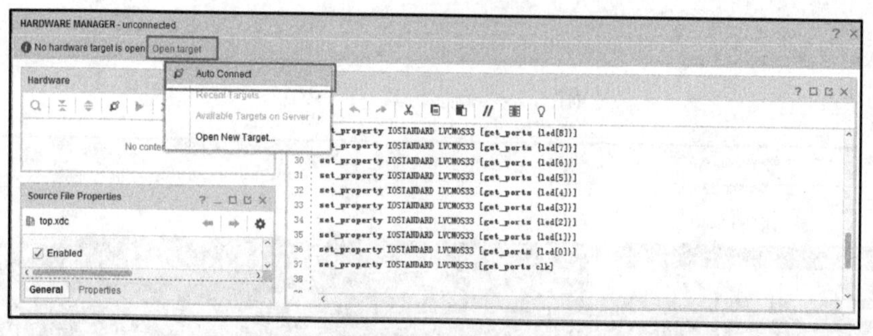

附图 33　连接板卡

(4) 连接成功后，在目标芯片上右击，选择 Program device 选项。在弹出的对话框中(如附图 34 所示)Bitstream File 一栏已经自动加载本工程生成的比特流文件，单击 Program 按钮对 FPGA 芯片进行编程。

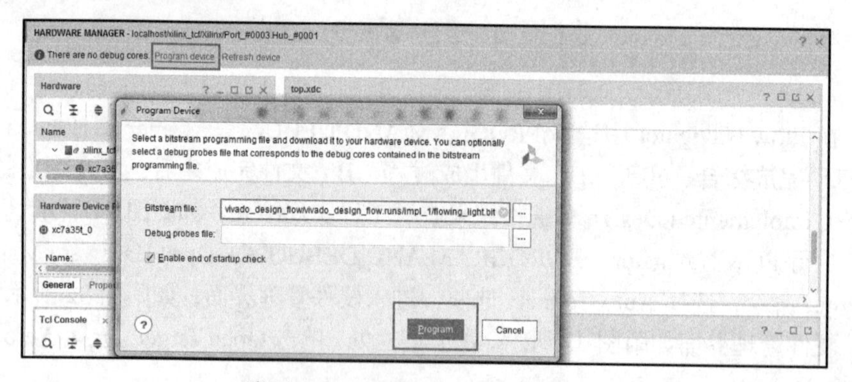

附图 34　实现对 FPGA 芯片的编程

(5) 下载完成后，在板子上观察实验结果。

参 考 文 献

蔡惟铮, 2022. 模拟与数字电子技术基础. 2 版. 北京: 高等教育出版社.

华成英, 叶朝辉, 2016. 模拟电子技术基础. 5 版. 北京: 高等教育出版社.

HOROWITZ P, HILL W, 2017. 电子学. 2 版. 吴利民, 余国文, 欧阳华, 等译. 北京: 电子工业出版社.

康华光, 张林, 2021a. 电子技术基础: 模拟部分. 7 版. 北京: 高等教育出版社.

康华光, 张林, 2021b. 电子技术基础: 数字部分. 7 版. 北京: 高等教育出版社.

汤勇明, 张圣清, 陆佳华, 2017. 搭建你的数字积木: 数字电路与逻辑设计(Verilog HDL&Vivado 版). 北京: 清华大学出版社.

王淑娟, 蔡惟铮, 齐明, 2009. 模拟电子技术基础. 北京: 高等教育出版社.

阎石, 王红, 2016. 数字电子技术基础. 6 版. 北京: 高等教育出版社.

杨春玲, 王淑娟, 2017. 数字电子技术基础. 2 版. 北京: 高等教育出版社.

杨春玲, 朱敏, 2015. EDA/SOPC 实验指导. 哈尔滨: 哈尔滨工业大学出版社.

BOYLESTAD R L, NASHELSKY L, 2014. Electronic devices and circuit theory. Upper Saddle River: Pearson Prentice Hall.

FLOYD T L, 2015. Digital fundamentals. Upper Saddle River: Pearson Education Limited.

FLOYD T L, BUCHLA D M, 2012. Analog fundamentals. Upper Saddle River: Pearson Education Limited.